胡方圆 张天鹏 编著

锂硫电池聚合物基正极关键材料设计

Design of Key Materials for Polymer-Based Cathode Electrodes in Lithium-Sulfur Batteries

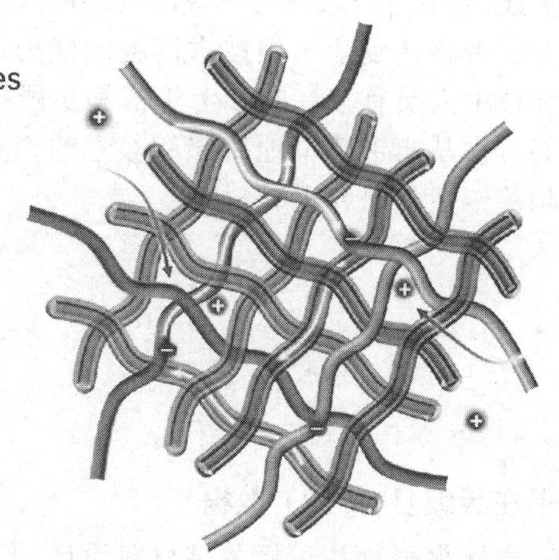

化学工业出版社

·北京·

内容简介

《锂硫电池聚合物基正极关键材料设计》系统深入地探讨了高分子聚合物在先进锂硫电池正极材料研发中的核心作用与关键技术突破。书中首先详尽阐述了锂硫二次电池的工作原理、发展历程、研究现状和技术难点，为后续章节奠定理论基础；接着，深度剖析了聚合物材料的结构特性及其在改善锂硫电池性能（如增强电导率、优化界面稳定性、提升循环寿命和倍率）方面的独特优势及应用。此外，本书结合团队研究成果，对高分子材料在锂硫电池工作过程中发挥的作用进行科学的阐述和解释，基于丰富的实验案例详细介绍了各类功能性聚合物的设计合成策略以及其在构建高效锂硫电池正极复合材料体系中的具体应用。

本书的一大特色在于紧密结合前沿科研进展与实际工程应用需求，对聚合物基锂硫电池正极材料的关键科学问题和技术创新点进行了独到解读与展望。同时，书中注重理论联系实践，提供了大量关于材料表征方法、性能测试标准和优化方案的实际操作指导，旨在培养读者解决复杂工程技术问题的能力，对于从事锂硫电池工作及相关领域的科研工作者和技术人员有较高的参考价值和实践指导意义。

本书可供从事锂硫电池研究和教学的相关人员参考，也可作为高等学校材料类、化学类等相关专业的研究生教材。

图书在版编目（CIP）数据

锂硫电池聚合物基正极关键材料设计 / 胡方圆，张天鹏编著. -- 北京 : 化学工业出版社，2025. 3.

ISBN 978-7-122-47207-6

Ⅰ. TM912

中国国家版本馆 CIP 数据核字第 20250WJ192 号

责任编辑：陶艳玲　　文字编辑：姚子丽　师明远

责任校对：赵懿桐　　装帧设计：史利平

出版发行：化学工业出版社（北京市东城区青年湖南街 13 号　邮政编码 100011）

印　　装：河北延风印务有限公司

787mm×1092mm　1/16　印张 12　字数 264 千字　　2025 年 6 月北京第 1 版第 1 次印刷

购书咨询：010-64518888　　售后服务：010-64518899

网　　址：http://www.cip.com.cn

凡购买本书，如有缺损质量问题，本社销售中心负责调换。

定　　价：89.00 元

前言

在21世纪这个能源转型与可持续发展并行的时代，寻找高效、环保且成本效益显著的能源存储解决方案，已成为全球科技与工业界的共同追求。锂硫电池，作为高比能电池体系的重要代表，凭借其超高的理论能量密度（$2600W \cdot h \cdot kg^{-1}$）、低廉的原材料成本和环境友好性，正逐步从实验室走向商业化应用的广阔舞台。然而，要充分发挥锂硫电池的潜力，解决其循环稳定性差、容量衰减快以及穿梭效应等关键技术问题，正极材料的设计与优化无疑是其中关键的一环。

本书旨在通过系统梳理锂硫电池的基本原理、正极活性材料、聚合物黏结剂的发展历程与现状，并特别聚焦于聚合物基储能材料这一前沿领域，为读者构建一个从基础理论到技术创新，再到实际应用的全方位知识框架。此外，作者期望结合团队研究成果，深度剖析聚合物材料（包括多孔聚合物网络材料、有机硫聚合物材料及多功能聚合物黏结剂）的结构特性及其在改善锂硫电池电化学性能方面的独特优势及应用。为此，作者在查阅大量相关资料、文献与书籍，并与众多经验丰富的研究人员充分交流的基础上，结合团队在聚合物基硫正极关键材料的研究成果，系统整理并编著成本书。

衷心感谢在本书编写过程中给予帮助的各位老师和同学，感谢蹇锡高院士在书稿撰写过程中的悉心指导。同时，特别感谢团队江万源博士、毛润钥博士、李博睿博士、宋子晖博士、金鑫博士等在数据整理、表格绘制、书稿校对方面的辛勤付出。

限于时间和精力，本书中难免存在不当之处，敬请各位读者批评指正。

编著者

2024年10月

目录

第1章 绪论

1.1 引言

能源，作为推动社会发展与经济增长的核心驱动力，在人类历史进程中扮演着至关重要的角色。从原始的“火与柴草”时代，到“煤炭与蒸汽机”的工业革命，再到“石油与内燃机”主导的现代工业化进程，每一次能源形态的重大变革都伴随着生产力的巨大跃升，有力地促进了全球经济的发展。然而，随着全球化石燃料消耗量的急剧攀升，煤、石油和天然气等传统能源资源已不能满足现有的需求，过度使用传统能源带来的环境问题也日趋严重，全球变暖已成为各国亟待解决的重大问题。美国政府早在2015年发布的报告中就强调了全球变暖这一迫在眉睫的气候危机，并将应对措施提升至国家政策及安全战略的核心层面，发起了一场以新能源为主导的新一轮技术革新与产业革命。同时，欧洲各国亦将能源系统转型视为经济脱碳的关键策略，通过整合各领域资源，协同推进能源结构改革，旨在到2050年实现碳中和。在全球碳中和的大背景下，风能、太阳能、地热能等清洁能源日益受到广泛重视。我国在发展清洁能源方面也展现了坚定的决心与行动力。在2020年的气候雄心峰会上提出，到2030年非化石能源在我国一次能源消费中的占比要超过25%，并设定了太阳能发电、风力发电总装机容量达到12亿千瓦以上的阶段性发展目标。国家能源局在《“十四五”现代能源体系规划》中进一步强调，要积极引领能源革命，大力发展包括太阳能、风能在内的清洁能源，构建高效、安全、低碳且具有智能创新特质的现代化能源体系。

然而，由于地理分布和气候条件的影响，风能、太阳能等可再生能源在实际应用中存在供应不稳定、间歇性产出以及较高的弃风、弃光率等问题，难以保证能源供给的连续性和稳定性。因此，电能存储和调配技术在优化能源结构、确保能源供需平衡上发挥着至关重要的作用。在诸多储能系统中，电化学储能因具备高效、稳定、清洁且易于规模化的优势，成为储能技术研发的重要方向之一[1-2]。铅酸电池、锌锰电池、镍氢电池和锂离子电池等二次电池作为便携式可循环充放电的电化学储能装置，目前已广泛应用于手机、笔记本电脑等各类便携式电子产品和电动汽车、电动卡车等大型电驱动设备。

1.2 锂离子电池

相较于能量密度低、循环稳定性差、难以满足高能量密度储能系统需求的传统铅酸电池和镍氢电池，锂离子电池具有自放电率低、能量密度高、循环寿命长和质量轻等优势，是目前能量密度最高、综合性能最好的商用二次电池[3-4]。在当前电子信息技术日新月异的时代背景下，锂离子电池在便携式电子设备和新能源汽车等新兴领域应用广泛，对于推动人类社会进步、促进可持续发展起到了不可或缺的核心支撑作用。2019 年诺贝尔化学奖荣誉加冕于 John B. Goodenough、M. Stanley Whittingham 和 Akira Yoshino 三位科学家，以表彰他们在锂离子电池技术研发上所取得的里程碑式的成就。

锂离子电池的核心构成包括正极材料、负极材料、电解质、隔膜等四个重要组分。1965 年，美国宇航局 Selim 等人首次尝试在碳酸丙烯基电解质中使用锂金属阳极，但剥离/再沉积效率只能达到 50%～70%，难以实现大规模应用。在接下来的几年里，关于可充电锂金属阳极的问题和潜在解决方案的研究文章很多，但收效甚微。1976 年，Whittingham 教授[5]以层状 TiS_2 为正极、高氯酸锂溶于乙二醇二甲醚/四氢呋喃所形成的溶液为电解液、锂金属为负极装配的扣式电池表现出较高能量密度，但锂金属负极在循环过程中容易产生锂枝晶生长，存在安全隐患。1976 年，阿贡国家实验室（ANL）的 Vissers 和 Gay 等人以 Li-Al 合金取代液态锂负极，LiCl-KCl 为电解质、FeS_2 为正极成功制备了高能量密度的锂离子电池体系，但使用 Li-Al 合金负极电池体系在充放电过程中存在明显的体积变化，极大地缩短了电池的使用寿命，且用于非高峰电网储能和电动汽车，对便携式电子设备适用性很小。直到 1980 年，牛津大学无机化学系教授 John B. Goodenough 提出用一种含锂的金属氧化物来替代不含锂的金属硫化物作为锂电池正极，使锂电池具有更高的工作电压和化学稳定性。经过大量的研究和探索，最终找到了具有稳定层状结构的钴酸锂正极（$LiCoO_2$，放电电压：3.7V），这一重要材料的发现为构建摇椅式锂离子电池雏形提供了理想正极材料[6-7]。1985 年，日本的 Yoshino 教授等[8]将石油焦（石油分馏残渣中石墨化程度较低的碳）负极和钴酸锂正极相结合，开发出世界上第一个插入商用阳极的锂离子电池。与石墨相比，石油焦的无定形性质限制了电池容量，但石油焦可以在相对于 Li^+/Li 的约 0.5V 低电位下可逆地插入 Li^+，而不破坏负极结构，使电极具有稳定的循环性能。1991 年，日本索尼公司基于该设计率先将以钴酸锂和石油焦为电极材料的锂离子电池商业化，极大地推动了锂离子电池及相关领域的发展。此后，锂离子电池逐渐进入人们的日常生活，并不断更新换代。

进入 21 世纪，随着通信设备、电动汽车等行业的迅速发展以及对高性能储能装置的需求激增，我国锂离子电池产业进入了快速成长期。这一阶段，我国在关键材料如正极、负极、电解液以及隔膜等核心技术方面加大研发投入，实现了国产化水平的显著提升。2010 年后，我国锂离子电池行业迈入规模化生产和应用的新阶段，随着技术的发展以及一系列国家政策的支持，锂离子电池产业有了长足的发展，深圳比亚迪、深圳比克、天津力神等电池企业迅速崛起。到 2023 年，国内锂离子电池的总产量已超过 940GW・h，发展成为全球电池生产制造大国。

1.3　锂硫电池

随着锂离子电池技术的不断发展，以锂金属氧化物（如 $LiFePO_4$ 和 $LiCoO_2$ 等）为正极、石墨为负极的锂离子电池的能量密度大幅提升，逐步从 120W・h・kg^{-1} 提升至 380W・h・kg^{-1}。但受到电极材料理论容量低和嵌锂/脱锂储能机制的限制，传统锂离子电池难以在现有能量密度的基础上实现重大突破[9-11]。传统锂离子电池实际能量密度接近其理论极限值，难以满足日益发展的新型便携式电子设备和新一代电动汽车、混合型动力车对电池高能量密度的新需求，亟需开发新一代高能量密度储能材料和新型储能体系[12]。锂硫电池是以单质硫或含硫化合物为正极、金属锂为负极的新型储能系统，通过硫的多步电子转移和金属锂的得失电子实现能量储存与释放的新兴储能系统[12-15]。得益于其正、负极高放电容量和新型化学储能机制，锂硫电池的理论比容量可以达到 1675mA・h・g^{-1}，理论能量密度高达 2600W・h・kg^{-1}，均高于现有商用三元正极/石墨负极体系锂离子电池的相应理论值[16-17]。未来通过对锂硫电池体系的不断优化，可以使其能量密度远超现有商用三元正极/石墨负极体系的锂离子电池。此外，活性物质硫具有原料丰富易得、环境友好、价格低等优势，有望成为新一代高能量密度、低成本、可大规模使用的储能材料[18-19]。

1.3.1　发展历史

锂硫电池的发展起源于 1962 年，Herbet 和 Ulam 在其专利中首次提出以硫作为正极材料的概念。回顾过去 60 年锂硫电池的兴衰，其发展过程可以分为三个阶段。

早期的锂硫电池因多硫化物难以被氧化而无法实现可逆充电，常被作为一次电池研究。因此，第一阶段的研究重点是如何制造可充电的锂硫电池，其本质是寻找能够让锂离子和多硫化物实现可逆转变的合适电解质。1967 年，美国阿贡实验室开发了以硫为正极、KCl-LiCl 熔融盐为电解质、熔融锂为负极的高温锂硫电池体系。随后，以 Peled 为代表的研究者对室温条件下锂硫电池在有机溶剂中的充放电行为和电化学特性进行了大量研究。1983 年，Peled 课题组[20]报道了能够溶解多硫化物的四氢呋喃/甲苯（THF/TOL）混合溶剂体系，该体系下硫正极的活性物质利用率可达 95%，但甲苯自身介电常数较低，因此该电解质体系只能在较低电流密度下使用。随后研究人员们尝试了大量的有机电解质体系，包括醚类、砜类、酯类、聚合物类等溶剂复合锂盐体系，实现了锂硫电池常温下的循环充放电[21-22]。在这一时期，沿用至今的二甲基亚砜（DMSO）、四乙二醇二甲醚（TEGDME）、1,3-二氧戊烷（DOL）、乙二醇二甲醚（DME）等有机电解质体系和聚合物电解质［如聚环氧乙烷（PEO）］体系被发现和提出[23-26]。虽然从一次电池转变为二次电池已经实现了锂硫电池体系的巨大飞跃，但其容量的快速衰减和较短的循环寿命仍难满足人们对储能器件的需求。与此同时，锂离子电池方面取得了突破性进展，钴酸锂（$LiCoO_2$）正极、镍钴锰（NCM）三元材料正极、磷酸铁锂（LFP）正极、软碳硬碳负极（C）等锂离子电池正负极关键材料飞速发展。尤其是 1991 年日本索尼公司将锂离子电池商业化后，相当长一段时间内锂硫电池的研发处于停滞状态。

第二阶段的研究重点是如何改善锂硫电池的性能，其中提升其循环容量保持率是该时期主要的技术攻关任务。王久林老师提出了凝胶电解质体系中纳米碳与硫复合正极在锂硫电池长循环工作中高容量保持率的可能性以及硫化聚丙烯腈（SPAN）新型正极复合材料的应用，为长寿命、高容量锂硫二次电池构建提供了新思路[27-28]。2008 年，Mikhaylik[29]首次提出将硝酸锂作为电解液添加剂能够显著改善锂硫电池库仑效率，解决了前期电池库仑效率始终难以突破 90%的难题，实现了 98%甚至更高的库仑效率。2009 年，滑铁卢大学 Nazar 课题组[30]发表在 *Nature Materials* 上的研究工作报道了聚乙二醇修饰有序介孔碳材料/S（CMK-3/S）复合材料。通过毛细管效应，循环过程中溶解的多硫化物在很大程度上被限制在介孔碳孔隙中，CMK-3/S 复合正极的初始比容量可达 $1005mA \cdot h \cdot g^{-1}$，在循环 20 次后仍能保持 $800mA \cdot h \cdot g^{-1}$ 的放电容量，这为纳米多孔材料在碳硫复合正极中具有巨大应用潜力提供了有力证据。在此之后，各种多孔碳、石墨烯、导电聚合物、金属化合物等非极性和极性材料被应用于硫正极载体材料，通过物理限域或化学吸附缓解多硫化锂的溶解和穿梭[31-34]。除正极材料开发外，隔膜改性、电解液及固态电解质配方调整等不同策略也被应用于开发锂硫扣式电池，以寻求改善电池各项性能的有效方案[35-37]。然而，该阶段研究目光只聚焦于扣式电池，扣式电池中能够可逆循环成百上千次的材料在安•时级锂硫电池中可能快速失效。为了发挥锂硫电池高能密度的优势，创制超过 $400W \cdot h \cdot kg^{-1}$ 的高能量锂硫电池，必须开发具有实用参数的软包电池[38]。

第三阶段的研究重点是如何提高锂硫软包电池在工程化应用条件下［包括高硫负载、低液硫比（E/S）、低负极可逆面容量与正极可逆面容量的比（N/P）］的电化学性能，开发高能量密度储能器件。2014 年，Hagen 课题组[39]首次发表了关于软包锂硫电池的研究工作，并针对高能量密度软包电池最佳液硫比 E/S 进行了研究和探讨。此后，高能量软包锂硫电池得到了广泛关注，并不断取得重大进展。2017 年，崔屹课题组[40]对锂硫二次电池氧化还原过程中的催化转化过程提出了新见解，研究结果表明金属硫化物能够作为多硫化物转化过程中的活性催化剂，促进单质硫和硫化锂之间的相互转化。电催化剂的引入极大地改善了锂硫电池中多硫化物的穿梭效应和氧化还原动力学缓慢的问题。同年，清华大学张强教授课题组[41]发表了针对软包锂硫电池失效主导因素的研究工作。该研究将循环 60 次后失效的 2A•h 级别软包电池拆开并与新的正负极重新匹配后测试，研究发现旧正极匹配新负极软包电池仍能保持较高的放电容量，但旧负极匹配新正极电池已基本无法循环。该研究的重要价值在于证实了软包电池中负极锂金属的失效是安·时级别软包电池失效的主要因素，如何保护锂硫电池中的金属锂负极是锂硫电池走向市场的关键因素。2017 年以后，聚焦在锂硫软包电池的研究工作越来越被关注，从改善其循环寿命到验证锂硫电池的过充、挤压、针刺等方面安全性的研究工作相继被报道[42-43]。

随着移动电子设备、电动汽车、军用电源等快速发展，传统锂离子电池愈发难以满足它们对电池高能量密度的新需求。具有高能量密度、成本低、可大规模使用、环境友好等优势的锂硫电池体系已经成为世界各地知名大学、科研院所以及大型公司的重要研究课题[44]。

1.3.2　工作原理

锂硫电池作为一种高能量密度（理论比能量为 2600W·h·kg^{-1}）锂金属电池体系，一般以金属锂为负极，单质硫混合导电剂以及黏结剂为正极，以有机电解液或固态电解质作为离子传输媒介，其结构和充放电过程如图 1-1 所示[45]。由于单质硫处于充电态，锂硫电池一般从放电过程开始运行。在放电过程中，锂金属在负极处被氧化产生 Li^+，Li^+穿过隔膜移动到正极，而电子通过外部电路移动到正极，从而产生电流。在正极侧，S_8 环状分子得到电子被还原并与电解液中的 Li^+相结合，历经多步电子转移最终形成 Li_2S。其电化学反应方程式（1-1）如下：

$$16Li^+ + S_8 + 16e^- \rightleftharpoons 8Li_2S \tag{1-1}$$

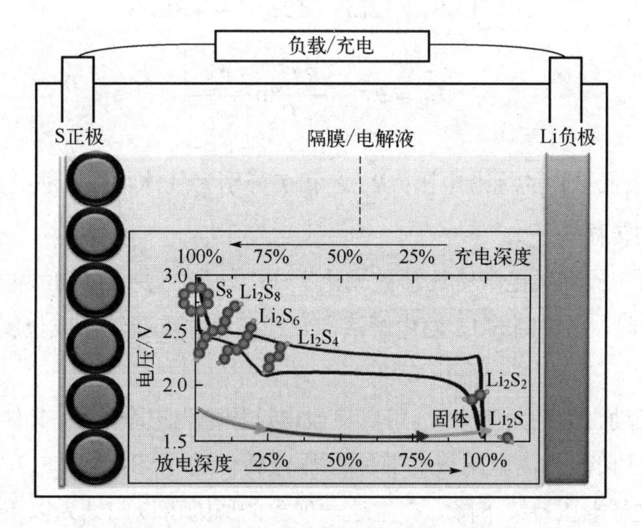

图 1-1　锂硫电池结构和充放电过程[45]

理论上，放电产物和充电产物分别为Li_2S和S_8环状分子，一个S_8环状分子完全放电转化为Li_2S的过程中伴随16个电子的转移，理论放电比容量为1675mA・h・g^{-1}（基于$S^0 \rightarrow S^{2-}$计算）。目前，学术界普遍认为锂硫电池的放电过程为多步的还原反应，包括液相还原、固-液两相还原和固相还原，过程中生成多种多硫化锂中间产物，如液相Li_2S_n（n=4、6、8）和固相Li_2S_2[46-48]。在放电过程中，正极S_8环状分子首先开环形成两端带有自由基的S_8硫长链，再与电解液中的Li^+结合形成长链的Li_2S_8，极性Li_2S_8长链溶解于有机电解液中，该过程为固-液还原反应。Li_2S_8长链再经液相还原转化为可溶性Li_2S_6和Li_2S_4。从S_8环状分子转化为Li_2S_4的过程（$S_8 \rightarrow S_8^{2-} \rightarrow S_6^{2-} \rightarrow 2S_4^{2-}$）对应于放电曲线中2.3V附近的第一个放电平台，整个过程伴随4个电子的转移，理论上该部分容量占总容量的25%（419mA・h・g^{-1}）。该放电平台电化学反应过程与其对应的能斯特方程如式（1-2）和式（1-3）所示：

$$S_8+4Li^+ + 4e^- \longrightarrow 2Li_2S_4 \tag{1-2}$$

$$E_H = E_H^{\ominus} + \frac{RT}{n_H F}\ln\frac{[S_8]}{[S_4^{2-}]^2} \tag{1-3}$$

式中，E_H代表高平台的标准电压；R、F和T分别为气体常数、法拉第常数和温度；n_H表示高放电平台的转移电子数。

随后，可溶性Li_2S_4继续通过固-液两相还原反应转化为难溶的短链Li_2S_2。在放电的最后阶段，短链Li_2S_2进一步通过固相反应转变为Li_2S。从Li_2S_4转化为Li_2S的过程对应于放电曲线中2.1V附近的第二个放电平台，整个过程伴随12个电子的转移，放电容量占总容量的75%（1256mA・h・g^{-1}）。第二个放电平台电化学反应过程与其对应的能斯特方程如式（1-4）和式（1-5）所示：

$$2Li_2S_4 + 12Li^+ + 12e^- \longrightarrow 8Li_2S \tag{1-4}$$

$$E_L = E_L^{\ominus} + \frac{RT}{n_L F}\ln\frac{[S_4^{2-}]}{[S^{2-}]^2} \tag{1-5}$$

式中，E_L代表低平台的标准电压；R、F和T分别为气体常数、法拉第常数和温度；n_L表示低放电平台的转移电子数。

而在充电过程中固体放电产物逐渐被氧化生成中间产物多硫化物，再随着电压的升高被氧化成单质硫。同时，正极侧的Li^+随电解液向负极迁移并重新转化成金属锂，形成一个可逆反应。

从电化学反应动力学的角度来说，可以将放电过程分为三个阶段，具体如图1-2所示[49]。

放电过程中，Ⅰ阶段为高电压放电平台的固-液转化过程（$S_8 \rightarrow Li_2S_4$），在该反应过程中，随着放电反应的进行电压持续下降。产生这一现象的原因可以归结为以下两点：①在这一转化过程中低溶解度S_8始终处于饱和状态而随着放电的进行Li_2S_4的浓度不断增大，导致正向反应受阻；②Li_2S_4的浓度不断增大会导致电解液黏度增大，影响Li^+向正极表面传输，致使

多硫化物附近 Li^+浓度降低。

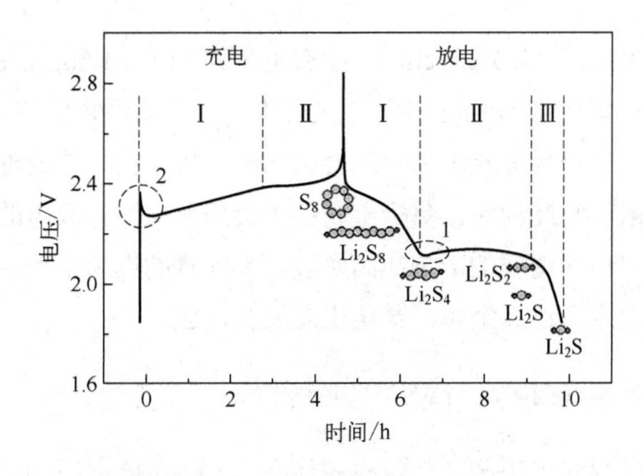

图 1-2　锂硫电池典型的充放电曲线[49]

Ⅱ阶段为低电压放电平台的液-固转化过程（$Li_2S_4 \rightarrow Li_2S_2/Li_2S$）。在这一阶段，固相放电产物 Li_2S_2/Li_2S 的形成主要分为成核和核生长两个过程，由于成核过程需要更大的过电势，放电初期可以观察到一个向下的反向峰 1，而在后续的核生长过程中电压相对平稳。正极材料表面 Li_2S_2/Li_2S 大量沉积会阻断电子转移路径，随即放电过程进入Ⅲ阶段。

Ⅲ阶段为放电末期的固-固转化过程（$Li_2S_2 \rightarrow Li_2S$），在此阶段，固相 Li_2S_2/Li_2S 中离子和电子传输困难，导致电压急速下降[50-51]。充电过程中，固相放电产物 Li_2S_2/Li_2S 转化为可溶性的多硫化物为充电的Ⅰ阶段。在这一阶段初期，由于放电绝缘性固相产物的大量沉积，离子和电子传输困难，固-液转化过程（Li_2S 解离）的反应动力学差，可以观察到充电曲线出现向上的正向峰 2。随后，由 Li_2S 初步解离形成的可溶性多硫化物能够发挥氧化还原介质的作用，促进 Li_2S 向多硫化物转化，使得电压在拐点后下降。在后续充电过程中，可溶性多硫化物的浓度不断升高使充电转化过程受阻，电压平台平缓上升。充电过程的Ⅱ阶段为多硫化物向 S_8 环状分子的转变过程，液-固相转变过程缓慢的氧化还原动力学和绝缘性 S_8 的大量沉积使电压在最后阶段显著升高。

1.3.3　存在问题

受到硫及其各阶段放电产物自身理化性质及其复杂的电化学反应过程的影响，锂硫电池体系中存在硫及其放电产物（Li_2S_2 和 Li_2S）电导率低、放电过程中体积膨胀、多硫化物穿梭、反应缓慢以及金属锂负极不稳定等诸多问题，导致电池循环寿命短、循环稳定性差、实际能量密度低。这些问题很大程度上制约了锂硫电池的商业化应用[52-54]。具体问题如下。

（1）活性物质充放电过程中体积变化大

硫正极充电产物单质硫（$2.07g \cdot cm^{-3}$）和放电产物 Li_2S（$1.66g \cdot cm^{-3}$）之间存在较大的密度差异，导致在单质硫转化为 Li_2S 的放电过程中，正极活性物质的体积膨胀率高达 80%。在反复充放电过程中，电极反复膨胀和收缩会破坏硫正极结构，造成电极粉化或从导电集流体上脱落，失去电接触。与此同时，负极金属锂也会随着电池充放电的进行发生体积变化。这种体积膨胀和收缩对电极造成的影响在高负载、大容量的锂硫电池中尤为严重，会导致循环稳定性降低以及使用寿命迅速缩短，甚至引发安全问题。

（2）硫及其放电产物（Li_2S_2 和 Li_2S）的绝缘性

锂硫电池正极活性材料单质硫及其放电固体产物 Li_2S 均为离子和电子绝缘体，二者在室温下的电子电导率分别为 $5 \times 10^{-30} S \cdot cm^{-1}$ 和 $10^{-15} S \cdot cm^{-1}$。较低的电导率会导致正极活性物质在充电和放电过程中的固相-液相转化和固相-固相转化过程不充分、不彻底，从而降低整体活性物质的利用率。放电过程中沉积的 Li_2S 会在正极表面形成钝化层，积累到一定量后会阻碍 Li_2S_2 的继续转化。除此之外，深度放电后也容易造成活性物质 Li_2S 过度聚集，部分 Li_2S 失去电接触，在充电过程中不能被利用，导致循环稳定性逐渐降低以及使用寿命逐渐缩短。

（3）可溶性多硫化物中间体的穿梭效应

由上述锂硫电池工作原理可知，在充放电过程中硫正极发生多电子和多相氧化还原反应，反应过程中会产生不同链长的可溶性多硫化物中间体［Li_2S_n（LiPSs），$n = 4$、6、8］。溶解的多硫化物可以自由迁移并发挥氧化还原介质的作用加速 S_8 和 Li_2S 在电化学过程中的转化，提高活性物质利用率。但溶解的多硫化物也会在电场力和浓度梯度力作用下产生穿梭效应。如图 1-3 所示，穿梭效应不仅会导致活性物质损失，电解液黏度提升，还可能对锂金属表面造成严重的腐蚀，破坏负极表面形成的固态电解质界面。对于锂硫电池来说，穿梭效应是造成其容量衰减的主要因素之一，弱化穿梭效应也是对其电化学性能改良的重要方向[55]。

电解液中锂离子和多硫化锂的内部传输主要依靠浓度梯度力和电场力作用[56-57]。在放电过程中，浓度梯度力和电场力的方向相同，溶解的多硫化锂从正极向负极方向扩散。而在充电过程中，浓度梯度力和电场力的方向相反，多硫化物的移动方向取决于二者的相对大小。在充电初期，电场力大于浓度梯度力，多硫化物保持在正极侧。随着充电的进行电场力增加，正极侧多硫化物浓度也不断升高，直至浓度梯度力大于电场力时，多硫化物向负极扩散并与负极金属锂发生反应，多硫化物链长变短。上述多硫化物被金属锂化学和电化学还原过程如式(1-6) 和式(1-7) 所示：

$$(n-1)Li_2S_n + 2Li \rightleftharpoons nLi_2S_{n-1} \tag{1-6}$$

$$(n-1)Li_2S_n + 2Li^+ + 2e^- \rightleftharpoons nLi_2S_{n-1} \tag{1-7}$$

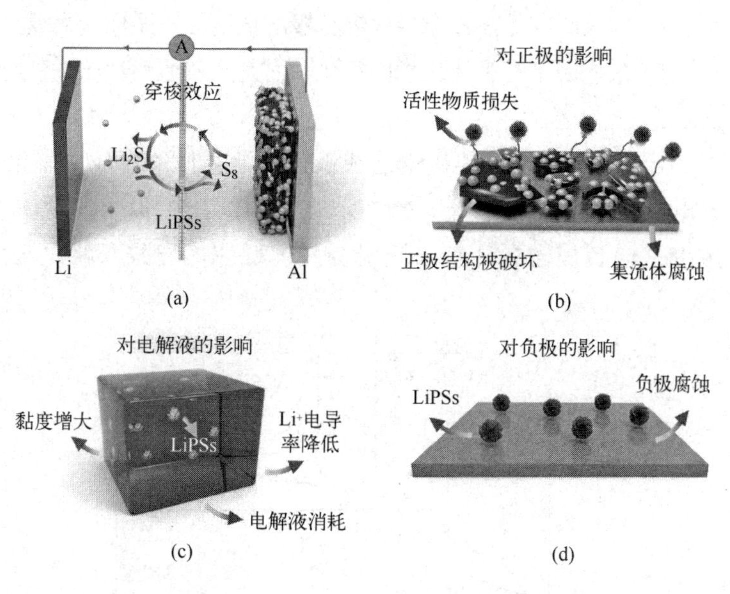

图 1-3 穿梭效应对锂硫电池的影响[55]

但由于链长变短后的多硫化锂电荷密度和受到的电场力增大，在电场力的作用下，多硫化物会向正极迁移。在电场力和浓度梯度力主导地位的不断变化下，多硫化物在正负极间来回穿梭，从而产生穿梭效应。穿梭效应会导致正极中活性物质不可逆损失、电池寿命缩短以及库仑效率下降。当从正极穿越隔膜到达负极的多硫化物与负极金属锂反应生成 Li_2S/Li_2S_2 时会导致负极腐蚀及钝化，电池会产生过充现象，即在同一次充放电过程中，充电容量远大于放电容量，甚至还可能在充电过程中出现截止电压过高的现象。负极腐蚀及钝化反应过程如式（1-8）和式（1-9）所示。

$$Li_2S_n + 2Li \rightleftharpoons Li_2S + Li_2S_{n-1} \tag{1-8}$$

$$Li_2S_n + 2Li \rightleftharpoons Li_2S_2 + Li_2S_{n-2} \tag{1-9}$$

Mikhaylik 和 Akridge[58]对多硫化物穿梭机理进行了深入的研究，推导的穿梭方程可以评估穿梭效应的程度，包括电荷电流和多硫化物扩散速率对穿梭效应的影响。穿梭因子（f_C）计算式如式（1-10）所示：

$$f_C = \frac{k_S q_u S_t}{I_C} \tag{1-10}$$

式中，I_C 为充电电流；k_S 为穿梭常数（非均相反应常数）；q_u 为高电压平台贡献的硫比容量和（419mA・h・g^{-1}）；S_t 为总硫浓度。

具有不同电荷穿梭因子 f_C 的模拟充电曲线如图 1-4 所示，当 f_C 接近零时，意味着没有穿梭效应，系统具有无限大的电流密度、无限小的穿梭常数或无限小的硫浓度。当 $0 < f_C < 1$

时，电池可以完全充电，并在充电末期电压急剧增加。当 $f_C>1$ 时，充电曲线逐渐趋近于水平，无电压急剧上升，但长时间的穿梭会导致锂负极严重腐蚀，循环寿命缩短。此外，充电过程中高电压平台的延长原因不是多硫化物的氧化，而是迁移所消耗的额外能量导致充电效率降低。

除此之外，锂硫电池也存在与镍镉电池或镍氢电池类似的自放电现象。这是由于即使在不施加外界电压的情况下，多硫化物在非水系电解液中也会发生缓慢的多硫化物溶解，并且随浓度差向负极方向迁移与负极金属锂反应，导致开路电压降低及电池容量损失。

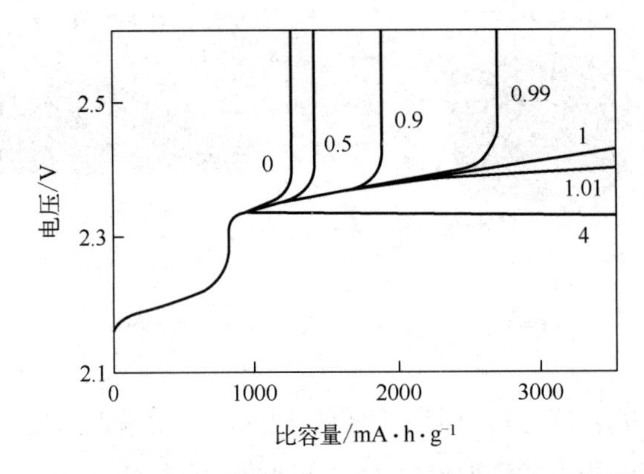

图 1-4 具有不同电荷穿梭因子 f_C 的模拟充电平台[58]

（4）氧化还原反应动力学过程缓慢

在循环过程中，电化学反应涉及的液相-固相转化、固相-固相转化等化学反应过程的高活化能和固体放电产物（Li_2S/Li_2S_2）的电子、离子绝缘性使得电池的氧化还原动力学过程缓慢。缓慢的氧化还原动力学过程会造成可溶性长链多硫化物在电解液中积累和放电产物的不均匀沉积，从而导致多硫化物穿梭效应加剧和部分活性物质失活，使得电池容量、库仑效率和循环寿命均出现明显下降。

（5）锂负极枝晶

放电过程中产生的可溶性多硫化物会溶解到电解液中，随着浓度差扩散到负极，对锂金属表面造成严重的腐蚀，破坏负极表面形成的固态电解质界面。与此同时，循环过程中锂金属溶解和再沉积造成巨大的体积变化，锂金属表面的钝化层不断地破裂并再生成，使得电解液和电解液中的硝酸锂添加剂不断被消耗，最终导致电池库仑效率下降，能量密度降低，使用寿命缩短。更为严重的是，在循环过程中，锂金属重复的溶解和沉积会造成锂枝晶的生长，甚至刺破隔膜造成内部短路，引发严重的安全问题。

为了有效解决以上问题，国内外研究者们从正极结构构建、功能性黏结剂设计、隔膜改性、电解液及固态电解质配方调整、负极保护等等多个角度寻求改善锂硫电池各项性能的方案，用以推动锂硫电池商业化发展[59-62]。硫正极是锂硫电池的核心部件，要进一步实现电池的性能提升，对硫正极的组分结构进行合理的设计与构建是非常必要的。锂硫电池正极主要由正极活性材料、导电剂和黏结剂三个重要组分构成。其中导电剂主要作用是提高电子电导率，在集流体和正极活性材料之间起到收集微电流的作用，减少电极的接触电阻。此外，导电剂还能在一定程度上提高电极片的加工性和电解液对电极片的浸润性，从而改善电池性能。但是整体而言，导电剂主要起到传导电子的作用，缺乏针对锂硫电池体系的其它功能性。因此，以下重点介绍正极活性物质、载硫基底材料和黏结剂等正极关键组分的研究进展。

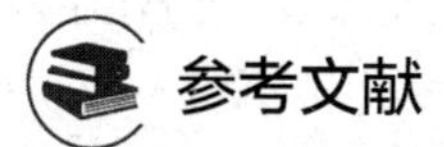

参考文献

[1] Zhu Z X, Wang M M, Meng Y H, et al. Rechargeable batteries for grid scale energy storage [J]. Nano Letters, 2020, 20(5): 3278-3283.

[2] Kebede A A, Kalogiannis T, Van Mierlo J, et al. A comprehensive review of stationary energy storage devices for large scale renewable energy sources grid integration [J]. Renewable and Sustainable Energy Reviews, 2022, 159: 112213.

[3] Tarascon J M, Armand M. Issues and challenges facing rechargeable lithium batteries [J]. Nature, 2001, 414(6861): 359-367.

[4] Larcher D, Tarascon J M. Towards greener and more sustainable batteries for electrical energy storage [J]. Nature Chemistry, 2015, 7(1): 19-29.

[5] Whittingham M S. Electrical energy storage and intercalation chemistry [J]. Science, 1976, 192(4244): 1126-1127.

[6] Mizushima K, Jones P C, Wiseman P J, et al. Li_xCoO_2 ($0<x\leqslant1$): A new cathode material for batteries of high energy density [J]. Materials Research Bulletin, 1981.

[7] Thackeray M M, David W I F, Bruce P G, et al. Lithium insertion into manganese spinels [J]. Materials Research Bulletin, 1983, 18(4): 461-472.

[8] JP 1989293[P]. 1995-06-18.

[9] Wu F X, Maier J, Yu Y. Guidelines and trends for next-generation rechargeable lithium and lithium-ion batteries [J]. Chemical Society Reviews, 2020, 49(5): 1569-1614.

[10] Bruce P G, Freunberger S A, Hardwick L J, et al. Li-O_2 and Li-S batteries with high energy storage [J]. Nature Materials, 2012, 11(1): 19-29.

[11] 吴峰, 杨西汉. 绿色二次电池: 新体系与研究方法 [M]. 北京：科学出版社，2009.

[12] Peng H J, Huang J Q, Cheng X B, et al. Review on high-loading and high-energy lithium–sulfur batteries [J]. Advanced Energy Materials, 2017, 7(24): 1700260.

[13] Huang Y Z, Lin L, Zhang C K, et al. Recent advances and strategies toward polysulfides shuttle inhibition for high-performance Li-S batteries [J]. Advanced Science, 2022, 9(12): 2106004.

[14] Yin Y X, Xin S, Guo Y G, et al. Lithium-sulfur batteries: electrochemistry, materials, and prospects [J]. Angewandte Chemie International Edition, 2013, 52(50): 13186-13200.

[15] Fang R P, Zhao S Y, Sun Z H, et al. More reliable lithium-sulfur batteries: status, solutions and prospects [J]. Advanced Materials, 2017, 29(48): 1606823.

[16] Deng R Y, Wang M, Yu H Y, Recent advances and applications toward emerging lithium-sulfur batteries: working principles and opportunities [J]. Energy & Environmental Materials, 2022, 5(3): 777-799.

[17] Chung S H, Manthiram A. Current status and future prospects of metal-sulfur batteries [J]. Advanced Materials, 2019, 31(27): 1901125.

[18] Lim J, Pyun J, Char K. Recent approaches for the direct use of elemental sulfur in the synthesis and processing of advanced materials [J]. Angewandte Chemie International Edition, 2015, 54(11): 3249-3258.

[19] Chung W J, Griebel J J, Kim E T, et al. The use of elemental sulfur as an alternative feedstock for polymeric materials [J]. Nature Chemistry, 2013, 5(6): 518-524.

[20] Yamin H, Peled E. Electrochemistry of a nonaqueous lithium/sulfur cell [J]. Journal of Power Sources, 1983, 9(3): 281-287.

[21] Rauh R D, Abraham K M, Pearson G F, et al. A lithium/dissolved sulfur battery with an organic electrolyte [J]. Journal of the Electrochemical Society, 1979, 126(4): 523-526.

[22] Chen R J, Zhao T, Wu F. From a historic review to horizons beyond: lithium–sulphur batteries run on the wheels [J]. Chemical Communications, 2015, 51(1): 18-33.

[23] Peled E, Sternberg Y, Gorenshtein A, et al. Lithium-sulfur battery: evaluation of dioxolane-based electrolytes [J]. Journal of the Electrochemical Society, 1989, 136(6): 1621-1624.

[24] Fang R Y, Xu H H, Xu B Y, et al. Reaction mechanism optimization of solid-state Li-S batteries with a PEO-based electrolyte [J]. Advanced Functional Materials, 2020, 31(2): 2001812.

[25] Marmorstein D, Yu T H, Striebel K A, et al. Electrochemical performance of lithium/sulfur cells with three different polymer electrolytes [J]. Journal of Power Sources, 2000, 89(2): 219-226.

[26] Dias F B, Plomp L, Veldhuis J B J. Trends in polymer electrolytes for secondary lithium batteries [J]. Journal of Power Sources, 2000, 88(2): 169-191.

[27] Wang J L, Yang J, Xie J Y, et al. A novel conductive polymer-sulfur composite cathode material for rechargeable lithium batteries [J]. Advanced Materials, 2002, 14(13-14): 963-965.

[28] Yin L C, Wang J L, Lin F J, et al. Polyacrylonitrile/graphene composite as a precursor to a sulfur-based cathode material for high-rate rechargeable Li-S batteries[J]. Energy & Environmental Science, 2012, 5(5): 6966-6972.

[29] US 7354680B2[P]. 2008-04-08.

[30] Ji X L, Lee K T, Nazar L F. A highly ordered nanostructured carbon-sulphur cathode for lithium-sulphur batteries [J]. Nature Materials, 2009, 8(6): 500-506.

[31] Zhong Y, Xia X H, Deng S J, et al. Popcorn inspired porous macrocellular carbon: Rapid puffing fabrication from rice and its applications in lithium-sulfur batteries [J]. Advanced Energy Materials, 2018, 8(1): 1701110.

[32] 郭亚飞, 李兴宇, 徐茜, 等. 锂硫电池正极复合材料研究进展 [J]. 化工设计通讯, 2023, 49(01): 44-46.

[33] Tao Y Q, Wei Y J, Liu Y, et al. Kinetically-enhanced polysulfide redox reactions by Nb_2O_5 nanocrystals for high-rate lithium-sulfur battery [J]. Energy & Environmental Science, 2016, 9(10): 3230-3239.

[34] Liu X, Huang J Q, Zhang Q, et al. Nanostructured metal oxides and sulfides for lithium–sulfur batteries [J]. Advanced Materials, 2017, 29(20); 1601759.

[35] Li B Y, Su Q M, Yu L T, et al. Tuning the band structure of MoS_2 via $Co_9S_8@MoS_2$ core-shell structure to boost catalytic activity for lithium-sulfur batteries [J]. ACS Nano, 2021, 14(22): 17285-17294.

[36] Chen L, Fan L Z. Dendrite-free Li metal deposition in all-solid-state lithium sulfur batteries with polymer-in-salt polysiloxane electrolyte

[J]. Energy Storage Materials, 2018, 15: 37-45.

[37] Cha E, Patel M D, Park J, et al. 2D MoS_2 as an efficient protective layer for lithium metal anodes in high-performance Li-S batteries [J]. Nature Nanotechnology, 2018, 13(4): 336-338.

[38] Chen Z X, Zhao M, Hou L P, et al. Towards practical high-energy-density lithium–sulfur pouch cells: A review [J]. Advanced Materials, 2022, 34(35): 2201555.

[39] Hagen M, Fanz P, Tuebke, J. Cell energy density and electrolyte/sulfur ratio in Li-S cells [J]. Journal of Power Sources, 2014, 264: 30-34.

[40] Zhou G M, Tian H Z, Jin Y, et al. Catalytic oxidation of Li_2S on the surface of metal sulfides for Li-S batteries [J]. Proceedings of the National Academy of Sciences of the United States of America, 2017, 114(5): 840-845.

[41] Cheng X B, Yan C, Huang J Q, et al. The gap between long lifespan Li-S coin and pouch cells: The importance of lithium metal anode protection [J]. Energy Storage Materials, 2017, 6: 18-25.

[42] Huang X Y, Xue J J, Xiao M, et al. Comprehensive evaluation of safety performance and failure mechanism analysis for lithium sulfur pouch cells [J]. Energy Storage Materials, 2020, 30: 87-97.

[43] Chen J H, Lu H C, Zhang X, et al. Electrochemical polymerization of nonflammable electrolyte enabling fast-charging lithium-sulfur battery [J]. Energy Storage Materials, 2022, 50: 387-394.

[44] Gao X, Yu Z, Wang J Y, et al. Electrolytes with moderate lithium polysulfide solubility for high-performance long-calendar-life lithium-sulfur batteries [J]. Proceedings of the National Academy of Sciences of the United States of America, 2023, 120(31): e2301260120.

[45] Li Z N, Sami I, Yang J, et al. Lithiated metallic molybdenum disulfide nanosheets for high-performance lithium–sulfur batteries [J]. Nature Energy, 2023, 8(1): 84-93.

[46] Li X, Guan Q H, Zhuang Z C, et al. Ordered mesoporous carbon grafted MXene catalytic heterostructure as Li-ion kinetic pump toward high-efficient sulfur/sulfide conversions for Li-S battery [J]. ACS Nano, 2023, 17(2): 1653-1662.

[47] Lian Z C, Wu H X, Yang W W, et al. Atomically dispersed metal-site electrocatalysts for high-performance lithium-sulfur batteries [J]. Chem Catalysis, 2023, 3(12): 100824.

[48] Lei J, Liu T, Chen J J, et al. Exploring and understanding the roles of Li_2S_n and the strategies to beyond present Li-S batteries [J]. Chem, 2020, 6(10): 2533-2557.

[49] Zhang X Y, Chen K, Sun Z H, et al. Structure-related electrochemical performance of organosulfur compounds for lithium-sulfur batteries [J]. Energy & Environmental Science, 2020, 13(4): 1076-1095.

[50] Cao D X, Sun X, Li F, et al. Understanding electrochemical reaction mechanisms of sulfur in all-solid-state batteries through operando and theoretical studies [J]. Angewandte Chemie International Edition [J]. 2023, 62(20): e202302363.

[51] He B, Rao Z X, Cheng Z X, et al. Rationally design a sulfur cathode with solid-phase conversion mechanism for high cycle-stable Li-S batteries [J]. Advanced Energy Materials, 2021, 11(14): 2003690.

[52] Deng R Y, Wang M, Yu H Y, et al. Recent advances and applications towards emerging lithium-sulfur batteries: Working principles and opportunities [J]. Energy & Environmental Materials, 2022, 5(3): 777-799.

[53] Wang T, He J R, Cheng X B, et al. Strategies toward high-loading lithium-sulfur batteries [J]. ACS Energy Letters, 2023, 8(1): 116-150.

[54] Zhang Z W, Peng H J, Zhao M, et al. Heterogeneous/homogeneous mediators for high-energy density lithium-sulfur batteries: Progress and prospects [J]. Advanced Functional Materials, 2018, 28(38): 1707536.

[55] Li X, Yuan L X, Liu D Z, et al. Solid/quasi-solid phase conversion of sulfur in lithium–sulfur battery [J]. Small, 2022, 18(43): 2106970.

[56] Song Y Z, Sun Z T, Fan Z D, et al. Rational design of porous nitrogen-doped Ti_3C_2 MXene as a multifunctional electrocatalyst for Li-S

chemistry [J]. Nano Energy, 2020, 70: 104555.

[57] Liu Y T, Elias Y, Meng J S, et al. Electrolyte solutions design for lithium-sulfur batteries [J]. Joule, 2021, 5(9): 2323-2364.

[58] Mikhaylik Y V, Akridge J R. Polysulfide shuttle study in the Li/S battery system [J]. Journal of The Electrochemical Society, 2004, 151(11): A1969-A1976.

[59] Seh Z W, Sun Y M, Zhang Q F, et al. Designing high-energy lithium–sulfur batteries [J]. Chemical Society Reviews, 2016, 45(20): 5605-5634.

[60] Liu B, Fang R Y, Xie D, et al. Revisiting scientific issues for industrial applications of lithium-sulfur batteries [J]. Energy & Environmental Materials, 2018, 1(4): 196-208.

[61] Xue W J, Shi Z, Suo L M, et al. Intercalation-conversion hybrid cathodes enabling Li-S full-cell architectures with jointly superior gravimetric and volumetric energy densities [J]. Nature Energy, 2019, 4(5): 374-382.

[62] Ding B, Wang J, Fan Z J, et al. Solid-state lithium-sulfur batteries: Advances, challenges and perspectives [J]. Materials Today, 2020, 40:114-131.

第2章 硫正极研究现状

硫元素在地壳中储量非常丰富，含量可达 0.048%（质量分数）。为了减少化石燃料燃烧过程中 SO_2 的排放，化石燃料燃烧前要进行脱硫处理，同时硫单质本身是石油化工产业的副产物，全球每年会有 700 万吨的硫资源过剩[1]。石油裂解过程中大规模的沉积硫主要以 S_8 环状分子的形式存在，具有原料丰富易得和环境友好等优势[2]。单质硫的价格约为每吨 30 美元，远低于每吨 5 万美元的锂离子电池正极材料钴酸锂（$LiCoO_2$）。此外，以金属锂为负极，硫为正极的锂硫电池具有高理论比容量（$1675mA \cdot h \cdot g^{-1}$）和高能量密度（$2600W \cdot h \cdot kg^{-1}$）。这些优势使得锂硫电池有望成为新一代高能量密度、低成本、可大规模使用的储能电池。但是，如前文所述，锂硫电池在充放电过程中存在硫及其放电产物的电子、离子电导率低，体积膨胀，穿梭效应和反应动力学过程缓慢等问题，制约了锂硫电池技术的应用与发展[3]。近些年来，研究者们针对上述问题在正极材料的结构构建方面进行了大量的研究。本章主要介绍常见的正极活性材料种类与特性、复合正极材料的构筑方法以及典型的复合正极材料体系。

2.1 正极活性材料

正极活性材料是指充放电过程中通过电化学反应储存和释放能量的物质。在前期的研究中大部分研究者所选择的正极活性材料为 S_8，但随着锂硫电池体系的不断完善，研究者们开发了诸如小分子硫（$S_{2\sim4}$）、液态硫、Li_2S、有机硫等多种活性物质，用以改善硫正极电化学性能。本节将详细介绍以上几种活性物质的基本特性、电化学反应机理以及研究进展。

2.1.1 单质硫

硫在自然界中有斜方硫（α-S_8）、单斜硫（β-S_8）、弹性硫等 30 多种同素异形体，其中最常见、最稳定的是具有正交结构的环状 α-S_8。如图 2-1[4]所示，在不同温度下单质硫的存在形式会发生改变，当温度低于 95.6℃时，单质硫以环状 α-S_8 的形式存在。α-S_8 不溶于水，易溶于二硫化碳，在苯、甲苯、溴乙烷等有机溶剂中也能溶解，但溶解度不高。随着温度逐渐升高至 95.6℃以上，硫单质逐渐转变为针状晶体 β-S_8（沸点 119℃）。斜方硫和单斜硫均为环状 S_8 分子组成的黄色固体，其中 α-S_8 呈黄色，密度为 2.06g・cm^{-2}；β-S_8 为浅黄色，密度为 1.96g・cm^{-2}。当温度升高至 119℃以上时 β-S_8 开始熔化，转变为淡黄色、易于流动的液体（此液体稍加冷却可以析出单斜硫晶体）。当温度达到 159℃后，S_8 环状分子会开环形成长链硫，液态硫的颜色会变深（黄色到橘色再到红色），黏度会增加 10 万倍以上，190℃时黏度会达到最大。若把 190℃的融熔态硫倒入冷水中冷却，将会得到有弹性的无定形硫，即弹性硫，又称为γ-硫。弹性硫不溶于任何溶剂且不稳定，静置后可以缓慢地转变为稳定的斜方硫。当温度升高到 200℃时硫聚合成红色固体 S_n（$n>10$，n 为整数），并随着温度的进一步升高而发生解聚，生成短链状硫 S_n（$6\leqslant n\leqslant 8$）。当温度升高至大于 444℃时，液态硫沸腾，汽化成橙黄色蒸气，长硫链解聚成较短硫链 S_n（$2\leqslant n<6$）。当加热到 159～444℃的温度区域时，硫的存在形式会发生改变是因为元素硫会转化为各种链状自由基，这些自由基由不同数量的硫原子组成，其数量取决于温度[5]。

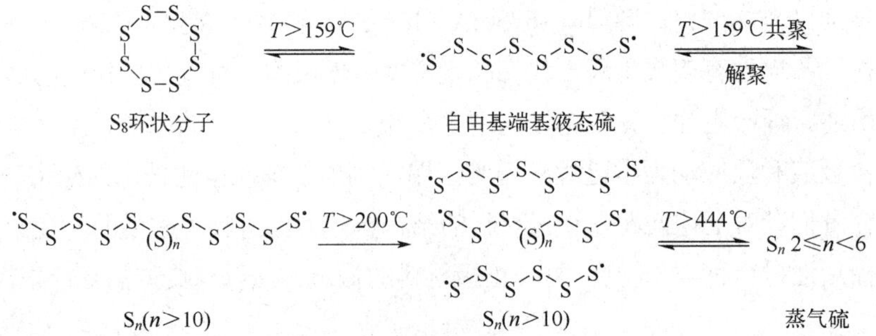

S_8环状分子 $\underset{}{\overset{T>159℃}{\rightleftharpoons}}$ 自由基端基液态硫 $\overset{T>159℃共聚}{\underset{解聚}{\rightleftharpoons}}$

$S_n(n>10)$ $\xrightarrow{T>200℃}$ $S_n(n>10)$ $\overset{T>444℃}{\rightleftharpoons}$ S_n $2\leqslant n<6$ 蒸气硫

图 2-1　硫在不同温度下的结构变化[4]

当前，单质硫是锂硫电池最为常见的正极活性材料。由于多硫化物中间体与酯类溶剂容易发生亲核取代反应形成硫醚和含硫官能团，导致活性物质失效，当以单质硫为活性物质时，一般不使用锂离子电池常用的酯类电解液。通常使用的锂硫电池电解液是以乙二醇二甲醚（DME）和 1,3-二氧戊环（DOL）为溶剂，双三氟甲基磺酰亚胺锂（LiTFSI）为锂盐，硝酸锂（$LiNO_3$）为电解液添加剂的醚类电解液。多硫化物在 DOL-DME 电解液中有较高的溶解度，在充放电过程中易发生多硫化物溶解、穿梭。除此之外，单质硫正极在充放电过程中还存在上述体积膨胀效应严重、电导率低以及氧化还原动力学过程缓慢等问题。为了解决以上问题研究者们在正极材料的结构构建方面进行了大量的研究工作，通常将其与碳基材料、金属化合物以及导电聚合物等硫载体材料复合构建复合正极[6-11]。通过了解锂硫电池工作原理和失效机理可知，理想的硫正极载体材料应具备以下特质：①高电子电导率。高电导率的载体材料能够为绝缘的单质硫和 Li_2S 传输电子，减小极化，从而提升活性物质利用率，改善电池性能。②能缓冲或抑制体积膨胀。充放电过程中，硫正极经反复体积、应力变化，其电极形貌、结构、颗粒间界面接触差，影响电池的电化学性能及电池寿命。硫载体材料能够缓冲或抑制硫在充放电过程中的体积膨胀，将显著提高硫正极结构稳定性。③多硫化物吸附能力。通过对正极载体材料成分和结构的设计，增强其对多硫化物的限域能力，从而提升电池循环寿命。2.2 节将对典型复合正极材料体系进行系统介绍。

2.1.2　小分子硫（$S_{2\sim4}$）

不同于环状 S_8 分子正极，小分子硫正极中的硫分子为线形链状结构。这种链状结构的小硫分子 $S_{2\sim4}$ 在嵌/脱锂过程中表现出与环状 S_8 分子截然不同的电化学行为，完全通过固-固相变实现 S 和 Li_2S 的转变，不再形成多硫化物，放电曲线中仅在 1.8V 附近显示出一个放电平台。基于此小分子硫正极在充放电过程中不再形成溶解性多硫化物（Li_2S_8、Li_2S_6、Li_2S_4），从而彻底解决了传统硫正极材料由于多硫离子溶解、穿梭导致的循环稳定性能差的难题。除此之外，链状结构的小分子硫正极 $S_{2\sim4}$ 尺寸较小，可以与孔径 <0.5nm 的硫载体材料复合，通过物理限域抑制充放电过程中长链多硫化物形成，并实现 $S_{2\sim4}$ 和碳基底的紧密接触。

2010 年，高学平教授课题组[12]以蔗糖为原材料制备大比表面积、窄孔径分布（0.7nm）的微孔碳球，再通过热处理的方式使活性物质硫在碳球微孔中高度分散，从而获得了 42%含硫量的微孔碳球-硫复合正极。由于孔隙过于狭小仅能容纳小分子形式的短链硫，微孔碳材料中单质硫不再以 S_8 环状分子的状态存在，而是以小分子硫（$S_{2\sim4}$）的状态均匀分散。得益于碳材料与小分子硫的紧密接触和固-固相转化过程，微孔碳球-硫复合正极的初始比容量可达到 1183.5mA·h·g^{-1}。微孔碳球-硫复合正极在放电过程中未出现锂硫电池典型的两个平台，而是仅在 1.8V 的低电压处出现一个放电平台，证明放电过程中未出现 S_8 环状分子向可溶性多硫化物转化的过程（$S_8 \rightarrow S_8^{2-} \rightarrow S_6^{2-} \rightarrow 2S_4^{2-}$），仅通过短链多硫化物的固相转化进行充放电。郭玉国教授课题组[13]进一步通过实验验证和理论模拟证实了这一固-固转化过程。链状结构的小分子硫正极 $S_{2\sim4}$ 至少在某一维度上小于 0.5nm，当微孔足够小（0.5nm）时，小分子硫（$S_{2\sim4}$）均匀分散在碳材料基体中，在充放电过程中不再产生可溶性多硫化物，从而避免多硫化物溶解、穿梭，显著提升锂硫电池循环稳定性。杨军课题组[14]利用生物质衍生的微孔石墨化碳（MGC）作为小分子硫载体，因 MGC 材料具有大比表面积、丰富的微孔结构以及 0.65cm^3·g^{-1} 的孔体积，所制 S/MGC 复合材料含硫量达 50.5%。

2018 年徐斌课题组[10]以超轻三维三聚氰胺甲醛基碳泡沫（MFC）为集流体、超微孔碳/小分子硫复合材料（UMC/$S_{2\sim4}$）为复合正极材料制备了三维轻质复合正极。MFC 碳泡沫的超低密度（4.87mg·cm^{-3}）和泡沫结构降低了电池体系中非活性物质的质量比，并为电解液吸附和浸润提供了通畅的孔隙结构。借助三维 MFC 集流体所制备的 UMC/$S_{2\sim4}$ 复合电极的电化学性能得到显著提升，在 4.2mg·cm^{-2} 硫负载条件下，初始比容量可达 839.8mA·h·g^{-1}，经 100 次循环仍保持 692.9mA·h·g^{-1} 的放电容量。

目前，针对小分子硫正极的研究工作主要聚焦于构建适合的 $S_{2\sim4}$ 载体材料，改善其正极含硫量和活性物质面载量，从而发挥锂硫电池高能量密度的最大优势。

2.1.3 多硫化物（Li_2S_n）

当在锂硫电池中使用多硫化物（Li_2S_8、Li_2S_6、Li_2S_4）作为活性物质时，活性物质会在首次放电过程中被还原为 Li_2S，随后充电生成多硫化物，进而形成 S_8 环状分子，再继续放电，以此往复。由于多硫化物 Li_2S_n（$4 \leqslant n \leqslant 8$）正极活性材料是先溶解在电解液中再与正极载体材料复合，其活性分布更均匀，有助于氧化还原动力学的提升，并且液态多硫化物的反应活性高于固体硫，能够有效提高硫的利用率。但是，为了溶解多硫化物并提升多硫化物浸润性，电池体系中电解液的用量会明显提高，液硫比显著提升，从而降低电池能量密度。目前，对于多硫化物正极的研究主要集中于构建多硫化物正极载体材料、集流体以及降低电解液添加量。1979 年 Rauh 课题组[15]首次提出将可溶性多硫化物作为锂硫电池活性物质，所制备的电极表现出较高的初始放电容量和能量密度。2014 年崔屹课题组[16]以掺锡氧化铟（ITO）纳米颗粒沉积碳纳米纤维作为硫载体和集流体，Li_2S_8 溶液为活性物质和电解液，制备了三维 Li_2S_8 正极。ITO 的引入可以有效抑制多硫化物的穿梭效应，最大限度提升多硫化物利用率，并通过提升多硫化物与基底相互作用强度，改善多硫化物与基底之间的接触。

Manthiram 教授课题组[17]使用轻质多孔的 N、S 共掺杂 3D 石墨烯海绵作为无添加剂/黏结剂的电极结构，以容纳大量溶解的锂多硫化物（Li_2S_6）。当石墨烯海绵被用作 3D 集流体时，活性物质面载量可高达 4.6mg・cm^{-2}。石墨烯三维网络结构有利于电子和离子的快速转移，N、S 异质原子掺杂增强了基底对多硫化物的吸附能力并加速材料表面电荷的快速转移，二者协同作用显著提升锂硫电池的电化学性能。随后该课题组[18]利用 Li_2S_n 正极活性材料在电极中分散更为均匀的优势，制备了碳纳米纤维（CNF）和多硫化物溶液（Li_2S_6 在电解液中的溶解度为 1mol/L）的复合厚电极。基于此设计，多硫化物正极面载量可达 18.1mg・cm^{-2}，且具有约为 20mA・h・cm^{-2} 的超高面容量。李峰课题组[19]将高导电性氮化钒-石墨烯复合材料（VN-G）作为硫载体和集流体，并在复合材料中加入适量的 Li_2S_6 溶液作为活性物质，以此构建长循环寿命锂硫电池正极。这一设计的优势在于：①三维石墨烯网络结构有利于电解液的吸收和电子、离子的快速传输，改善活性物质利用率和电极的倍率性能；②氮化钒（VN）表现出对多硫化物的强吸附能力，并且加速了多硫化物转化的氧化还原反应动力学过程。VN-G-Li_2S_6 复合电极表现出高初始比容量和优异的倍率性能，在 0.1C 和 2C 电流密度下放电容量分别为 1461mA・h・g^{-1} 和 956mA・h・g^{-1}，库仑效率接近 100%。

未来，多硫化物正极需要朝着低液硫比、高面积硫负载量的高能量密度方向发展，还需要研发具有强多硫化物吸附能力以及催化转化能力的硫载体材料和轻质的三维多孔集流体，减少电解液、硫载体以及集流体等非活性物质的添加量，进一步发挥锂硫电池高能量的优势。

2.1.4 硫化聚丙烯腈（SPAN）

硫化聚丙烯腈（SPAN）因其具有低自放电率、高库仑效率、高比容量以及优异的循环稳定性能被认为是目前关注最多也最有前景的硫正极材料之一[20-22]。相比于单质硫，使用SPAN 为活性物质的正极具有与酯基电解液良好的适配性以及独特的固相转化反应机理。如图 2-2[23]所示，不同于单质硫正极放电过程中明显的双平台曲线，SPAN 正极在常规酯类电解液中的充放电过程仅存在一个平台，首圈放电平台的电位位于较低的 1.6V 处，相较于后续过程存在明显的电位滞后，而且首圈放电比容量超过理论容量（约 300～400mA·h·g^{-1} 的不可逆容量）。这是由于在首次放电过程中，SPAN 分子结构中部分 C═N 和 C═C 也参与了储锂反应，提供了额外容量。后续充放电平台电位则分别稳定于 2.2V 和 2.0V 处，且相应的电化学反应具有较高可逆性，对应从 SPAN 到短链硫的固-固反应过程。基于这一固相反应过程，SPAN 正极能有效避免多硫化物的溶解和穿梭，从而表现出高活性物质利用率和优异的循环稳定性。

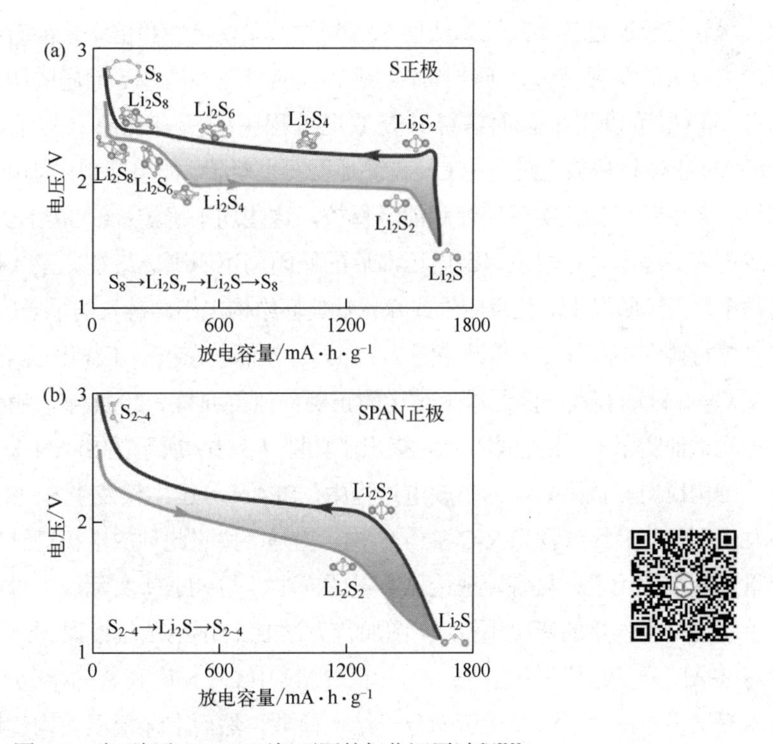

图 2-2 硫正极和 SPAN 正极不同的氧化还原过程[23]

2002 年，王久林课题组[24]通过热处理聚丙烯腈与单质硫制备了硫化聚丙烯腈正极材料，含硫量为 54.3%，在碳酸酯类电解液中具有高初始比容量（850mA·h·g^{-1}，基于整个复合正极计算）以及优异的循环稳定性能。清华大学何向明课题组[25]也开展了硫化聚丙烯腈相关的研究工作，通过在密闭体系中热处理单质硫和聚丙烯腈，然后再除去材料表面多余单质硫的方法制备了含硫量约为 41%的 SPAN 正极材料。SPAN 正极材料在 20mA·g^{-1} 的电流密度下经 100 次循环后容量保持率可达 99.4%，相应放电比容量为 1707mA・h・g^{-1}，超过了硫的理论比容量。但 SPAN 正极材料自身电子电导率低、反应动力学过程缓慢等问题使其在高负载、高倍率条件下电化学性能较差。因此，近年来研究者们提出了原位聚合、一步热处理和静电纺丝等一系列方法，将 SPAN 和导电碳材料或过渡族金属化合物复合，进一步改善其电化学性能。例如，王久林课题组[26-27]报道了用原位聚合法将聚丙烯腈在碳纳米管和石墨烯纳米片表面原位硫化的相关工作，制备了 pPAN-S@MWCNT 和 pPAN-S@GNS 两种复合正极。两种正极在高倍率下容量分别可以达到 450mA・h・g^{-1}（4C）和 800mA・h・g^{-1}（6C），倍率性能显著提升。Liu 等[28]报道了一种超高容量的 NiS_2-SPAN 复合正极。该 NiS_2-SPAN 复合正极由 $NiCO_3$、硫单质和 PAN 材料共混后一步热处理制得，其中 NiS_2 具有电子电导率高、对多硫化物吸附和催化能力强等优势，并且可以提供一部分额外容量，从而提高 SPAN 正极的电化学性能。因此，NiS_2-SPAN 复合正极表现出超高比容量和优异的倍率性能，在 0.2A・g^{-1} 电流密度下经 100 次循环仍能保持 1533mA・h・g^{-1} 的放电容量，且在 2A・g^{-1} 电流密度下具有 1180mA・h・g^{-1} 的高可逆容量。

尽管已经通过各类改性方法使 SPAN 的循环稳定性和倍率性能有了显著提升，但目前聚丙烯类电极的发展仍受分子结构不明确、反应机理不清楚等问题的困扰，至今没有一个单一的分子模型可以用来全面解释其充放电过程中的所有现象。其主要原因包括以下两点：①SPAN 正极材料放电过程中 C—S 键是否发生断裂，如果断裂，充电过程中是否重新生成，如果不发生断裂如何实现储锂和能量释放，这些均不确定；②SPAN 正极材料首次放电过程中放电容量超出理论容量以及电压滞后的原因尚不明晰。最初，王久林团队[24]认为在热处理过程中聚丙烯腈发生环化反应生成六元吡啶环结构，不同链长的单质硫嵌入到 PAN 的杂环结构中，材料中不存在 C—S 键［图 2-3（a）］。然而，在很多工作中已经证实了硫化聚丙烯腈分子中 C—S 键的存在，因此以上结构的正确性值得商榷。2004 年，喻献国团队[29]利用红外和拉曼光谱证实了 C—S 键的存在，提出了如图 2-3（b）所示的 SPAN 分子结构模型。基于这一分子结构模型，该团队认为在放电过程中，SPAN 分子中仅发生 S—S 键的断裂，而 C—S 键不发生断裂，最终产物为 R-C-S-Li 结构。但是，按照此种放电机理计算得到的 SPAN 理论比容量（基于硫元素）只有硫理论比容量的一半，与 SPAN 实际放电过程中容量接近甚至超过硫单质理论比容量的情况不符。斯图加特大学 Buchmeiser 教授课题组[30]利用飞行时间质谱技术对 SPAN 分子结构进行解析，证实了 SPAN 中 C—S 键和 S—S 键的存在，并结合其它表征技术提出了如图 2-3（c）所示的分子结构模型。然而上述模型的构建均未充分考虑分子结构中氢的含量及其存在位置（C/H 值约为 3∶1），因此两种结构还有待进一步修正。张升水教授等人[31]在上述工作基础上充分考虑分子结构上氢原子的影响，提出了如图 2-3（d）所示的分子结构模型以及相应的 SPAN 反应机理，认为 SPAN 分子中的 C—S 键和 S—S 键在放电过程中均发生断裂并最终全部转化为硫化锂，在充电过程中 C—S 键和 S—S 又进一步可逆生成。基于对氢原子影响的充分考虑，这一分子模型理论上似乎更为合理，但由于受到旁边六元环的影响，这种扭曲的硫环结构是不稳定的，并且作者在提出这种结构时，并没有展示具体的结构表征数据，只是在总结前人工作的基础上提出了结构模型，且反应机理也无法解释何向明课题组[25]所报道的 1707mA·h·g^{-1} 的实际容量，因而其结构和反应机理的合理性还有待进一步证实。2018 年，防化所杨裕生院士团队[32]利用固态核磁对 SPAN 的储能机理进行了深入研究，将此类材料首次放电的电压滞后以及高于硫理论容量的现象归因于 SPAN 正极材料内部部分 C═N 和 C═C 也参与了储锂反应，并将其称为“共轭双键储锂”机制。

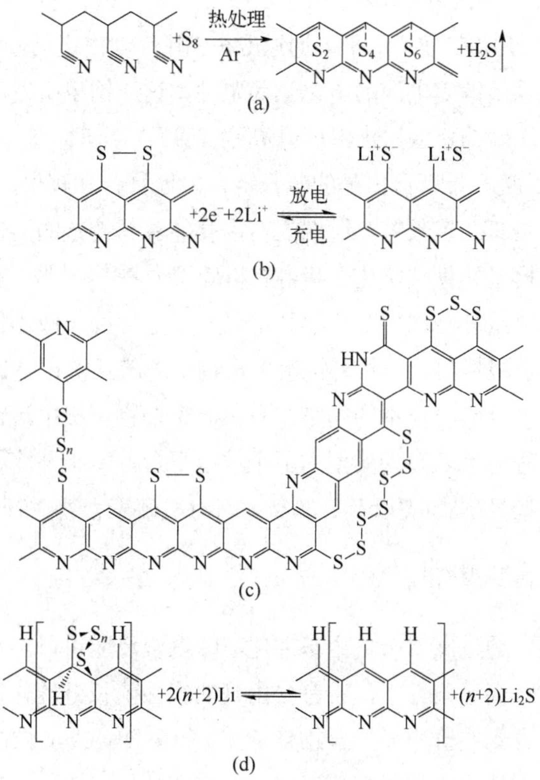

图 2-3　硫正极和 SPAN 正极不同的氧化还原过程

近期，加州大学孟颖教授团队[33]通过 SPAN 薄膜平台和一系列分析表征方法研究了 SPAN 正极的分子结构和电化学反应机制，并对其进行结构调控，改善锂硫电池电化学性能。在表征过程中，SPAN 薄膜的使用消除了导电碳和黏结剂的干扰，有利于研究界面成分、循环过程中的中间产物以及直接测量电子电导率。研究结果表明，SPAN 中 C—S（形成 H_2S）、C═S（转化为芳香族 C—S）和 N—H（转化为吡啶 N）非芳香族官能团的损失或转化是造成第一循环期间不可逆容量损失或结构改变的根本原因，通过热处理能够减少非芳香族官能团的数量和不可逆容量损失。

总而言之，SPAN 已经在正极材料的研究中展现了出色的应用优势，虽然材料本身存在的电导率不足（10^{-9}～10^{-4}S·cm^{-1}）、反应动力学过程缓慢、体积变化明显等问题阻碍了其构建高活性物质负载量以及高倍率性能的正极，但通过对材料进行结构改性、掺杂修饰或复合集成等方式可以有效改善上述问题，提高 SPAN 正极的实用性。在后续工作中 SPAN 的结构模型和电化学反应机理还有待进一步研究，明确的电化学反应机理对于制备具有优异电化学性能的 SPAN 正极材料具有重要的指导意义。

2.1.5 有机硫聚合物

如前文所述，SPAN 正极在分子水平上通过 C—S 共价键锚定活性物质，有效地抑制了多硫化物的穿梭效应，增强了锂硫电池的电化学稳定性，这一结果引发了研究者们对有机硫正极体系的研究。根据单质硫的特性，当温度升高到 159℃以上时，S_8 环状分子受热开环形成两端带有自由基的 S_8 长链，带有自由基的硫长链自由地聚合和解聚，形成不同 S 原子个数（8～35）的两端带有自由基的硫长链。链端的自由基能够与特定的活性官能团反应，以复杂的交联结构形式嵌入有机基体骨架，从而获得有机硫聚合物[2,5,34-36]。有机硫聚合物作为硫正极具有含硫量高、活性物质分布均匀、化学和电化学稳定性好、成本低等优势，是潜在的高性能、低成本锂硫电池正极材料。虽然有机硫聚合物中的硫长链也是通过共价键（C—S）与有机分子相结合，但与 SPAN 材料不同的是，有机硫聚合物正极中活性物质一般以硫长链的状态均匀分布且放电过程通常表现为典型的两个放电平台。本小节将根据特定活性官能团的种类不同（包括腈类、烯烃/炔烃类以及硫醇类）对有机硫聚合物进行分类和介绍。

（1）共价三嗪基有机硫聚合物

硫是一种脱氢试剂，通过高温硫自由基催化三嗪聚合反应可以制得共价三嗪基有机硫聚合物。具体地，在 400℃高温条件下，带有自由基的线性硫长链催化氰基环化反应，线性硫链通过插入反应共价键合到共价三嗪聚合物骨架上。2016 年，Choi 课题组[35]首次报道了无其它催化剂和溶剂的条件下硫自由催化三嗪聚合形成富硫共价三嗪聚合物骨架的方法，并将硫化三嗪基聚合物（S-CTF）用作锂硫电池正极材料。利用高分辨 S 2p X 射线光电子能谱（XPS）证实了 CTF-1 基底与活性物质硫共价键合。得益于 CTF-1 骨架结构良好的离子、电子电导率和物理、化学限域作用，含硫量为 62%的 S-CTF-1 电极表现出稳定的循环性能（经 300 次循环后容量保持率可达 85.8%）。Coskun 课题组[37]为了进一步丰富三嗪基聚合物共价键合活性位点并提高正极含硫量，提出了一种通过亲核取代反应将线性硫链共价键合到全氟芳基共价三嗪聚合骨架（F-CTF）结构上的新方法。全氟芳基化合物骨架上强电负性的 F 原子使苯环上的 C 原子带正电荷，在温和条件下即可进行脱卤和亲核加成反应。共价三嗪聚合物骨架上的硫均匀分布，含硫量高达 86%。所制备的 SF-CTF 电极在 0.1C 电流密度下具有 $1138.2mA \cdot h \cdot g^{-1}$ 的初始可逆容量，并且在 1C 电流密度下经 300 次循环后的容量保持率可达 81.6%。除此之外，该课题组利用非原位 XPS 对 SF-CTF 电极循环过程中的表面化学状态进行了系统分析，证实了充放电循环过程中其 C—S 共价键优异的稳定性。Chung 课题组[38]为了进一步赋予聚合物骨架功能性，增强基底对多硫化物的吸附能力，将全氟芳基化合物与带正电的聚吡咯相结合，通过亲核取代和插入反应制备了含硫量 83%的 cPPy-S-CTF 有机硫聚合物。带电聚吡咯结构的引入不仅有助于正极三维结构的构筑，还可以通过阳离子与多硫化物之间的静电耦合作用增强共价三嗪聚合物骨架与多硫化物的相互作用强度，从而提高 cPPy-S-CTF 电极的放电容量、改善倍率性能和循环稳定性能。含硫量为 83%的 cPPy-S-CTF 有机硫聚合物正极仍能表现出 1203mA・h・g^{-1} 的初始放电容量和 500 次循环后高达 86%的容量保持率。

（2）烯烃/炔烃类有机硫聚合物

硫单质与不饱和分子的共聚反应是构建有机硫聚合物骨架的最主要方法。不饱和烃（如烯烃/炔烃等）是制备有机硫聚合物最常用和最简单的有机物小分子，不饱和烃可以通过“逆硫化”反应与受热开环的线性硫链共聚形成有机硫聚合物。有机硫聚合物作为锂硫电池正极材料有成本低、含硫量高和循环稳定性强等优势，因此得到了广泛的关注。2013 年，Pyun 教授课题组[2]在 *Nature Chemistry* 上首次提出“逆硫化”的概念，即以小分子有机结构单元（不饱和烯烃）为交联剂，交联受热开环的线性硫链，形成富硫的有机硫聚合物［图 2-4（a)］。该工作在不使用溶剂和引发剂的情况下，将 1,3-二异丙烯基苯（DIB）加入到 159℃的熔融态硫单质中，再加热至 185℃使受热开环线性硫链与乙烯基单体共聚，获得含硫量高达 90%的聚硫代二异丙烯基苯［poly（S-r-DIB)，或称 S-DIB］。在逆硫化过程中，线性硫链链端的自由基与乙烯基活性官能团反应，以复杂的交联结构嵌入有机基体骨架，使锂硫电池循环稳定性明显提升。S-DIB 电极在 0.1C 电流密度下具有 1100mA・h・g^{-1} 的初始可逆容量，且经 300 次循环后的容量保持率约为 74%。该课题组通过物理、化学性质表征以及电化学性能测试探明了 S-DIB 材料中硫元素化学状态的改变和 S-DIB 正极充放电过程中的相变过程。单质硫的差示扫描量热（DSC）测试谱图上存在明显的放热峰（向上）和吸热峰（向下），分别对应于单质硫的结晶过程和熔融过程。但是，在“逆硫化”过程中部分 S_8 环状分子转变为线性硫链（—S_n—），与 DIB 交联后的线性硫链不再发生结晶，使得 S-DIB 材料 DSC 测试谱图中的放热峰完全消失、吸热峰对应温度降低且强度明显减弱。当有机硫聚合物中 DIB 含量上升到 20%时，S-DIB 材料 DSC 测试谱图中放热峰和吸热峰均消失。除此之外，高含硫量有机硫聚合物正极的放电曲线仍在 2.3～2.4V 和 2.0～2.1V 处显示出两个放电平台，分别对应于可溶性多硫化物还原过程（$S_8^{2-} \rightarrow 2S_4^{2-}$）以及 Li_2S_4 转化为 Li_2S 的液-固相变过程，与单质硫的放电特性一致。

此后，研究者们对 S-DIB 材料的特性进行了更为深入的研究，Park 课题组[39]通过优化正极浆料制备工艺将 S-DIB 正极材料的初始放电容量提升至 1225mA・h・g^{-1}，所制正极经 300 次循环后仍能保持 817mA・h・g^{-1} 的可逆放电容量。Alhassan 课题组[40]利用电子顺磁共振波谱分析和核磁共振技术（NMR）进一步对 S-DIB 材料的结构组成及稳定性进行了详细分析。结果表明，当 DIB 含量小于 30%时，少量的 DIB 不能为硫提供足够多的活性位点，高温下未能与有机结构单元形成 C—S 共价键的硫长链在温度降低时会恢复到更为稳定的 S_8 环状分子的状态。此时有机硫聚合物交联密度低，S-DIB 材料中仍然存在未转化为硫长链的 S_8 环状分子。当体系中 DIB 含量为 30%～50%时，S_8 环状分子完全转化为线性硫长链，此时 S-DIB 材料的结构最为稳定。然而，DIB 含量高于 50%时，S-DIB 材料中 DIB 的乙烯基活性官能团不能被完全消耗，反应过程中产生的部分有机自由基残留，使材料结构稳定性降低。Song 课题组[41]利用固体核磁技术探究了 S-DIB 中 DIB 含量对材料组成结构、放电产物以及放电特性的影响规律。固体核磁技术的测试结果证实 DIB 含量是影响 S-DIB 材料中线性硫链链长的主要因素，随着 DIB 含量的增多，长链硫（$—S_n—$，$n>4$）的比例会逐渐减少，中（$—S_n—$，$n=3$ 或 4）、短（$—S_n—$，$n=1$ 或 2）链含硫量逐渐增多。链段长度的不同导致 S-DIB 有机硫聚合物的放电过程和放电产物均有所不同。具体地，当 DIB 含量为 10%时，S-DIB 的放电过程为固相-液相-固相的相转变过程，放电曲线表现出锂硫电池的特征（即两个放电平台），在放电过程中有多硫化物中间体产生，最终放电产物为 Li_2S。当 DIB 含量升高到 50%时，S-DIB 的放电过程为固相-固相的相转变过程，放电曲线仅表现出一个低电压区域的放电平台，放电过程中不产生可溶性多硫化物，且最终放电产物为锂化的有机小分子（R—C—S—Li）。

天然的生物基材料是一种可再生资源，将带有不饱和烃基的生物基单体作为有机结构单元有助于实现天然生物基材料的高值化利用和有机硫聚合物正极的低成本构建。Theato 教授课题组[42]通过丁香酚烯丙基醚（EAE）与硫单质的共聚制备了 90%含硫量的 S-co-EAE 有机硫聚合物，并用于锂硫电池。高含硫量的 S-co-EAE 正极在 0.1C 电流密度下具有 $870mA·h·g^{-1}$ 的初始放电容量和 100 次循环后 64%的容量保持率。如图 2-4（b）所示，余彦教授课题组[43]以天然柠檬酸烯为有机结构单元，通过逆硫化反应制备了 SLP 有机硫聚合物。活性物质 SLP 由成本低廉、来源丰富的柠檬酸烯单体和 S_8 环状分子通过简单"一锅反应法"制得，有望实现大规模制备。所制 SLP 电极表现出优异的倍率性能和超高的循环稳定性，即在 0.1C 和 5C 电流密度下可逆放电容量分别为 $1160mA·h·g^{-1}$ 和 $510mA·h·g^{-1}$，且经 300 次循环后（0.5C）的容量保持率可以达到 98%，显示出巨大的应用潜力。该课题组利用高分辨透射电子显微镜（HR-TEM）详细研究了充放电过程中 SLP 正极的纳米结构演变过程，结果表明，在循环过程中，硫会嵌入到有机硫聚合物的骨架结构中，减少多硫化物溶解、扩散造成的容量损失。

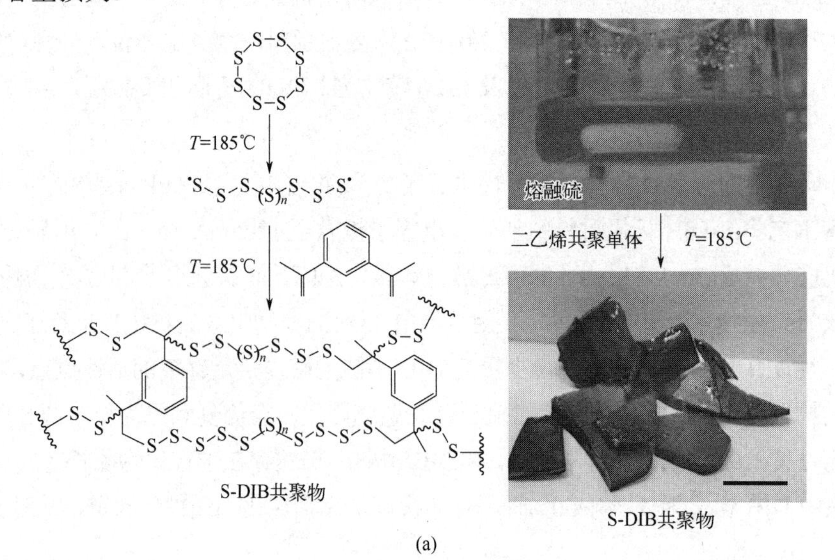

(a)

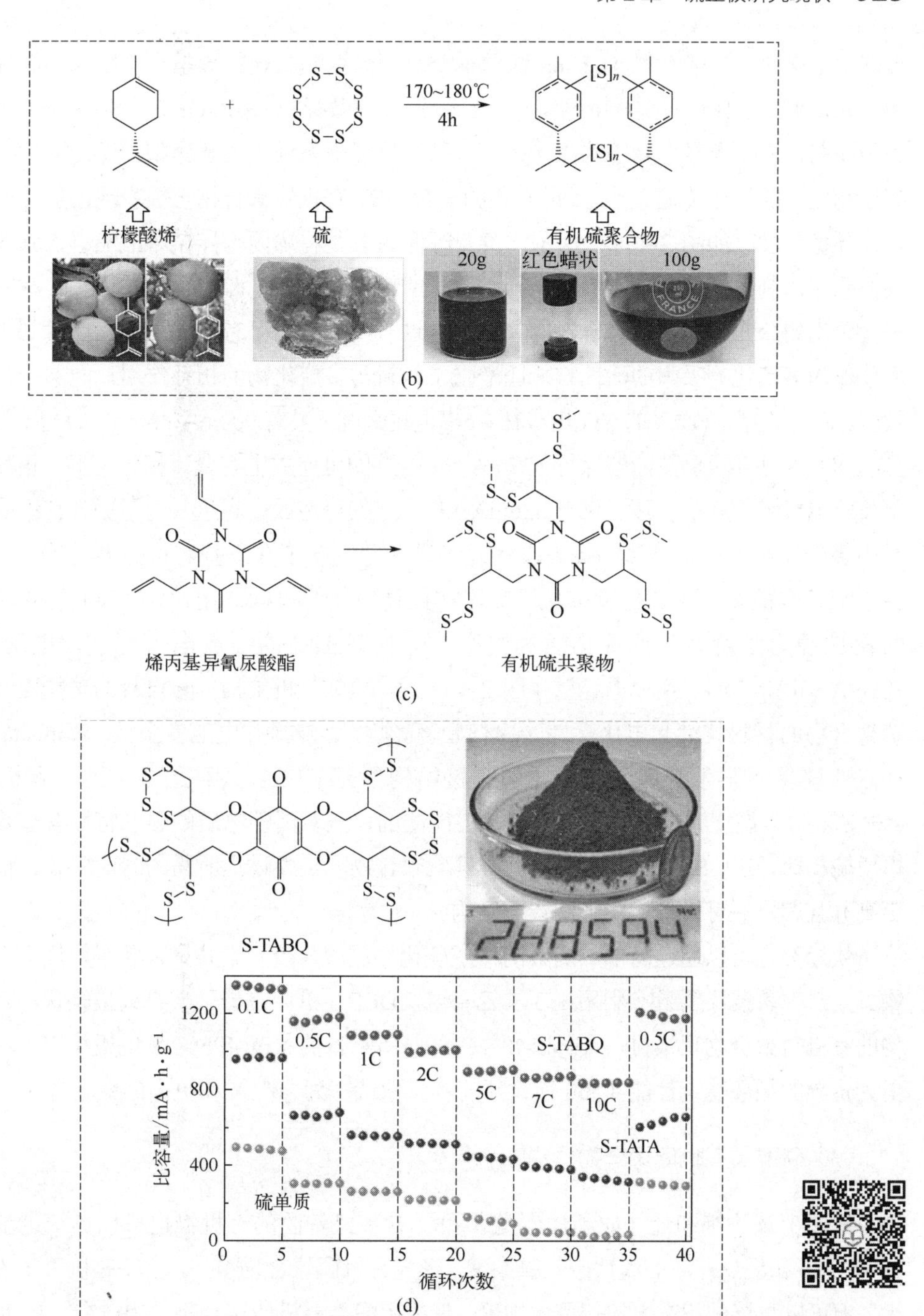

图 2-4　(a)“逆硫化”过程示意图及其反应[2]；(b) 柠檬酸烯和硫反应示意图及其原料产物[43]；(c) 异氰尿酸酯有机硫聚合物[49]；(d) S-TABQ 的结构式、光学图片及其倍率性能测试结果[50]

除了带有不饱和烃基的生物基单体，研究人员们还将带有特定官能团的有机结构单元应用于有机硫聚合物的构建，这些有机结构单元自身的功能性对有机硫聚合物的材料特性和电化学性能均有显著影响。基于带有特定功能性官能团的有机结构单元所制备的有机硫聚合物可以通过提高电子、离子电导率，与多硫化物相互作用强度和增强氧化还原动力学特性改善锂硫电池电化学性能[44-48]。Chang 课题组[46]利用烯丙基封端的导电寡聚物（P3OET）和单质硫共聚，获得了具有三维导电网络的有机硫聚合物微凝胶（S-P3OET）。S-P3OET 微凝胶具有孔隙率高、电子电导率高等特点，既可以通过物理限域锚定多硫化物，还能够助力微凝胶中离子和电子的快速传输。因此，所制备的 S-P3OET 有机硫聚合物正极表现出优异的倍率性能和循环稳定性。如图 2-4（c）所示，黄云辉课题组[49]将烯丙基异氰尿酸酯引入到有机硫聚合物体系中，制备了具有丰富 N、O 异质原子的新型 STI 有机硫聚合物。该 STI 材料中的纳米尺寸硫均匀分布在有机硫聚合物的体相中，这一结构特点可有效提高活性物质利用率，异氰酸酯作为多硫化物吸附的活性官能团增强了材料与多硫化物的相互作用，能够有效缓解穿梭效应。高含硫量（90%）的 STI 电极在 0.5C 电流密度下具有 904mA・h・g^{-1} 的初始放电容量，且经 200 次循环后仍然能够保持 827mA・h・g^{-1} 的可逆放电容量。相比之下，相同条件下的单质硫电极经 100 次循环后仅有 336mA・h・g^{-1} 的可逆放电容量。为了提升有机硫聚合物体系中多硫化物的转化速率，Park 课题组[50]设计并制备了含醌基有机硫聚合物（S-TABQ）。由于醌基官能团对多硫化物强化学吸附和催化转化的协同作用，S-TABQ 电极表现出优异的反应动力学特性和活性物质利用率，即使在 10C 的高放电倍率下，电池仍能保持 883mA・h・g^{-1} 的可逆放电容量［图 2-4（d）］。这些有机结构单元自身的功能性不仅对有机硫聚合物的材料特性和电化学性能均有显著影响，还能提升电池安全性。Monisha 课题组[51]通过将硫单质与带有磷腈官能团的有机结构单元（EP）共聚制备了阻燃有机硫聚合物（EP_xS_{100-x}）。燃烧测试结果表明，磷腈官能团的引入对活性物质的阻燃特性有显著提升，与单质硫相比，$EP_{10}S_{90}$（90%含硫量的有机硫聚合物）点燃过程所需的时间更长、极限氧指数更高并且燃烧后可以形成膨胀的炭层结构。

炔烃类也可以通过简单、高效的“逆硫化”反应与硫元素共聚，获得炔烃类有机硫聚合物。孟跃中教授课题组[52]利用 1, 3-二乙基苯（DEB）单体设计了一系列呈笼状半互穿网络结构的有机硫聚合物正极材料（semi-IPN C-S）。所制备的 semi-IPN C-S 电极相较于单质硫具有更为优异的循环稳定性能（500 次循环的容量保持率为 70%）和更高的库仑效率（99%）。

（3）硫醇类有机硫聚合物

除了上述不饱和烃（如烯烃/炔烃）外，含硫醇基团的有机物也可以在一定温度（高于 180℃）下和受热开环的线性硫长链共聚，形成有机硫聚合物[53-57]。这些有机分子本身难以自聚，但可以与熔融状态下的硫单质共聚，形成硫醇类有机硫聚合物。2015 年，Park 课题组[54]首次将熔融硫与硫醇类小分子共聚，共聚过程中多孔三硫氰尿酸晶体作为软模板，构建了具有三维网络结构的有机硫聚合物（S-TTCA-Ⅰ）。S-TTCA-Ⅰ共聚物中受热开环的线性硫链与硫醇基团通过 S—S 共价键相连形成三维网络结构，聚合物中总含硫量约为 63%。得益于共聚物的三维网络结构和均匀的硫分布，S-TTCA-Ⅰ电极表现出优异的倍率性能和循环稳定性能，S-TTCA-Ⅰ电极在 0.1C 和 2C 电流密度下的放电比容量分别为 1210mA・h・g^{-1} 和 700mA・h・g^{-1}，0.5C 倍率下经 300 次循环后的容量保持率为 85%。除此之外，该课题组通过对比两种不同形貌的有机硫聚合物（S-TTCA-Ⅰ和 S-TTCA-Ⅱ）的电性能，证实了 Li^+ 传输效率对硫醇类有机硫聚合物电化学性能的显著影响。Choi 课题组[57]利用苯并噁嗪聚合物结构单元上的硫醇与硫共聚，合成了具有良好的机械性能、耐热性和电化学稳定性的 S-BOPs 共聚物。BOPs 与受热开环的线性硫链共聚后，硫均匀分布于 BOPs 聚合物表面，并通过共价（C—S 共价键）键合的方式与聚合物紧密结合。所制 72%含硫量的 S-BOPs 正极在 1C 电流密度下经 1000 次循环后容量保持率仍可达 92.7%。

（4）其它有机硫聚合物

多硫化磷是一种具有高可逆比容量的新型硫基正极材料[58-59]。中国科学技术大学钱逸泰院士课题组[59]以红磷和单质硫为原料，利用高温煅烧法制备了不同含硫量的多硫化磷分子（P_4S_{10+n}）。所制备的 P_4S_{10+n} 分子具有无定形结构，不同链长的线性硫长链可以插入到 P_4S_{10} 分子内部形成 P—S_n—P 结构。P_4S_{40} 材料在醚类电解液中的首次放电比容量达到 1223mA・h・g^{-1}，且经 100 次循环后放电比容量仍可保留 720mA・h・g^{-1}。富硫 P_4S_{10+n} 分子的电化学行为与 S_8 环状分子类似，存在锂硫电池典型的两个放电电压平台，放电过程为固相-液相-固相的相转变过程。该富硫聚合物首次放电的放电产物为 Li_3PS_4 和 Li_2S，完全充电后生成 $Li_{3-x}PS_4$ 和 S_8，并在随后的循环中以 $Li_{3-x}PS_4$ 和 S_8 共存的形式参与循环。

李峰课题组[60]利用 1,2,3-三氯丙烷（TCP）和 Na_2S_3 之间的界面聚合反应制备了二硫化聚合物（DSP）和三硫化聚合物（TSP）。通过控制合成硫聚合物，将聚合物硫链中硫原子数量限制在三个及以下，从而实现了充放电过程中的固相-固相的相转变过程，消除了可溶性多硫化物的穿梭效应。由于硫化聚合物中非活性部分的分子量较低，因此三硫化聚合物的含硫量可以达到 76%。苏州大学晏成林教授课题组[61]以二丙烯基二硫为前驱体、SeS_2 为掺杂剂设计合成了含硫和硒原子的有机硫共聚物。Se 掺杂可以有效改善基底电子导电性并提升锂离子传输效率。该课题组利用质谱和原位紫外光谱测试证实了 SeS_2 与二烯丙基二硫（DADS）分子的共价键合以及放电过程中未产生可溶性的长链多硫化物。得益于高电子、离子电导率和致密的电极结构，7.07mg・cm^{-2} 的 PDATtSSe 聚合物厚电极表现出 2457mA・h・cm^{-3} 的体积比容量和 5.0mA・h・cm^{-2} 的面积比容量。

具有含硫量高、成本低、活性物质分布均匀、电化学稳定性优异等优势的有机硫聚合物作为锂硫电池活性材料得到了越来越多的关注。但是，有机硫聚合物在实际应用过程中仍面临着一些问题和挑战：①电子电导率小。有机硫聚合物作为活性材料始终存在离子扩散动力差、电子电导率低等问题，导致其在高倍率、高硫负载以及低 E/S 值条件下使用时电性能会急剧下降，需要与导电基底配合使用。②加剧穿梭效应。充放电过程中作为中间体和放电产物的锂化小分子交联剂以及部分富硫低聚物都有一定的可溶性，可溶性物质与多硫化物共同穿梭，不可逆地扩散到负极锂金属侧。③吸附能力有限。在充放电过程中（首次完全放电后）仍存在可溶性多硫化物，有机硫聚合物骨架仅依靠极性 C—S 键与多硫化物相互作用，锚定能力有限，难以避免循环过程中放电容量的逐渐降低。④现有研究对有机硫共聚物的机械性能关注较少，需进一步开发设计具有优异机械性能的有机硫共聚物，以缓冲反复充放电过程中电极的体积变化。

2.2 典型硫载体材料

如前文所述，锂硫电池作为最具前景的高储能与动力电池系统之一，因其环境友好、低成本、理论能量密度高（2567W·h·kg^{-1}）等优势，具有极高的科研价值和应用潜力。但是，由于硫正极中硫及其放电产物的电子、离子导电性差，充放电过程中的体积变化大及多硫化物中间体穿梭效应严重，硫正极始终存在活性物质利用率低、正极结构稳定性差、容量衰减快等问题。为了从活性物质的角度解决锂硫电池中的重要问题，研究者们开发了诸如小分子硫（$S_{2\sim4}$）、液态硫、Li_2S、有机硫等多种活性物质，用以改善锂硫电池正极电化学性能。然而，这些设计始终无法彻底解决活性物质电子、离子电导率低以及穿梭效应等问题，也缺乏对于充放电过程中活性物质体积变化大对正极结构稳定性影响的关注。

为了有效解决以上问题，进一步改善锂硫电池电化学性能，研究者们在正极硫载体材料的设计和结构构建方面进行了大量的研究，将不同的活性物质载体材料引入正极体系中，构建复合硫正极。通过了解锂硫电池工作原理和失效机理可知，理想的活性物质载体材料应具备高电子、离子电导率和缓冲或抑制体积膨胀、多硫化物吸附以及催化转化等能力。活性物质载体材料的种类不同，其功能和性质不同，在电池中发挥的作用也有所不同。下面将从碳材料、无机金属化合物材料、导电聚合物材料、有机硫聚合物材料等四个方面进行详细分析。

2.2.1 碳材料

碳材料因其具有高机械/化学稳定性、大比表面积、高导电性、轻质低密度、来源广泛等优势成为目前被开发和利用最多的单质硫载体材料。迄今为止，包括多孔碳、碳纳米管、碳纤维、石墨烯、核壳结构碳等不同结构碳材料已经被用作硫载体材料，可改善硫正极电导率，缓冲正极体积变化并通过物理限域作用抑制可溶性多硫化物穿梭。

（1）多孔碳

国际纯粹和应用化学联合会（IUPAC）根据孔径大小将多孔碳材料分为三类：微孔碳材料（孔径$<$2nm）、介孔碳材料（孔径2～50nm）和大孔碳材料（孔径$>$50nm）。不同孔径的碳材料对硫正极电化学性能有不同影响。

微孔碳材料因其较小的孔径对多硫化物穿梭有更强的物理限域作用，能有效提高电池的循环稳定性，被认为是良好的硫宿主材料。但是由于其狭窄孔道结构的限制，只能容纳分子尺寸较小的小分子硫（$S_{2\sim4}$）。如前文2.1.2节所述，小分子$S_{2\sim4}$正极材料（固相-液相-固相的相转变过程）的放电机制及理论模型均与S_8正极（固相-固相的相转变过程）有较大的区别，在整个充放电过程中不产生可溶性多硫化物。高学平教授课题组[12]以蔗糖为碳源，通过硫酸活化、水热反应制备出微孔碳球，并通过电化学性能测试证实了微孔中的小分子硫（$S_{2\sim4}$）在放电过程中不产生可溶性多硫化物，仅通过短链多硫化物的固相转化进行充放电。为了更为深入地了解短链硫分子，郭玉国教授课题组[13]对 S_2 到 S_8 的硫同素异形体的分子尺寸进行了理论计算，研究了硫分子在多孔材料中的存在形式。该课题组采用硫的共价半径作为硫原子的半径对 S_n（$n=2$～8）分子的分子尺寸进行了计算。计算结果表明，$S_{2\sim4}$ 小分子硫至少有一个维度小于 0.5nm，而环状硫分子 $S_{5\sim8}$ 至少有两个维度大于 0.5nm。为了验证这一理论，采用葡萄糖水热法制备了平均孔径约为 0.5nm 的微孔碳材料（CNT@MPC）。所制 S/CNT@MPC 电极仅在约 1.9V 处存在一个放电平台且具有优异的循环稳定性，在 0.1C 电流密度下首次放电容量高达 1670mA・h・g^{-1}，经 200 次循环后仍可保持 1149mA・h・g^{-1} 可逆放电容量。随后徐斌课题组[62]通过对聚偏二氟乙烯（PVDF）简单热解制备了一种高比表面积、均匀孔径的超微孔碳（UMC）。$S_{2\sim4}$/UMC 复合电极可以与碳酸酯类电解质兼容并只具有一个长放电平台，避免多硫化物的产生。$S_{2\sim4}$/UMC 复合电极在 0.1C 电流密度下循环 150 次后仍能保持约为 852mA・h・g^{-1} 的放电容量，库仑效率接近 100%。小分子 $S_{2\sim4}$ 电极的使用虽然可以有效避免多硫化物穿梭，但其相对较低的含硫量、硫面载量以及放电电压，使其难以实现锂硫电池的高能量密度。

华中科技大学黄云辉教授课题组[63]对 S_8 和 $S_{2\sim4}$ 两种活性物质的充放电机理进行了进一步的研究。以有序微孔碳为基底合成了 FDU/S-40（微孔碳/$S_{2\sim4}$）和 FDU/S-60（微孔碳/$S_{2\sim4}$/S_8）两种不同的复合正极材料并通过电化学性能测试系统地探究了 S_8 和 $S_{2\sim4}$ 正极的电化学反应机制。结果表明 $S_{2\sim4}$ 在醚基和碳酸酯类电解质中均有优异的电化学性能，而 S_8 环状分子只能在醚基电解液中正常工作。电化学行为差异主要是由硫分子尺寸、碳材料孔隙结构和电解液种类的协同作用所影响。微孔碳可作为 $S_{2\sim4}$ 分子与电解液之间的物理屏障，避免电解液和 $S_{2\sim4}$ 分子接触，使得 $S_{2\sim4}$ 分子仅通过固体-固体电化学反应机制进行充放电，对电解液有更好的适应能力。而微孔碳材料表面的 S_8 环状分子充放电过程中产生的多硫化物中间体容易与酯类溶剂发生亲核取代反应形成硫醚和含硫官能团，导致活性物质失效。基于以上讨论，将 $S_{2\sim4}$ 小分子硫与 S_8 分子相结合，在醚基电解液中配合使用，有利于开发高能量、长寿命的锂硫电池。

相对于微孔碳材料来说，介孔碳较大的孔隙结构不仅可以承载更多的活性物质，提升能量密度，还可以为 Li^+ 提供通畅的传输路径，改善倍率性能。2009 年，Nazar 教授的研究团队[6]设计合成了有序介孔碳材料（CMK-3），并通过熔融扩散法将单质硫负载到 CMK-3 的孔隙结构中，获得了含硫量 70%的 CMK-3/S 复合材料。通过毛细管效应，循环过程中溶解的多硫化物在很大程度上被限制在介孔碳孔隙中，CMK-3/S 正极的初始比容量可达 1005mA・h・g^{-1}，在循环 20 次后仍能保持 800mA・h・g^{-1} 的放电容量。经过聚乙二醇进一步改性后，电极初始放电容量可达到 1320mA・h・g^{-1}，库仑效率大于 99.9%，经 20 次循环后仍具有 1009mA・h・g^{-1} 的放电容量。2012 年，该课题组又利用模板法设计合成了具有大孔容（2.32cm^{-3}・g^{-1}）和超高比表面积（2445m^2・g^{-1}）的六边形结构有序介孔碳（OMCs）。含硫量 70%的 OMCs-S 复合正极在 1C 电流密度下循环 100 圈后仍能保持 700mA・h・g^{-1} 的放电容量。2013 年，Nazar 课题组[64]利用间苯二酚/甲醛为碳前驱体，聚二甲基二烯丙基氯化铵作为造孔剂，合成了多孔碳纳米球（PCNSs）。经进一步 KOH 活化造孔后，制备了高比表面积、大孔容以及孔径约为 4.3nm 的中空碳纳米球，并通过熔融扩散法获得了含硫量为 70% 的 p-PCNSs-70 复合硫正极。p-PCNSs 基底的 4～5nm 介孔结构不仅能够有效限制孔隙内部的多硫化物溶解穿梭，还可以缓冲硫单质放电过程中的体积膨胀，从而提高电池正极结构以及循环性能的稳定性。最终，所制含硫量 70%的 p-PCNSs-70 硫正极具有 875mA·h·g^{-1} 的初始放电容量，并且在 1C 电流密度下经循环 100 圈后的容量保持率为 89.6%。

刘俊课题组[65]通过对不同孔体积（1.3～4.8cm^3·g^{-1}）和孔径（3nm、7nm、12nm、22nm）锂硫电池电化学性能的研究发现，当介孔碳尺寸更大时，碳材料可提供更高的硫负载量。由于材料电子和离子的传输效率有限，孔隙完全充满硫时，不同尺寸介孔碳与硫的复合材料的电池性能非常相似，但是通过调节硫负载量和表面改性等方式可以进一步提升介孔碳-硫复合材料的电化学性能。Archer 课题组[66]通过对介孔中空碳胶囊的介孔结构、化学成分和硫负载方法等方面的调节，优化了介孔碳材料对多硫化物的锚定能力和 Li^+扩散动力学。碳胶囊-硫复合正极表现出高比容量和优异的循环稳定性，在 0.5C 电流密度下经 100 次循环后容量仍可达 850mA·h·g^{-1}。

大孔碳有利于电解液的渗入，为 Li^+提供快速传输通道，同时可以负载更多的活性物质。Jun Hyuk Moon 课题组[67]通过快速干燥（140℃）分散碳纳米管和聚合物颗粒的气溶胶液，并在 500℃条件下热处理制备了大孔碳纳米管颗粒材料（M-CNTP）。得益于 M-CNTP 材料的大孔结构和高比表面积，经过熔融渗硫后，含硫量为 70%的碳-硫复合正极材料（S-M-CNTP）表面无明显硫聚集。S-M-CNTP 复合正极具有优异的倍率性能，在 0.2C 和 2C 电流密度下的放电比容量分别为 1343mA·h·g^{-1} 和 994mA·h·g^{-1}。大孔碳材料因其较弱的多硫化物锚定能力，一般较少单独用作硫载体，但可以将其对多硫化物承载量高的优势与微孔、介孔结构优势相结合共同构建具有多级孔结构的碳-硫复合材料。为了综合不同尺寸孔隙结构的优势，研究人员们致力于设计制备包含多种孔径的多层级多孔碳材料[68-70]。三种孔结构中，微孔结构为活性物质提供了最强的物理吸附作用，并为孔内活性物质有效传输电子。介孔和大孔有足够的空间负载活性物质、缓冲充放电过程中的体积变化并为 Li^+提供快速传输通道。

梁成都课题组[69]通过软模板法合成了孔径约为 7.3nm 的介孔碳材料（MPC），然后在不破坏原有介孔结构的基础上，利用 KOH 进行高温活化造孔（微孔），获得介孔微孔复合碳基材料。高比表面积的分级多孔碳材料作为硫载体可有效改善活性物质利用率和电极稳定性。陈军院士课题组[71]利用酚醛树脂制备了兼具有微孔、介孔和大孔的酚醛树脂衍生碳。该多层级多孔碳具有丰富的孔隙结构以及优异的导电性，其比表面积高达 1520m^2·g^{-1}，孔体积为 2.61cm^3·g^{-1}，电子电导率高达 2.22S·cm^{-1}。通过控制熔融扩散将 50.2%的硫填充到孔隙内部，制成碳-硫复合正极。该正极在 0.05C 电流密度下的初始比容量可达 1450mA·h·g^{-1}，并在 50 次循环后显示出 93.6%的容量保持率。耿建新课题组[72]报道了一种原位制备 3D 多孔石墨碳/硫纳米颗粒复合材料（3D S@PGC）的方法。具体地，以自组装水溶性 NaCl 和 Na_2S 为硬模板、葡萄糖为碳源，通过冷冻干燥、碳化过程（葡萄糖膜在 NaCl 和 Na_2S 表面形成石墨化碳），形成兼具微孔和介孔的石墨化碳。在 $Fe(NO_3)_3$ 溶液中浸泡后，NaCl 模板被溶剂溶解，Na_2S 被氧化成硫纳米颗粒沉积在3D多孔碳的内部空隙中，获得 S@PGC 复合硫正极。得益于硫纳米颗粒在 PGC 网络中均匀分布，含硫量为 90%的 S@PGC 正极仍能显示出 1382mA・h・g^{-1} 的高初始比容量（0.5C）和 1000 次循环（2C）后 0.039%的超低容量衰减率。大连化学物理研究所张华民教授课题组[73]通过软模板法设计制备了兼具有介孔及大孔的有序嵌套多层级交联多孔结构，该结构具有 2.5nm、15nm、24nm 和 100nm 的介孔及大孔孔道结构，孔隙体积为 4.15cm^3・g^{-1}。该多层级结构可以有效提高活性物质的存储空间，改善电子/离子的传输，提高电极与电解液的有效接触面积，赋予碳-硫正极优异的倍率性能及循环稳定性。基于此，所构建的多级孔碳-硫复合材料正极（78%含硫量）在 3C 电流密度下，可以提供 1228mA・h・g^{-1} 的高可逆容量和 200 次循环后 76%的容量保持率。

尽管后续的研究也逐渐证明了多级孔碳材料的结构优势，不同层级的孔隙结构协同作用能够有效提高锂硫电池的电化学性能，但将高活性硫均匀浸渍到多孔碳材料中仍具有一定挑战性。

（2）碳纳米管/碳纳米纤维

一维碳纳米结构具有表面积大、重量轻、导电性好、热/化学稳定性高等优点，在各类储能装置中都具有明显的性能优势。具有大长径比和优异导电性的一维碳纳米材料既可通过物理吸附锚定多硫化物，还可以在电极中形成三维导电骨架加快电子及离子的传输[74-77]。此外，其优异的机械性能能够有效缓解循环过程中活性物质体积变化对电极结构完整性的破坏，提升循环过程中正极结构稳定性。

一维碳纳米管（CNT）由于其出色的导电性（10^2～10^6S・cm^{-1}）、超大长径比（高达 1.3×10^8）和良好的机械/化学稳定性在锂硫电池体系中得到了最为广泛的应用。最初，由于 CNT 独特的线性结构容易形成交联连续的导电网络并作为导电相，其通常被用作硫正极的导电添加剂材料。2009 年，邱新平教授[77]首先设计并制备了硫包覆多壁碳纳米管复合材料（S-coated-MWCNTs），将其用作锂硫电池正极材料以适应充放电循环过程中硫氧化还原反应引起的正极机械应力。研究发现，与碳纳米管作为添加剂的硫正极和炭黑-硫复合材料（S-coated-CB）正极相比，S-coated-MWCNTs 复合正极的电化学性能得到了明显提升。早期的研究主要集中于通过熔融扩散、化学沉积、物理球磨等方法将单质硫负载于一维碳纳米管表面或其内部制备硫复合正极。例如，Hagen 课题组[78]通过熔融扩散将单质硫负载于碳纳米管表面。当温度高于 150℃时，具有较强的流动性的液态硫可以通过熔融扩散包覆 CNT 基底。Lai 课题组[79]通过物理球磨的方法制备 CNT-S 复合正极，并探究了球磨速度和溶剂对 CNT-S 复合材料形貌和电化学性能的影响。结果表明，与干磨或使用 $CHCl_3$ 相比，使用乙醇后，CNT-S 复合材料的结构更为疏松、硫分布更为均匀，因此具有优异的电化学性能。此外，球磨过程速度不宜过高，当球磨速度过高（>1500r/min）时交联的 CNT 导电网络会遭到破坏，导致硫利用率降低。成会明院士课题组[80]以氧化铝为模板，通过化学气相沉积和硫酸盐碳热还原的方法，制备了无黏结剂的柔性自支撑碳-硫复合正极膜（S-CNT）。S-CNT 具有良好的机械性能和耐久性，在 10MPa 的应力下应变仅为 9%，并且能承受 12000 次弯折测试。在电化学性能方面，得益于其高电子、离子电导率以及对多硫化物的物理吸附作用，S-CNT 电极表现出 $1438mA \cdot h \cdot g^{-1}$ 的高放电容量。

然而，碳纳米管-硫复合正极性能仍有不足，主要源于两个方面：①与多孔碳材料相比，碳纳米管通常具有更低的比表面积（$<200m^2 \cdot g^{-1}$）和孔隙体积，对于硫的承载能力较弱；②非极性碳材料与多硫化物间相互作用弱，导致活性物质利用率低，穿梭效应严重。为解决以上问题，杨植课题组[81]报道了一种由水蒸气蚀刻 CNT 的方法，以增加其比表面积和孔体积，获得高度多孔的碳纳米管（PCNT）。氧化处理后，碳材料 BET 比表面积由 $255m^2 \cdot g^{-1}$ 升高到了 $430m^2 \cdot g^{-1}$，孔体积高达 $2.16cm^3 \cdot g^{-1}$，显著提升了碳纳米管的硫承载能力。因而，所制含硫量 78%的 PCNT-S 电极在 0.2C 电流密度下的初始比容量可达 $1382mA \cdot h \cdot g^{-1}$，且当电流密度达到 15C 时锂硫电池仍能正常运行。即使 PCNT-S 复合正极的含硫量高达 89%，该正极仍能保持 200 次循环后 68%的容量保持率。

CNT 通常具有封闭的末端，因此实际上很难将硫封装到 CNT 内部通道，并通过物理限域抑制多硫化物的扩散[82]。基于此，王春生课题组[83]通过模板法制备了两端开口的多孔无序碳纳米管，并将其与硫复合。硫被汽化并渗入到石墨化碳层和无定形碳的小空隙中。该方法可以将 S_8 分解为 S_6 和 S_2，因此可以减少锂和硫与可溶性多硫化物间的副反应。然而，这种中空多孔的多壁碳纳米管因本身石墨化程度较低，通常导电性较差。为了在不损害中空纳米管良好结构特征的前提下提高其导电性，官轮辉课题组[84]设计了一种“管中管”结构的碳纳米材料（TT-CNT），即将高度石墨化的多壁碳纳米管置于多孔管内部。首先将有机硅浸渍到孔隙中，煅烧后形成碳与两层 SiO_2，SiO_2 层重复包覆多壁碳纳米管。之后通过 NaOH 刻蚀去除所有的 SiO_2，使碳结构暴露出来。外层的介孔碳纳米管可以容纳硫并抑制多硫化物的扩散，而内部的多壁碳纳米管可供电子快速转移并促进多硫化物转化过程。在 $6A \cdot g^{-1}$ 的高电流密度下，S/TT-CNT 电极的比容量仍能维持在 $550mA \cdot h \cdot g^{-1}$。除孔隙结构和比表面积调节外，对碳纳米管进行官能团改性和杂原子掺杂也可以增强碳纳米管基底与多硫化物的相互作用。Liu 课题组[85]在氩气气氛（800℃）下通过以不同比例的 KOH 作为活化剂对聚吡咯纳米管进行碳化，制备得到 N、O 掺杂的多孔碳纳米管。多孔碳纳米管比表面积为 $92.58m^2 \cdot g^{-1}$，孔径为 4～5nm。丰富的活性位点以及高的比表面积可显著抑制多硫化物的穿梭，提高活性物质利用率。该电极在 0.2C 下循环 100 圈比容量仍能保持在 $749.7mA \cdot h \cdot g^{-1}$。杂原子掺杂相关机理和研究现状在本节异质原子掺杂碳材料部分进行详细介绍。

碳纳米管因自身大长径比和优异导电性等优点使其能够用于制备柔性自支撑的碳-硫复合正极。清华大学张强教授课题组[86]将多壁碳纳米管-硫复合材料（MWCNT@S）和超长垂直排列碳纳米管（VACNT）结合，制备了高硫负载量的柔性自支撑碳-硫复合正极［图 2-5（a）］，其中 MWCNT 作为硫载体和短程导电网络，VACNT 则起到构筑三维导电骨架的作用。所制备的柔性自支撑正极可以随意弯折，并且通过堆叠可显著增加活性物质面载量，实现了 $15.1mA \cdot h \cdot cm^{-2}$ 的超高面容量。此类碳纳米管-硫复合正极成本低、制备方法简单、能量密度高，具有极大的潜力，可一定程度上加速锂硫电池的商业化进程。

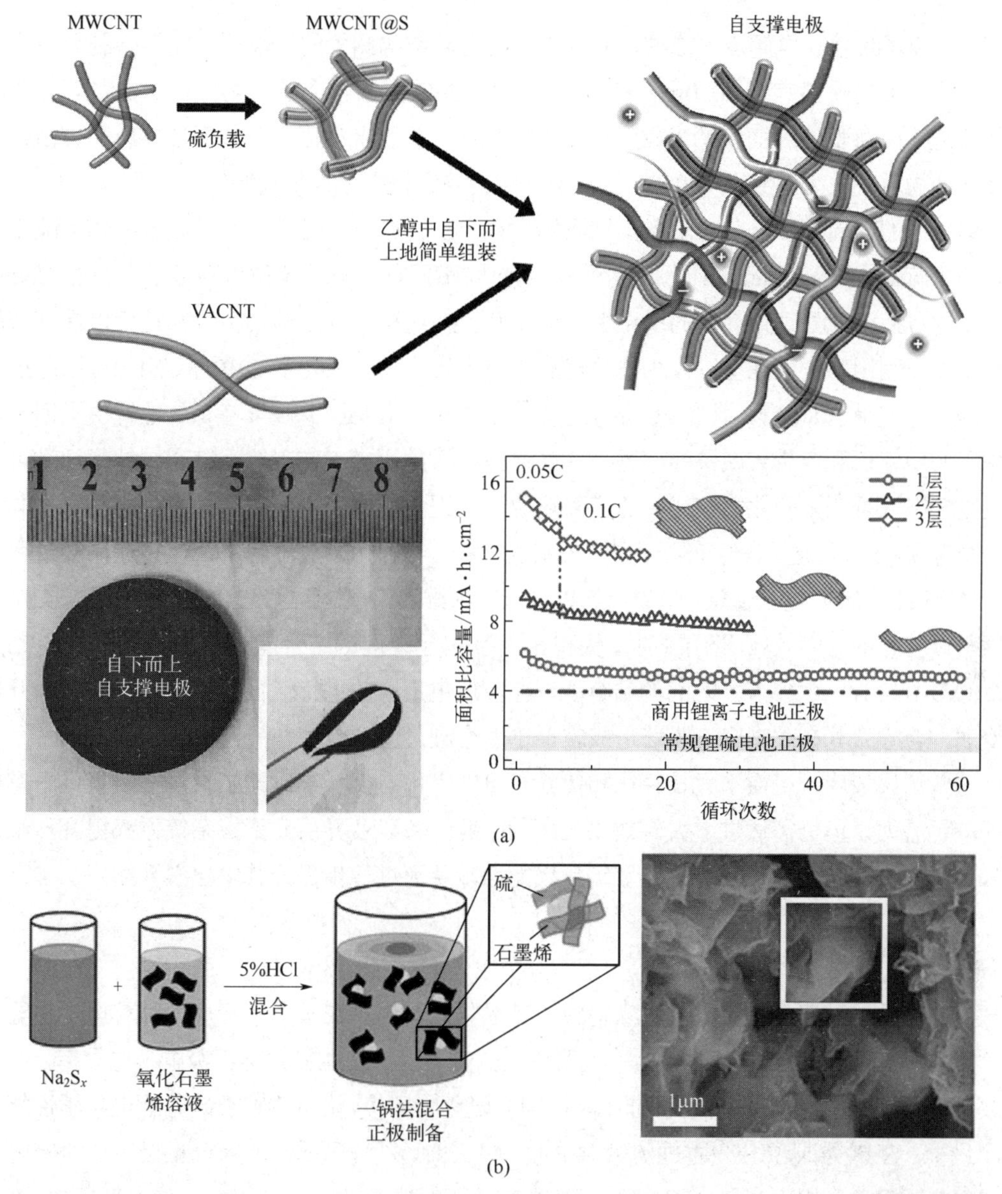

图 2-5 （a）多层级柔性自支撑碳高硫负载电极的制备、光学照片和循环稳定性能测试结果[86]；（b）化学沉积法制备高负载石墨烯硫正极及其 SEM 图片[92]

碳纳米纤维（CNFs）是另一种典型的一维纳米碳，具有可大规模生产、可调孔结构（比表面积为 20～2500$m^2 \cdot g^{-1}$）和电导率（10^{-7}～$10^3 S \cdot cm^{-1}$）等优点，被认为是硫载体的理想候选材料之一。然而，与碳纳米管一样，CNFs 最初也被用作硫电极的导电添加剂，以改善其循环特性及活性物质利用率。随着研究的深入，研究者们发现具有本征高导电性的碳纳米纤维（CNFs）和多种可设计结构（多孔 CNFs、空心 CNFs、三维交联 CNFs）的 CNFs 在锂硫电池正极中的应用也极具潜力。例如，Elazari 课题组[87]采用熔融扩散法将硫单质负载在碳纤维布表面，制备了碳纤维-硫复合正极材料（ACF-S）。ACF-S 正极良好的三维导电网络有利

于离子、电子传输和电解液的渗透，同时丰富的孔隙结构和大的比表面积能够抑制多硫化物穿梭，这些优势使其具有 1050mA·h·g^{-1} 的初始放电容量和优异的循环稳定性。刘俊课题组[88]报道了一种低比表面积纳米碳纤维作为硫载体，并结合电化学负载活性物质的方法，几乎使活性物质利用率达到了 100%，且在 100 次循环过程中无容量衰减。

但较低的含硫量和复杂的制备工艺限制了该方法的进一步发展。为了提升 CNFs-硫复合材料的含硫量，Manthiram 教授课题组[89]利用单喷嘴同轴静电纺丝技术制备了多通道 CNFs，并使用 KOH 活化处理使其在通道壁上形成微孔。在这种新颖的结构中，介孔可以提高硫的负载量以及利用率，微孔可以作为捕获位点锚定多硫化物。多孔多通道的 CNFs 可以容纳更多的硫（含硫量达 80%），且在 5C 下比容量达 847mA·h·g^{-1}。该策略有效地解决了锂硫电池中硫利用率低和容量衰减快的问题。崔屹课题组[90]的研究工作表明，空心碳纳米纤维可以通过物理限域抑制多硫化物穿梭并适应硫充放电过程中的体积变化。所制中空碳纳米纤维-硫复合材料在 75%含硫量条件下实现了 1500mA·h·g^{-1} 的初始放电容量，但是在循环过程中容量衰减较快。针对这一现象，该课题组以纳米碳纤维为模型，通过密度泛函理论计算了硫/硫化锂与碳基底的界面效应。结果表明，碳和 S_8 环状分子之间的结合能（0.79eV）高于碳和 Li_2S_2（0.21eV）或 Li_2S（0.29eV）之间的结合能，随着放电反应的进行活性物质与碳基底的相互作用变弱，会导致其在碳基底上脱落造成容量迅速衰减。

这些结果表明，得益于大长径比和优异导电性等优点，一维碳纳米材料在硫正极中有极大的应用潜力，但仍需通过增大有效比表面积、孔隙率以及异质元素掺杂等方式提升一维碳纳米材料的物理、化学限域能力以及硫负载能力，从而进一步提升其电化学性能。

（3）石墨烯

石墨烯是一种典型的二维碳纳米材料，其晶体结构由单层碳原子形成，具有电子电导率高（106S·cm^{-1}）、机械延展性好和比表面积大的特点，不仅能够改善正极电子电导率，缓冲充放电过程中的活性物质体积变化，还能抑制多硫化物穿梭，从而改善锂硫电池电化学性能。

最早，汪国秀课题组[91]通过硫熔融扩散的方法制备了石墨烯-硫复合正极，在锂硫电池中该复合正极硫利用率高达 96.36%，远高于纯硫正极的活性物质利用率，且在循环 40 次后仍能保持 600mA·h·g^{-1} 的可逆放电容量。但是该复合正极的含硫量仅为 22%，较低的含硫量限制了锂硫电池整体的能量密度。为了进一步提高正极含硫量，Nazar 课题组[92]通过简单的一步化学沉积法在氧化石墨烯表面负载硫单质制备了高含硫量（87%）的锂硫电池正极［图 2-5（b）］。然而，高含硫量正极虽然可以有效提高能量密度，但所制备的电极容量和稳定性都较差。前期研究发现，石墨烯-硫复合正极的电性能始终无法达到预期是因为石墨烯自身的片层堆积，减小了其导电性、有效比表面积和活性官能团数目[93]。

基于上述问题和分析，研究者们针对石墨烯-硫复合正极的结构构建开展了大量工作，以进一步减少石墨烯正极的堆叠和活性物质流失。例如，黄云辉课题组[94]通过石墨烯自组装的方法，构建了三维网络结构石墨烯（3D-NG），三维网络结构既可以有效避免石墨烯片层间堆积，又可以缓冲充放电过程中活性物质的体积膨胀与收缩。张跃钢课题组[95]针对三维氧化石墨烯体积能量密度的提升进行了研究，通过去除疏松堆积石墨烯凝胶上的水介质制备出高密度石墨烯-硫复合材料（Dense S-G）。基于高密度石墨烯-硫复合材料所制备的锂硫电池正极实现了 902mA·h·cm^{-3} 的高体积容量，显著提高了电极的体积能量密度。Cheng 课题组[96]为了进一步增强石墨烯材料的储硫能力，通过两步还原策略将纳米硫颗粒固定在石墨烯片间，制备得到了三明治状石墨烯-纳米硫复合材料。三明治结构既能利用硫的物理阻隔减少石墨烯堆叠，还可以提高石墨烯对硫的包覆能力，通过物理限域抑制多硫化物穿梭的同时能够抑制硫的体积膨胀。

核壳结构能够最大限度发挥石墨烯的柔性优势，同时从空间上限制多硫化物的扩散。清华大学魏飞课题组[97]通过真空辅助热膨胀合成了一种核壳结构石墨烯-硫电极，这种核壳结构能够允许锂离子快速扩散到被包覆的硫颗粒中，为多硫化物转化提供良好的离子转移环境，实现放电容量、循环稳定性以及倍率性能等电化学性能的全面提升。

上述方法主要通过调整结构来提高硫正极电化学性能，但仅靠结构优化来改善穿梭效应问题的效果有限，其原因是石墨烯表面缺少极性位点，与多硫化物的相互作用能力弱，难以限制多硫化物的溶解、穿梭。通常修饰石墨烯表面官能化是提升石墨烯表面对多硫化物吸附能力的最有效方式，最常见和最简单的方法是利用含氧官能团修饰石墨烯，使其含有大量环氧基、羰基、羧基、羟基等官能团，大幅增强石墨烯与多硫化物间的相互作用[98-99]。张跃钢课题组[100]通过化学沉积法将纳米硫均匀沉积在氧化石墨烯（GO）上，然后对复合正极进行了简单的热处理，即制备了比容量高达 1400mA·h·g^{-1} 的 GO-S 复合正极。除了含氧官能团表面修饰外，其它异质原子和活性官能团的引入也能改善硫正极电化学性能。楼文雄教授课题组[101]2014 年通过乙二胺（EDA）修饰还原氧化石墨烯（rGO），制备了具有优异循环稳定性能的 EDA 功能化还原氧化石墨烯-纳米硫复合正极（EFG-S），并用密度泛函理论（DFT）模拟计算了硫化锂与 EDA 功能化 rGO 之间的强亲和力。EDA 基团的强电负性改变了芳香烃碳环周围的电子云密度从而提高其与多硫化物的偶极-偶极相互作用，最终锚定多硫化物，减少活性物质流失。所制 EFG-S 正极在 0.5C 下充放电循环 350 次后仍能保持 80%的容量。

这些结果表明通过石墨烯-硫复合材料的三维结构设计和引入特殊官能团可以增强石墨烯与多硫化物间的相互作用，从而有效抑制穿梭效应，提高锂硫电池的电化学性能。

（4）异质原子掺杂碳材料

上述纯碳材料为非极性材料，非极性材料通过物理吸附对多硫化物的锚定作用有限且难以改善锂硫电池迟缓的反应动力学，导致循环过程中仍存在较为明显的穿梭效应，循环稳定性差。通过异质元素掺杂能够有效调节碳材料表面官能团，进一步改善其电化学性能。目前，N、O、P、S、B 等异质原子均已被引入上述各类碳基材料中，以改善碳-硫复合正极的电化学性能[102-108]。

在这些异质原子掺杂碳中，N 原子掺杂碳的研究最为广泛。例如，2012 年 Sun 课题组[106]将 N 掺杂介孔碳用作硫正极载体，工作结果表明 N 掺杂可以增强碳基底的电子电导率，从而提高容量性能。随后，Deng 课题组[109]证明了 N 原子掺杂不仅可以有效改善碳材料的导电性，还能通过化学吸附抑制多硫化物穿梭。Long 课题组[110]通过改变含 N 前驱体（三聚氰胺）的用量，制备了不同 N 原子掺杂量（0、4.3%、8.1%和 11.9%）的介孔碳，以探究不同 N 原子掺杂量对多孔碳材料理化性质及其在锂硫电池中电化学性能的影响。该课题组研究发现随着 N 元素掺杂含量从 0 增加到 8.1%，碳基底电子电导率提高 5 倍，多硫化物的吸附作用也得到了明显增强，电池的放电容量和循环稳定性均得到了改善。随着 N 元素掺杂含量进一步升高到 11.9%，虽然对多硫化物的吸附能力仍有提升，碳基底的电子电导率却降为未掺杂 N 元素前的一半，锂硫电池的放电容量明显降低。这一结果表明，对于 N 掺杂碳材料来说存在最佳氮掺杂含量，应平衡其电子电导率和对多硫化物的吸附能力以实现最佳电化学性能。值得注意的是，这里所说的最佳氮掺杂含量并不是个普适性的固定值，而是随碳材料自身性质的变化而变化。张治安教授课题组[111]制备了两种不同的氮掺杂石墨烯纳米片（两种氮掺杂石墨烯纳米片分别为以吡咯氮掺杂为主和以吡啶氮掺杂为主的石墨烯纳米片），以验证不同氮型对于正极充放电过程的影响。研究发现多硫化物更易与富电子的吡啶氮相结合，吡啶氮掺杂为主的石墨烯纳米片更有利于提升锂硫电池的电化学性能。含硫量为 80%的吡啶-NG/硫电极在 1C 电流密度下经 500 次循环仍能保持 578.5mA • h • g^{-1} 的可逆放电容量。

为了探究 N 原子掺杂对硫在高比表面积碳骨架上化学吸附的促进机制，Song 课题组[112]以介孔氮掺杂碳（MPNC）为研究对象，结合 X 射线吸收近边结构光谱（XANES）等材料表征技术和密度泛函理论的理论模拟对 N 原子掺杂碳的化学吸附机理进行了深入研究。首先，有效的氮掺杂有利于活性物质硫的均匀负载，使其充分浸渍到 N 掺杂多孔材料中。通过熔融扩散法将硫负载后，未掺杂介孔碳（MPC）C、O 的 K-edge 谱图无明显变化，说明 MPC 基底与活性物质硫的相互作用很弱。相比之下，硫负载后，MPNC 介孔碳中 O 的 K-edge 的测试谱图发生了显著变化，而 C、N 的 K-edge 谱图无明显变化。上述结果说明，N 的加入在增强硫元素与含氧官能团的相互作用方面发挥了重要作用，从而增强硫在碳骨架上的化学吸附强度。此外，该课题组 DFT 计算进一步揭示了氮促成硫元素与含氧官能团的相互作用行为的机制。麦立强教授课题组[113]采用界面聚合的方法制备了中空聚合物球，再经碳化、硫融熔扩散处理后获得氮掺杂中空碳球-硫复合正极材料（S@NHSC）。得益于材料独特的物理结构和化学吸附功能，在 2.8mg • cm^{-2} 的硫负载条件下，S@NHSC 正极的初始比容量可达 1280.7mA • h • g^{-1}，经 500 次循环后平均衰减率仅为 0.0373%，循环性能和容量均优于未掺杂的原始碳。清华大学张强教授课题组[108]通过密度泛函理论（DFT）计算对 N、O、P、B、S 等异质原子掺杂碳与多硫化物之间的相互作用强度进行了系统研究，阐明了多硫化物与各种异质原子之间的作用机理。理论计算结果表明，羧基氧、酮基氧及吡咯氮等表面官能团对多硫化物的锚定作用最强。这种强相互作用是由于富电子的 N、O 异质原子可以作为 Lewis（路易斯）碱，通过偶极-偶极相互作用提高对多硫化物中末端 Li^{+}的锚定能力。此外，文中指出异质原子需在碳材料中稳定存在才能确保电池的平稳运行和电化学性能的增强，且当单一元素掺杂含量达最大极限或功能性较为单一时，共掺杂策略可以进一步提升硫载体对多硫化物的吸附和催化转化能力。

近年来，研究者们发现，氮元素的掺杂不仅可以改变碳基底的电导率和多硫化物吸附能力，还能赋予碳材料电催化活性，加速多硫化物转化[114-116]。南京大学吴强教授课题组[115]通过理论计算和实验验证证实了 N 元素对多硫化物氧化还原反应动力学的促进作用。与未掺杂碳纳米笼/硫复合电极（hCNC/S）相比，多孔 N 掺杂碳纳米笼/硫复合电极（hNCNC/S）充放电过程中的电压极化和塔菲尔斜率更小，证明了 N 原子掺杂后碳纳米笼的电催化活性提高。该课题组通过密度泛函理论对两种基底上活性物质放电过程各步转化反应的吉布斯自由能进行了计算，相较于 hCNC，hNCNC 材料表面活性物质“液-固”转化过程的吉布斯自由能更低，表明多硫化物在 N 掺杂碳纳米笼上的还原过程在热力学上更有利。值得注意的是，吡啶氮、吡咯氮的掺杂表现出比石墨氮掺杂更高的电催化活性。得益于强化学吸附能力和快速的反应动力学，多孔 N 掺杂碳纳米笼（hNCNC）表现出高容量和优异的倍率性能，在 $0.2A \cdot g^{-1}$ 电流密度下初始可逆容量可达 $1373mA \cdot h \cdot g^{-1}$，即使电流密度升高达 $20A \cdot g^{-1}$，仍能保持 $539mA \cdot h \cdot g^{-1}$ 的高放电容量。中国科学技术大学季恒星教授课题组[117]通过理论计算进一步证明了掺杂 N 原子周围的 C 原子的杂化形式是影响 N 原子对氧化还原过程催化能力的重要因素。该课题组在理论计算中，以石墨碳和无定形碳为模型，对不同杂化形式 C 原子周围 N 原子的局域电荷密度和多硫化物转化吉布斯自由能进行了分析。研究发现，活性中心 N 邻近的碳原子为 sp^2 杂化时，活性中心电荷密度增大，能够促进氧化还原反应动力学，使得多硫化物转化的各步反应的吉布斯自由能降低，从而提升锂硫电池的循环稳定性和倍率性能。陶新永教授课题组[118]系统地研究了不同氮掺杂构型（吡啶 N、吡咯 N、石墨化 N）和不同氮掺杂含量对多硫化物吸附和催化转化作用的影响。研究得出以下结论：①在一定范围内（11.87%～31.71%），N 掺杂量越高对多硫化物的吸附能力和催化转化能力越强。但是，当 N 含量过高（31.71%）时，由于基底电子电导率降低，N 掺杂碳材料的电化学性能也有所降低。②三种不同氮掺杂构型中，吡啶 N 对多硫化物的吸附能力和催化转化能力最强，能够显著降低 Li_2S 的沉积和分解能垒。

除 N 以外，O、B、P、S 的掺杂也都对多硫化物的吸附有一定增强作用，可以改善电化学性能。与 N、O 掺杂相比，B、P、S 原子掺杂对吸附能力的改善较小，但少量 B 添加就可以显著改善碳材料的电子电导率，P、S 异质原子的引入则可以提升多硫化物氧化还原反应速率。这些元素还可以与对多硫化物锚定能力强的 N、O 元素同时引入到碳基材料中，通过它们的协同作用改善碳-硫复合正极的电化学性能。例如，郭玉国教授课题组[119]通过在碳化过程中加入硼酸制备了 B 掺杂介孔碳（BPC）。结果表明，B 掺杂量仅为 0.93%的 BPC 电子电导率是未掺杂介孔碳的 2 倍。B 原子掺杂能够赋予碳基底带正电的活性位点，与带负电的多硫化物静电相互作用，从而抑制穿梭效应。胡征教授课题组[120-121]制备了大比表面积、高孔隙率的多层级孔硫掺杂碳纳米笼（hSCNCs），并探究了 S 原子的掺杂对硫正极电化学性能的影响，与 N、O、B 掺杂碳不同，S 掺杂碳材料对多硫化物的吸附能力甚至略弱于未掺杂碳。然而 hSCNCs/S 复合正极仍表现出比未掺杂的 hCNCs/S 正极更好的电化学性能。该课题组通过电化学性能分析和 DFT 计算对 hSCNCs/S 复合正极电化学性能增强机制进行了分析。循环伏安测试（CV）图谱中，hSCNCs/S 复合正极表现出更高的还原峰和更低的氧化峰。同时，通过理论模拟计算发现 hSCNCs 材料表面 Li_2S 的沉积和解离能垒均明显降低。上述结果表明硫元素掺杂赋予了碳材料基底对多硫化物转化的电催化活性。

除单原子掺杂外，还提出了共掺杂，并表现出对碳材料性能的协同作用。Lin 课题组[122]以蚕茧为碳源和氮源，在磷酸活化下制备了 N、P 双掺杂多孔碳（NPPC）。磷酸的使用不仅实现了原位 P 掺杂，而且与碳基底反应形成丰富的孔隙结构。N、P 共掺杂不仅显著提高了离域电子/空穴的浓度，提高了电子电导率，而且比单原子掺杂为多硫化物吸附提供了更多的活性位点。得益于 NPPC 多孔结构和 N、P 双掺杂的物理、化学双重限域，NPPC/S 复合正极的放电容量以及循环稳定性能得到了明显改善，$0.1A \cdot g^{-1}$ 电流密度下的初始可逆容量可达 $1413mA \cdot h \cdot g^{-1}$，并且在 1C 电流密度下经 500 次循环容量衰减率仅为 0.032%。N、B 异质原子掺杂可以分别赋予碳基底带负电和带正电的活性位点，从而与可溶性多硫化物相互作用抑制穿梭效应。N、B 异质原子共掺杂可以使得碳材料集亲硫性、亲锂性于一体，进一步提高多硫化物锚定能力。Qiu 课题组[123]在 NH_3 中对 B_2O_3/聚丙烯腈纳米纤维进行碳化，制备出了 N、B 共掺杂的多孔碳纤维，并将其应用于锂硫电池中，显著提升了硫正极的循环稳定性能。除了含 N 原子的双原子掺杂以外，S、P 原子双掺杂也是协同促进碳硫复合正极电化学性能的有效策略。Chu 课题组[124]利用废弃的聚苯乙烯泡沫（PSFs）作为碳源，通过聚苯乙烯磺化和磷酸活化制备了 S、P 双掺杂多孔碳（SPPC）。研究结果表明，SPPC 中存在 C—S 和 C—P 共价键，二者不仅可以为吸附多硫化物提供活性位点，还能有效改善充放电过程中多硫化物的氧化还原动力学特性。因此，所制备的 SPPC/S 复合正极具有优异的循环稳定性，在 2C 电流密度下经 800 次循环后的容量衰减率仅为 0.049%。

目前，对于异质原子掺杂碳的制备大多是通过水热、热解、电化学氧化还原和在 NH_3、H_2S 等气氛下煅烧来实现的，此类方式存在孔结构不可控、异质原子含量不可控和分布不均匀等问题。因此，可以通过对异质原子掺杂碳的合理设计，增强碳基硫载体材料对多硫化物的吸附能力和催化转化能力，实现锂硫电池电化学性能的进一步提升。

2.2.2 无机金属化合物

锂硫电池的放电过程是一个连续而复杂的多电子转移过程，载硫材料的自身特性会对电池的电化学性能有显著影响：①多硫化物吸附能力。在放电阶段，S_8 环状分子逐渐裂解成 Li_2S_n，并溶解在电解液中，进一步产生穿梭效应。为了抑制多硫化物的溶解穿梭，提高电池循环稳定性，载硫材料应具有强多硫化物吸附能力。②低 Li^+扩散能垒。Li^+在基底上的迁移行为对多硫化物的液-固相转变过程有显著影响。硫载体材料表面 Li^+扩散能垒越低，扩散速度越快，快速的 Li^+扩散行为有助于 Li_2S 的均匀分布和高效沉积。③催化转化作用。催化剂被认为是从根本上提高硫利用率的有效策略。通过对多硫化物的催化转化能够降低 Li_2S 沉积和解离过程的转化能垒，从而改善电极的氧化还原动力学特性。多硫化物的氧化还原动力学能够直接影响硫的利用率和锂硫电池的电化学性能。因此，高性能硫载体的选择是至关重要的。除了碳材料以外，不同种类的纳米结构金属化合物，如金属氧化物、金属硫化物、金属氮化物、金属碳化物和金属有机框架等也被广泛地应用于锂硫电池正极材料中。大量研究表明，金属化合物作为硫载体材料不仅能够通过路易斯酸碱位点与多硫化物产生强相互作用，还能有效地促进其表面多硫化物的快速转化，从而显著改善电化学性能。但是，不同种类金属化合物的特点和优势往往不同[125-130]。图 2-6 概括了不同过渡金属化合物的内阻结构特性、多硫化物吸附能力以及表面 Li^+迁移行为，其中本征结构特征直接影响材料导电性、结构稳定性以及表面多硫化物的转化动力学[131]。

过渡金属氧化物(TMOs)

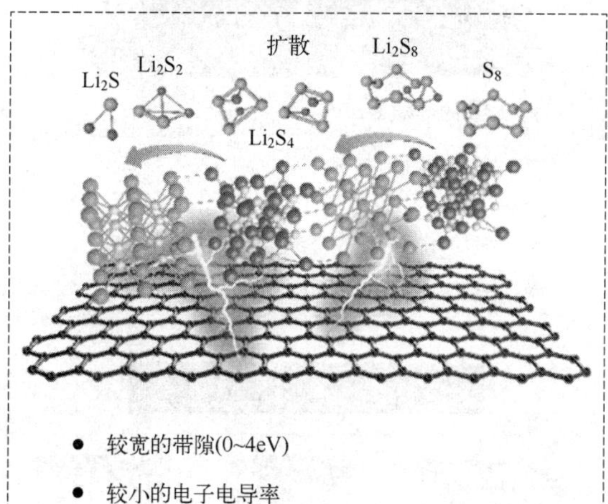

- 较宽的带隙(0~4eV)
- 较小的电子电导率 ($10\sim10^3S\cdot m^{-1}$)
- 强化学吸附(2~4eV)
- 高 Li^+扩散阻碍(2~4eV)

过渡金属硫化物(TMSs)

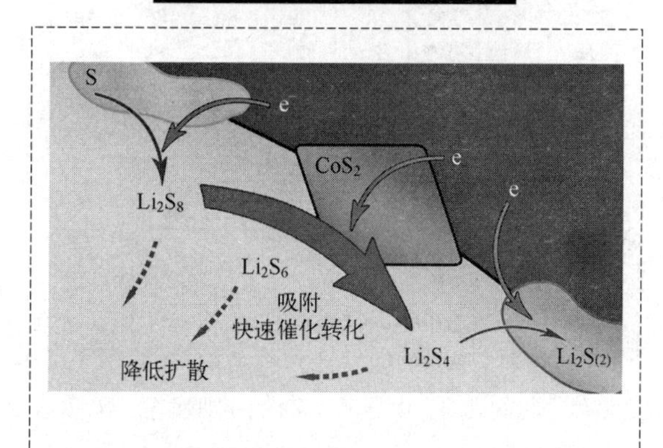

- 较宽的带隙(0~3.7eV)
- 较大的电子电导率 ($10^4\sim10^6S\cdot m^{-1}$)
- 适度的化学吸附(1~3eV)
- 低 Li^+扩散阻碍(0~0.5eV)

图 2-6

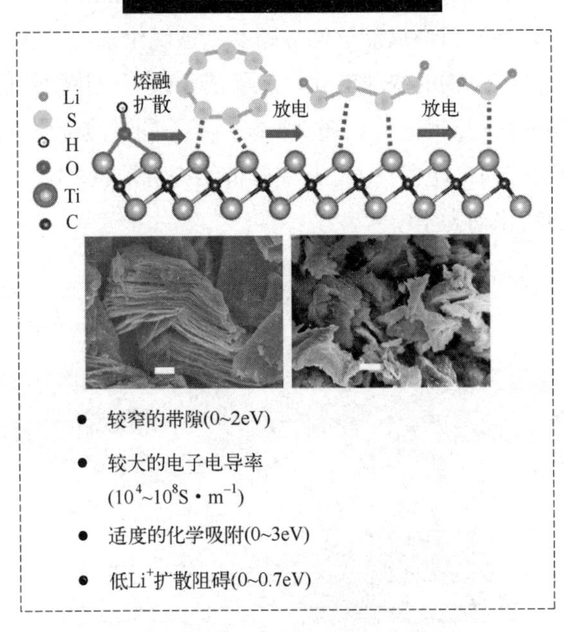

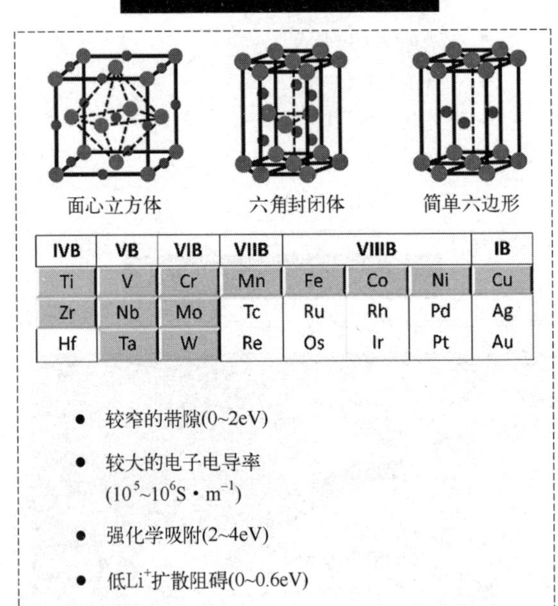

图 2-6 不同过渡金属化合物的带隙、电导率、多硫化物吸附能力以及表面 Li^{+}迁移行为[131]

在六种常见的金属化合物中，过渡金属氧化物（TMOs）和过渡金属硫化物（TMSs）具有制备简单、多硫化物吸附能力强等特点，是研究最多的金属化合物种类。Nazar 课题组[128]研究发现，TMOs 和 TMSs 材料可以同时通过 Li-O/S 键和 S-M（M＝Ti、Fe、Mo、Co 等）键与多硫化物相互作用，二者结合能明显高于 N、O、S 等元素掺杂的碳材料与多硫化物的结合能。这一研究通过理论计算证明了 TMOs 和 TMSs 材料相较于导电聚合物和杂原子掺杂碳具有更强的多硫化物吸附能力，将其作为硫载体材料有望进一步提升锂硫电池的循环稳定性。此外，与TMOs相比，TMSs还具有更低的锂化电位和更高的导电性，能够改善活性物质的氧化还原动力学特性。过渡金属氮化物（TMNs）通常结晶成同时具有金属离子和共价键的岩盐型结构，表现出高硬度和高熔点以及良好的金属导电性，使得它们能够缓解锂化过程中的硫体积膨胀。过渡金属碳化物（TMCs）不仅具有更为优异的导电性（10^4～10^8S·m^{-1}），还能通过路易斯酸相互作用有效地捕获多硫化物。与其它金属化合物相比，过渡金属磷化物（TMPs）存在离子杂化效应，对价带电子有较大贡献，能够促进电子交换和界面处S_6^{2-}/S^{2-}的氧化还原动力学。金属有机框架（MOF）由于其多孔性、结构多样性和高化学可设计性，同样具有作为高效硫载体材料的巨大潜力。综上所述，金属化合物作为锂硫电池硫宿主材料显示出巨大的应用潜力，在后续各小节中将重点介绍不同金属化合物的研究进展。

（1）金属氧化物

TMOs是金属化合物家族中最重要的一员，其由于资源丰富、环境友好和比容量高等特点，广泛应用于各类储能材料中。TMOs在锂硫电池正极中的应用主要有以下优势：①含有强电负性的氧负离子O^{2-}表现出对多硫化物的强化学约束能力，可有效抑制其穿梭效应。②金属氧化物具有较高的振实密度，可以提升TMOs-S正极的体积能量密度。2012年，Nazar课题组[132]首次使用介孔TiO_2材料并以添加剂的形式应用于锂硫电池正极。与碳材料不同，TiO_2材料因其表面带有正电荷，与多硫化锂之间形成了强静电作用，有效限制了多硫化锂的穿梭效应。介孔碳材料引入TiO_2添加剂后，放电容量从900mA·h·g^{-1}提升到1200mA·h·g^{-1}，循环200圈后仍具有较高容量，循环稳定性大幅度提高。该课题组提出的金属氧化物与多硫化锂之间静电作用抑制穿梭效应的观点，为之后诸多极性材料的发展提供了设计思路。但是，以添加剂形式使用TiO_2材料只能依靠表面暴露的活性位点吸附多硫化锂，所取得效果有限。为了进一步提升TiO_2-S复合正极的电化学性能，崔屹课题组[133]报道了一种TiO_2包覆硫单质的蛋黄-壳结构，未被完全填充的TiO_2包覆层不仅可以有效缓解硫在放电过程中体积膨胀的问题，其表面Ti-O基团以及表面羟基还可以通过化学限域有效抑制多硫化锂的穿梭效应。除此之外，金属氧化物还能促进多硫化物转化，Long课题组[134]研究发现Nb_2O_5纳米粒子不仅能够有效吸附多硫化物，还可以作为电催化剂加快可溶性多硫化物（Li_2S_4、Li_2S_6）向不溶性Li_2S_2/Li_2S转化。DFT计算和可视化实验结果表明，Nb_2O_5对多硫化物的吸附能力强于普通纯碳材料，其结合能达到了碳材料的6.6倍。基于MCM/Nb_2O_5复合材料所制备的锂硫电池在5C电流密度下具有900mA·h·g^{-1}的放电容量，优异的倍率性能证明了Nb_2O_5材料对多硫化物转化的催化能力。杨全红课题组[135]将TiN-TiO_2异质结构负载在石墨烯表面，制备了复合硫载体材料，该材料可以加速多硫化物的捕获-扩散-转化过程，具有高催化活性和强吸附能力。其中TiO_2具有强多硫化物吸附能力，TiN具有高电子电导率和催化活性，二者协同作用使得TiN-TiO_2-G-S复合正极可以在1C电流密度下实现2000次稳定循环。这些结果虽然证明了TiO_2、Nb_2O_5等金属氧化物对多硫化物的锚定能力强，且具备一定的催化转化性能，但也从中可以发现金属氧化物通常自身电子电导率较低，需要与石墨烯等导电基底配合使用。

为了探究金属氧化物表面多硫化物的吸附和转化机制，2016 年崔屹课题组[136]报道了生物质木棉纤维碳化后作为基底和几种不导电金属氧化物（Al_2O_3、CeO_2、La_2O_3、CaO 以及 MgO）的复合材料。通过对不同金属氧化物作用机制的实验和理论分析发现，金属氧化物虽然吸附多硫化锂的能力强，但其导电性差，多硫化锂需要扩散到碳材料表面进行下一步反应。该理论认为吸附和扩散会共同控制多硫化锂的转化过程。金属氧化物与多硫化物之间的结合力也不是越强越好，适当大小的结合力才能促进多硫化物的吸附和解吸。Nazar 课题组[137]对各类金属氧化物对多硫化物的吸附机制进行了总结分析，并提出了硫正极的“Goldilocks”原则。研究发现，金属氧化物对多硫化物的限制作用与氧化还原电位相关，部分金属在循环过程中对多硫化物吸附的同时伴随着自身的还原过程，这一过程可将多硫化物向硫代硫酸盐/过硫酸盐转化。根据对锂氧化还原电势的高低将金属氧化物材料分成了三类：①氧化还原电位过低，不能将多硫化物转化为硫代硫酸盐的金属氧化物，主要包括 TiO_2、Co_3O_4、CoO、NiO 等，通过极性化学作用吸附多硫化物。②氧化还原电位适中，可将多硫化物通过氧化还原反应生成硫代硫酸盐的金属氧化物，包括 MnO_2、CuO、VO_2。氧化产物与金属化合物表面化学键合，形成致密保护层，并提升多硫化物氧化还原反应速率。③氧化还原电位过高，将多硫化物通过氧化还原反应生成无活性硫酸盐的金属氧化物，包括 V_2O_5 和 NiOOH，反而对电化学性能有所损害。因此，在金属氧化物-硫复合正极构建过程中，金属氧化物的种类选择至关重要。

作为 TMOs 家族中的高熵氧化物是一类高度分散的金属物种，由于多种成分相互结合以及对电子性质的协同贡献，可以充分暴露活性位点来捕获多硫化物。同时，高熵氧化物在鸡尾酒效应、晶格畸变效应和熵稳定效应的辅助下，提供了强极性表面和优异的催化活性，从而实现了对多硫化物的强化学结合，加速了多硫化物的氧化还原转化。

（2）金属硫化物

金属硫化物是另一种典型的高性能硫载体，TMSs 材料的结构堆叠层通过范德瓦耳斯力相互结合，与 TMOs 相比，该类材料在确保对多硫化物的吸附和催化转化能力的基础上通常还具有高导电性，使得活性材料的利用率进一步提高，有利于增强电化学性能。现在科研人员对金属硫化物在锂硫电池中的应用关注较多，其具有以下优点：①对多硫化物具有强亲硫性；②具有低锂化电压，一般低于 1.5V（vs. Li/Li^+），因此在活性物质硫的电压窗口范围不会发生副反应，结构保持稳定。金属硫化物大多为金属或半金属相，包括黄铁矿、尖晶石和 NiAs 结构，具有高电导率和较高的催化作用，可以加快多硫化物的转化，加速电化学反应速率。Lynden 课题组[138]将具有高电子、离子电导率和强多硫化物吸附能力的三维 TiS_2 作为自支撑硫载体材料，三维 TiS_2 可以为活性物质提供通畅的电子、离子传输路径并减少可溶性多硫化物穿梭。此外，TiS_2 的放电电位与活性物质硫相似，可以在充放电过程中提供额外的容量。张强课题组[139]通过 DFT 计算和实验验证阐明了 CoS_2 纳米材料对电化学性能的增强机制。所制备的 CoS_2-G 硫载体材料既可以抑制多硫化物穿梭，还能加速多硫化物转化。DFT 计算结果表明，CoS_2 与多硫化物的结合能可以达到石墨烯的 5.8 倍，能有效吸附多硫化物。对称电池的 CV 测试和电化学交流阻抗（EIS）测试的结果表明，CoS_2 纳米材料的引入可以显著减小界面电阻并加速多硫化物的氧化还原动力学。CoS_2-G 正极在 2C 电流密度下具有 1003mA・h・g^{-1} 的初始放电容量，且经 2000 次循环的平均容量衰减率仅为 0.034%。此外，该正极材料 CV 曲线中较小的极化电压和尖锐的氧化还原峰进一步证明了 CoS_2 纳米材料对多硫化物的催化转化作用。此外，北京大学郭少军课题组[140]发现，不同相结构的硫化物对多硫化物的吸附能力和催化活性不同。研究结果表明，相较于稳态的 2H 相，MoS_2 的亚稳态 1T 相表现出更优异的电子、离子导电性，对多硫化物的吸附能力和催化活性，能够加快氧化还原反应动力学，提高电化学性能。基于 MXene/1T-2H MoS_2-C 复合材料所制备的硫正极在 0.5C 电流密度下初始容量可达 1014.1mA・h・g^{-1}，并在 300 次循环后仍具有 799.3mA・h・g^{-1} 的可逆容量。

（3）金属碳化物

TMCs 由于其高导电性、优异的化学稳定性、良好的耐腐蚀性和固有的催化能力等优点受到广泛关注。与 TMOs 相比，TMCs 表现出与贵金属相当的表面反应性和催化性能。此外，TMCs 中金属 d 电子和 sp 电子之间的相互作用会导致金属-金属距离的扩大或金属 d 带的收缩，这将增加费米能级附近的态密度（DOS），从而提升其导电性和电化学性能[141-142]。因此，具有高金属导电性、高功函数且对多硫化物具有适当吸附及催化等优点的 TMCs 在锂硫电池硫载体材料中的应用具有广阔前景。2018 年，俞书宏教授课题组[143]在碳纤维上构筑了 TMCs 纳米颗粒，将其作为硫正极宿主材料获得了具有高倍率、低极化和长循环寿命的锂硫电池。通过理论计算分析发现，TMCs 对多硫化锂吸附作用适中，多硫化锂在高电子电导率的碳化物表面更容易转化。同时，以 W_2C 作为硫正极宿主材料时，受益于该材料优异的催化能力，复合正极表现出较低的 Li_2S 氧化势垒和 0.2C 电流密度下 1200mA・h・g^{-1} 的高初始放电比容量。然而，由于 C 原子的电负性低于 O 原子，多硫化物在 TMCs 表面的吸附能力与 TMOs 相比较弱，导致 TMCs 的表面极性和对多硫化物的亲和力较弱，电极循环稳定性仍需进一步提高。

MXene 是一种新型的 2D 碳化物材料，通常由几层原子厚的过渡金属碳化物、氮化物或碳氮化物所构成，其表达式为 $M_{n+1}X_nT_x$（$n = 1$～3），其中 M 代表过渡金属（包括 Ti、Mo 等），X 代表 C/N，T_x 代表表面官能团（—OH、—O—、—F 等）等。在该构型中，$n+1$ 层过渡金属层和 n 层碳、氮或者碳氮交替排列堆积。MXene 被首次提出后受到了广泛的关注，其具有优异的电导率和大量的表面活性位点，在电化学能源应用中拥有巨大潜能[144-146]。2015 年，Nazar 课题组[147]首次提出将 Ti_2C MXene 应用于硫正极中。MXene 材料不仅具有优异的导电性，而且其末端的 Ti 原子还可作为路易斯酸位点，与多硫化物形成较强的 Ti-S 结合键，从而对多硫化物具有较强的吸附作用，抑制其穿梭。该复合电极在 0.2C 的电流密度下，放电容量可达到约 1200mA・h・g^{-1}，具有良好的循环性能。当电流密度增大到 0.5C 循环 400 次后，仍能保持原有容量的 80%，证明了 Ti_2C MXenes 的引入对硫正极的性能优化作用。张传芳课题组[148]将化学沉积纳米硫与 $Ti_3C_2T_x$ MXene 纳米片进行复合得到了具有黏度的水性墨水，随后通过真空过滤制备了自支撑的柔性 S@$Ti_3C_2T_x$ 电极。得益于 $Ti_3C_2T_x$ 材料的高导电性和强极性，S@$Ti_3C_2T_x$ 电极具有高导电性、高柔性和机械稳定性。同时该课题组进行的实验证明，复合电极表面形成了致密的硫酸盐复合物层，作为保护层可加快电化学反应过程中液固界面上电子/离子传输，提高对多硫化物的锚定作用。因此，S@$Ti_3C_2T_x$ 电极展现出 1350mA・h・g^{-1} 的高可逆容量和优异的循环稳定性（平均衰减率为 0.048%）。尽管如此，2D MXene 纳米片仍存在容易重新堆叠和聚集等问题，限制了 Li^+在其层间的快速传输以及 MXene 材料的利用。扩大 MXene 的层间距和构建三维结构的方式有利于促进基体材料对多硫化物的吸附及催化转化，并显著提高电极反应动力学及锂硫电池的电化学性能[149]。

（4）其它金属化合物

除上述金属化合物外，金属氮化物（TMNs）、磷化物（TMPs）及金属有机框架（MOFs）在锂硫电池硫载体中同样展现出优异的性能和潜在的应用价值。例如，TMNs 材料由于其独特的电子结构和高催化活性备受关注，在用作硫宿主材料时，其容易形成 N−S 共价键，还可通过化学键作用生成稳定的 M−S 共价键。通常，TMNs 比 TMOs 和 TMSs 等金属化合物具有更高的物理化学稳定性，这归因于碱性的 N^{3-}基团可吸引金属阳离子并形成稳定晶格。此外，与低阶多硫化物相比，TMNs 与高阶多硫化物相互作用时具有更高的结合能，因为 TMNs 很容易捕获长链多硫化物，并与它们形成较强的静电耦合相互作用。2016 年，美国得克萨斯大学奥斯汀分校 John Goodenough 课题组[150]首次将氮化钛（TiN）应用到锂硫电池中，TiN 表现出相较于 TiO_2 更为优异的导电性，TiN-S 复合电极在 0.5C 电流密度下，经过 500 次充放电循环后的放电比容量仍保持在 600mA・h・g^{-1}，平均每圈容量衰减率为 0.07%。厦门大学董全峰团队[151]制备了氮化钴（Co_4N）纳米球，并将其用作锂硫电池的吸附-催化载体材料。含硫量 95%的 Co_4N-S 复合电极在 1C 的电流密度下经过 100 次循环后仍具有 640mA・h・g^{-1} 的放电比容量。2017 年，陶新永团队[152]在研究中发现 TMPs 材料（Ni_2P、Co_2P、Fe_2P 等）作为正极硫载体对硫化锂具有较高的分解活性，在动力学上加快了硫化锂的氧化反应速率，降低了硫化锂初始充电阶段的能垒。Ni_2P 材料作为硫载体材料具有更加优异的综合电化学性能，即使在 3.4mg・cm^{-2} 硫面载量和 0.5C 电流密度条件下，电极循环 400 圈后仍能保留 90.3%的初始容量。金属有机框架（MOFs）由金属离子和有机连接体（咪唑、吡啶、羧基、多胺等）配位组成，通常具有优异的比表面积、可调控的化学组成和孔隙结构，是潜在的高性能硫载体材料[153-155]。Li 课题组[156]制备了 S/ZIF-8 纳米 MOFs 复合正极，该正极在 1C 电流密度下放电容量为 710mA・h・g^{-1} 且在 0.5C 的电流密度下循环 300 次平均衰减率仅为 0.08%。该课题组将该结构与 MIL-53(Al)、NH_2-MIL-53(Al)和 HKUST-1 MOFs 以及两组微米直径的 ZIF-8 相比较，得出以下结论：①电极放电容量随 MOFs 粒径减小而增大；②MOFs 结构中具有小孔径孔隙或功能官能团，可进一步对多硫化物进行锚定，提高电池的循环稳定性。同时，提出了 MOFs 的进一步发展方向：①与导电基底（包括石墨烯、CNT 等）进行结合，以改善基底的导电性；②降低 MOFs 颗粒直径，提高活性物质的利用率；③采用具有空心笼及小孔径的 MOFs 结构，增大活性物质的存储空间。

尽管各类金属氧化物的引入已被证明是提高硫正极电化学性能的有效手段，但仍难以预测和评估哪种金属化合物是最好的硫载体材料。但理想的金属化合物应具备以下优势：①与多硫化物的相互作用强；②能够催化多硫化物转化和 Li_2S 解离；③自身大的电子、离子电导率或与导电碳基材料复合后具备高电子、离子传导能力；④具有适宜的晶粒尺寸和纳米孔结构。

2.2.3　导电聚合物

有机导电聚合物为非定域 π 电子共轭体系，具有优异的电子导电性，可加速电子/离子传输，加快氧化还原反应动力学过程。就形貌而言，导电聚合物存在树枝状或多孔状结构，可赋予电极较好的柔性，促进硫均匀分布并缓释其体积膨胀，提高硫正极结构稳定性。另外，导电聚合物内部存在较多的极性官能团，结合多孔结构可提高对多硫化物的物理/化学吸附能力，抑制穿梭效应，从而提高硫正极的电化学性能。常见的导电聚合物基于化学或电化学聚合方法获得，合成方法简单，稳定性好，一般包括聚苯胺（PANI）、聚吡咯（PPy）、聚噻吩（PTh）、聚苯乙烯硫酸盐（PSS）以及聚（3,4-乙烯二氧噻吩）（PRDOT）等聚合物材料。

（1）聚苯胺

聚苯胺是具有悠久历史的聚合物。早在 180 年前，Runge 在氯化铜、苯胺、硝酸混合物的反应中发现了聚苯胺。在 20 世纪 60 年代，Josefowicz 等人利用过硫酸铵为引发剂制备出了电导率为 $10S \cdot cm^{-1}$ 的聚苯胺，发现聚苯胺具有质子交换、氧化还原可逆性和吸附水蒸气等性质。聚苯胺是一种共轭电子结构的本征型导电聚合物，具有高电导率、独特的掺杂机制、优良的物理性能、良好的稳定性、简便的合成方法和原料价格低廉等优点。其链段主要由还原单元（氨基官能团）和氧化单元（亚胺官能团）组成，通常还原单元所占比例 y（$0 \leqslant y \leqslant 1$）可以用来表示聚苯胺的氧化程度，且 y 值与聚苯胺的导电性有关。当 $y=0$ 或 1 时，其链段结构都不具有导电性，而在 $0<y<1$ 的情况下，聚苯胺分子链段都可以通过质子酸掺杂变为导体。在锂硫电池中，聚苯胺的使用不仅能够增强正极的导电性，提高活性物质的利用率，还能通过氨基和亚胺等活性官能团吸附多硫化物并利用柔性骨缓冲充放电过程中硫的体积变化[157-158]。刘俊课题组[158]通过冰浴处理在低温条件通过聚合反应制备了直径 150nm、长度数微米的聚苯胺纳米管。将聚苯胺纳米管均匀分散到含单质硫的二硫化碳溶液中，待二硫化碳彻底挥发以后通过不同温区的热处理（155～280℃）制备了聚苯胺-硫复合物（SPANI-NT/S）。高温硫化处理后，SPANI-NT/S 中部分 S_8 环状分子开环与聚苯胺侧链之间发生化学交联，生成 C-S 键，碳骨架之间也通过二硫键彼此连接，形成三维的含硫导电网络结构。其独特的聚

合物柔性结构不仅能束缚多硫化物，还能缓冲单质硫在充放电过程中的巨大体积变化，减少对正极材料微观结构的破坏。作为硫正极，SPANI-NT/S 复合材料经 100 次循环后仍能保持 837mA·h·g^{-1} 放电容量。为了进一步提升聚苯胺的结构稳定性和聚苯胺-硫电极的电化学性能，Abruna 课题组[159]制备了硫与聚苯胺（SPANI）的蛋黄核壳结构，其内部存在较大的空间，可以缓释硫在电化学反应过程中的体积膨胀，提高该结构的稳定性，同时对多硫化物提供物理限域和化学吸附的作用，最大限度地抑制其穿梭。得益于蛋黄核壳结构的构建，该复合正极在 0.2C 和 0.5C 的电流密度下分别具有 765mA·h·g^{-1} 和 628mA·h·g^{-1} 的稳定容量。上述研究结果表明提高线性聚苯胺结构的稳定性及其与活性物质的相互作用强度是提升聚苯胺-硫复合正极性能的有效途径。

（2）聚吡咯

聚吡咯（PPy）是另一种重要的导电聚合物，已被广泛应用于制备 S-PPy 复合正极材料。导电 PPy 具有优异的电化学氧化还原可逆性、高导电性（10^2～10^3S·cm^{-1}）和强拉伸强度（50～100MPa）。导电 PPy 通常被用作硫载体材料，不仅能够提高正极导电性，其丰富的孔结构还能够承受高硫负载并缓冲循环过程中的体积应变[160-161]。然而，PPy 应用于锂硫电池正极中仍然存在一些关键问题。首先，PPy 作为硫载体虽然可以在最初的几个循环中抑制多硫化物的溶解和扩散，但由于缺乏与多硫化物产生强化学吸附的极性基团，很难抑制穿梭效应，保持电池的长期稳定循环。其次，PPy 材料稳定性仍需进一步提高，以适应电化学系统中正极活性材料的体积变化。

通常，构建核壳结构可以有效解决上述问题。在核壳结构中，元素硫为核心，PPy 导电聚合物为壳层，PPy 纳米层在改善硫正极电子电导率的同时还能通过物理/化学限域束缚多硫化物。Wang 及其研究团队[162]通过氧化聚合法将吡咯单体聚合在硫电极表面。因为聚吡咯的加入，电极材料的导电能力明显增强。硫-聚合物电极表现出良好的电化学性能，复合正极在 0.03C 电流密度下的可逆放电比容量高达 1280mA·h·g^{-1}。为了进一步提高复合正极的电化学性能，Chen 课题组[163]以 $FeCl_3$ 为氧化剂在硫纳米颗粒表面上原位聚合聚吡咯，制备了具有核壳结构的聚吡咯-硫复合正极（PPy-S）。导电 PPy 纳米涂层提供了有效的电子传输路径和较强的物理化学吸附作用，使得硫正极电化学性能得到了明显改善。该复合正极在 0.2C 电流密度下显示出 1200mA·h·g^{-1} 的高可逆比容量，且经 50 次循环后比容量仍能维持在 913mA·h·g^{-1}。除此核壳结构构建外，调节硫核形貌也能在一定程度上改善聚吡咯-硫复合正极的电化学性能。Manthiram 课题组[164]通过表面活性剂诱导和液相合成法制备了斜方双锥体硫颗粒，并在表面包覆了一层聚吡咯纳米层。通过硫核形貌的调节，PPy-S 复合正极的电化学性能得到了显著提升（0.2C 电流密度下经 50 次循环容量较普通硫单质高 200mA·h·g^{-1}）。

（3）聚噻吩

聚噻吩（PTh）是一种有机聚合物，具有能隙小、电导率高以及多孔结构等优势，属于具有半导体性质的功能性材料，也作为三大导电聚合物之一应用于锂硫电池中。Li 课题组[165]通过在科琴黑-硫复合正极表面原位聚合 PTh，制备了一种具有层状球形结构的 PTh/硫/科琴黑（PTh/S/KB）复合材料。在该体系中硫正极的电子和离子电导率同时提高，显著提高了科琴黑-硫复合正极的放电容量。与其它导电聚合物相比，PTh 具有衍生物繁多的优势，常见的衍生物有聚（3,4-乙烯二氧噻吩）（PEDOT），聚（3-己基噻吩）（P_3HT）等，其中具有高电导率（可达 500S・cm^{-1}）、优异柔韧性和氧化态稳定性的 PEDOT 材料应用最为广泛[166-169]。PEDOT 具有丰富的氧、硫等官能团，与多硫化物具有很强的键合亲和力，应用在锂硫电池中能够有效提升活性物质利用率和循环稳定性。崔屹课题组[170]对三种常见的聚合物［包括聚苯胺（PANI）、聚吡咯（PPy）和聚（3,4-乙烯二氧噻吩）（PEDOT）］包覆的中空硫纳米球正极进行了研究。在该体系中，除涂层种类不同以外，其厚度和结构等条件均保持一致。通过实验及理论模拟研究了三种导电聚合物与多硫化物 Li_xS（$0 < x \leqslant 2$）之间的化学作用对电化学性能的影响，结果表明，Li_2S 和 PEDOT（1.08eV）之间的结合能高于 PANi（0.59eV）和 PPy（0.5eV）。因此，PEDOT-S 正极表现出最高的电化学循环稳定性（0.5C 电流密度下经 500 次循环后的容量保持率为 86%）和倍率性能。

如上所述，近些年来导电聚合物由于其导电性优异、多孔结构以及稳定的力学性能，被大量应用于锂硫电池的研究中。但对其充放电过程中反应机理的认识以及复合电极结构的变化仍需进一步研究。因此，可以将原位表征技术与理论研究相结合，通过监测导电聚合物-硫复合正极在放电/充电过程中的结构和形貌演变，对电池化学有更深入的了解。此外，还应考虑可控、低成本、大规模的合成方法。综上，开发具有高离子、电子电导率，良好的机械/化学稳定性和界面相容性优异的导电聚合物是改善聚合物-硫复合正极电化学性能最有前途的途径。

2.2.4　有机硫聚合物

有机硫聚合物具有含硫量高、成本低、活性物质分布均匀、循环稳定性好等潜在优势，能够有效提高电池的能量密度和循环性能。但利用小分子有机结构单元（不饱和烃类/硫醇类）交联受热开环的线性硫长链所构建的有机硫聚合物始终存在电子电导率低、离子扩散速率小等问题，导致其在高倍率和高硫负载条件下的电性能显著下降。此外，现有研究对有机硫共聚物的机械性能关注较少，不饱和烃类/硫醇类有机硫聚合物正极在充放电过程中仍存在由于体积膨胀和收缩导致的正极结构不稳定的问题。对于有机硫聚合物正极，通过与碳材料等导电材料的复合构建复合正极，可以一定程度上改善其电子、离子电导率，缓冲放电过程中体积膨胀，从而提升有机硫聚合物正极的倍率性能和面容量[171-176]。

Presser 课题组[172]首先通过 S_8 环状分子和 DIB 在纳米洋葱碳表面原位共聚，制备了纳米洋葱碳-S-DIB 复合正极（S-DIB-OLC-*x*）。高导电性纳米洋葱碳与 S-DIB 共聚物均匀混合且紧密接触，不仅可以为 S-DIB 共聚物提供电子传输通道，还能有效改善其由于过度交联导致的锂离子传输效率差的问题。基于此，纳米洋葱碳-S-DIB 复合正极在 3.5mg • cm^{-2} 的硫负载条件下仍显示出 1150mA • h • g^{-1} 的可逆放电容量，且经 140 次循环后可保持 790mA • h • g^{-1} 的放电容量。如图 2-7（a）所示，李峰教授课题组[177]通过熔融扩散法将 S-DIB 负载在空心碳纳米管腔体中，制备了碳纳米管/S-DIB 复合正极（S-DIB@CNT）。S-DIB@CNT 复合正极与单独使用 S-DIB 共聚物正极相比具有以下优势：①空心碳纳米管作为纳米反应器，通过物理限域限制了多硫化物的穿梭效应，能够有效提升 S-DIB 的正极循环稳定性；②碳纳米管作为 S-DIB 共聚物载体能够有效提升其电子电导率，抑制共聚物过度交联，从而提高活性物利用率；③碳纳米管腔内未被填充的空间可以缓冲放电过程中活性物质的体积膨胀，维持正极结构稳定性；④S-DIB@CNT 可以制备成独立式自支撑柔性电极，避免了聚合物黏结剂和金属集流体等非活性物质组分的使用，提升了锂硫电池整体能量密度。基于以上优势，S-DIB@CNT 正极的放电容量、循环稳定性和倍率性能均得到了明显改善，在 1C 电流密度下显示出 898mA • h • g^{-1} 的放电容量，且经 90 次循环后容量保持率高达 98%。上述结果证明了通过将导电基底和有机硫聚合物物理结合，可以在一定程度上提升有机硫聚合物的电子电导率，改善有机硫聚合物正极在高倍率和高负载条件下的电化学性能。但是仅依靠物理结合，往往会存在有机硫聚合物与碳纳米管、石墨烯等导电材料界面相容性差的问题，这可能会造成电子传输效率降低以及电池的循环寿命缩短。针对这一问题，Park 课题组[178]通过共价接枝设计合成了油胺官能化的还原氧化石墨烯（O-rGO）纳米片，O-rGO 纳米片表面暴露的不饱和烯烃可以与 DIB 和单质硫进一步通过逆硫化反应共聚，将 S-DIB 以共价键合的方式负载于导电石墨烯基底表面获得了纳米复合正极（Poly S-O-rGO）[图 2-7（b）]。该课题组通过实验证实了 Poly S-O-rGO 复合正极表面硫分布更均匀，且在充放电过程中有更好的氧化还原动力学特性，电压极化小。所制备的 Poly S-O-rGO 复合正极在 0.5C 的电流密度下经 500 次循环后的容量保持率可达 81.7%，且反应动力学和倍率性能特性均优于原始 S-DIB。Manthiram 课题组[176]通过表面改性设计合成了乙烯基官能化的二维还原氧化石墨烯（V-rGO），并利用上述相同的逆硫化反应将 S-DIB 和 V-rGO 共价键合，制备了含硫量 70%的 polySGN 复合有机硫聚合物正极。polySGN 复合正极在超高硫负载（10.5mg • cm^{-2}）条件下仍能保持 1135mA • h • g^{-1}（电流密度为 0.05C）的放电容量和 12mA • h • cm^{-2} 的面容量，且经 100 次循环后其容量保持

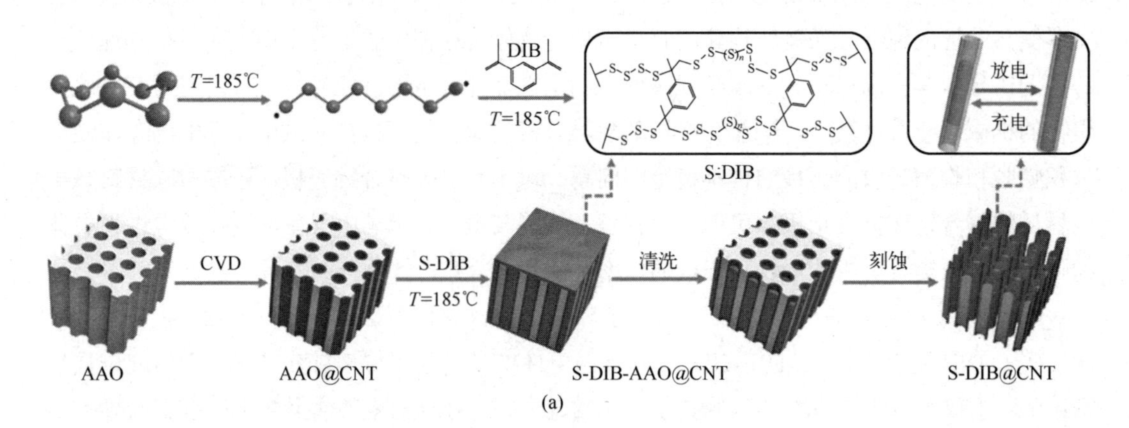

(a)

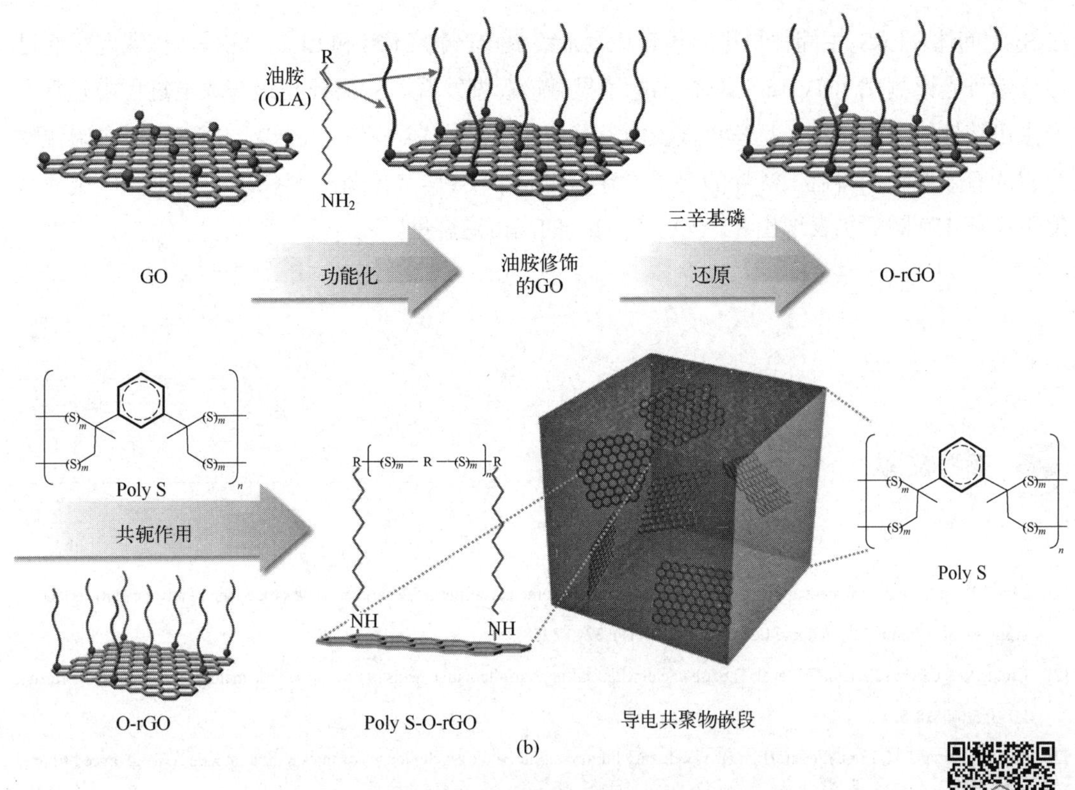

图 2-7 （a）有机硫聚合物在空心碳纳米管中的合成过程示意图[177]；
（b）功能化石墨烯与有机硫聚合物聚合过程示意图[178]

率仍可达到 70%。当高硫负载 polySGN 复合正极的电流密度为 0.2C 时，电极的可逆容量约为 827mA・h・g^{-1}，经 100 次循环后仍有 78%的高容量保持率，表现出优异的循环稳定性能。

尽管醇类小分子通过逆硫化反应能够获得高含硫量的硫醇类有机硫聚合物，但是由于高含硫量共聚物中线性硫链的原子数较多，在放电过程中不可避免地会产生多硫化物，从而造成穿梭效应。除此之外，硫醇类有机硫聚合物也存在和烃类有机硫聚物相似的电子、离子电导率低的问题[179-181]。为了进一步改善硫醇类有机硫聚合物的电子和离子电导率低的问题，华南理工大学黎立桂课题组[182]将单质硫和三硫氰尿酸（TTCA）负载于还原氧化石墨烯表面，再加热使 S_8 环状分子开环，与 TTCA 在还原氧化石墨烯基底表面共聚，从而获得了 cp（S-TTCA）@rGO 复合正极材料。相对于 S-TTCA 复合正极，cp（S-TTCA）@rGO 正极的电子和离子电导率得到了显著提升，对多硫化物的锚定能力也得到了增强（通过 rGO 的物理吸附）。电化学性能测试结果表明，含硫量 81.79%的 cp（S-TTCA）@rGO 复合正极具有 1341mA・h・g^{-1} 的初始比容量和优异的循环性能。苏州大学晏成林课题组[183]设计合成了半胱胺分子官能化还原氧化石墨烯纳米片（GSH），GSH 表面暴露的巯基可以与受热开环的线性硫长链共聚获得 S-GSH 复合正极。通过密度泛函理论揭示了硫醇类有机硫聚合物的电化学反应机制，即在放电过程中硫链中间的 S—S 键先断裂，并与两个锂离子相结合，形成稳定的

Li_2S_4中间体。Li_2S_4中间体再进一步转化为最终放电产物Li_2S_2和Li_2S。此外，该课题组通过原位紫外光谱测试（UV-Vis）和扫描电子显微镜观察发现，S-GSH 正极在放电过程中几乎不产生可溶性的多硫化物，且锂负极表面没有出现明显的 Li 枝晶，证实了 S-GSH 对多硫化物穿梭的有效抑制。得益于优异的电子电导率和对穿梭的抑制作用，S-GSH 正极在 1C 电流密度下循环 450 圈后仍表现出 857mA • h • g^{-1}的高可逆容量。

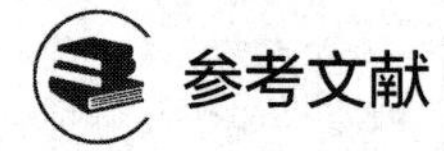

参考文献

[1] Lim J, Pyun J, Char K. Recent approaches for the direct use of elemental sulfur in the synthesis and processing of advanced materials [J]. Angewandte Chemie International Edition, 2015, 54(11): 3249-3258.

[2] Chung W J, Griebel J J, Kim E T, et al. The use of elemental sulfur as an alternative feedstock for polymeric materials [J]. Nature Chemistry, 2013, 5(6): 518-524.

[3] Lv D P, Zheng J M, Li Q Y, et al. High energy density lithium-sulfur batteries: challenges of thick sulfur cathodes [J]. Advanced Energy Materials, 2015, 5(16): 1402290.

[4] Zhao F L, Li Y, Feng W. Recent advances in applying vulcanization/inverse vulcanization methods to achieve high-performance sulfur-containing polymer cathode materials for Li-S batteries [J]. Small Methods, 2018, 2(11): 1800156.

[5] 时五一, 鲍雨, 崔树勋. 无定形硫属单质分子结构的研究进展 [J]. 高等学校化学学报，2024, 45(1), 20240054.

[6] Ji X L, Lee K T, Nazar L F. A highly ordered nanostructured carbon-sulphur cathode for lithium-sulphur batteries [J]. Nature Materials, 2009, 8(6): 500-506.

[7] 俞栋, 徐小虎, 李宇洁, 等. 锂硫电池硫/导电聚合物正极材料的研究进展 [J]. 材料导报, 2014, 28(23): 141-146.

[8] Liu X, Huang J Q, Zhang Q, et al. Nanostructured metal oxides and sulfides for lithium–sulfur batteries [J]. Advanced Materials, 2017, 29(20): 160159.

[9] Song Z H, Jiang W Y, Li B R, et al. Advanced polymers in cathodes and electrolytes for lithium-sulfur batteries: progress and prospects [J]. Small, 2024, 2308550.

[10] Zhao Q, Zhu Q H, Miao J W, et al. Three-dimensional carbon current collector promises small sulfur molecule cathode with high areal loading for lithium–sulfur batteries [J]. ACS Applied Materials & Interfaces, 2018, 10(13): 10882-10889.

[11] 陈人杰, 赵腾, 李丽, 等. 高比能锂硫电池正极材料 [J]. 中国科学: 化学, 2014, 44(08): 1298-1312.

[12] Zhang B, Qin X, Li G R, et al. Enhancement of long stability of sulfur cathode by encapsulating sulfur into micropores of carbon spheres [J]. Energy & Environmental Science, 2010, 3(10): 1531-1537.

[13] Xin S, Gu L, Zhao N H, et al. Smaller sulfur molecules promise better lithium-sulfur batteries [J]. Journal of the American Chemical Society, 2012, 134(45): 18510-18513.

[14] Zhou J J, Guo Y S, Liang C D, et al. Confining small sulfur molecules in peanut shell-derived microporous graphitic carbon for advanced lithium sulfur battery [J]. Electrochimica Acta, 2018, 273: 127-135.

[15] Rauh R D, Abraham K M, Pearson G F, et al. A lithium/dissolved sulfur battery with an organic electrolyte [J]. Journal of the

Electrochemical Society, 1979, 126(4): 523.

[16] Yao H B, Zheng G Y, Hsu P C, et al. Improving lithium-sulphur batteries through spatial control of sulphur species deposition on a hybrid electrode surface [J]. Nature Communications, 2014, 5: 3943.

[17] Zhou G M, Paek E, Hwang G S, et al. Long-life Li/polysulphide batteries with high sulphur loading enabled by lightweight three-dimensional nitrogen/sulphur-codoped graphene sponge [J]. Nature Communications, 2015, 6: 7760.

[18] Qie L, Zu C X, Manthiram A. A high energy lithium-sulfur battery with ultrahigh-loading lithium polysulfide cathode and its failure mechanism [J]. Advanced Energy Materials, 2016, 6(7): 1502459.

[19] Sun Z H, Zhang J Q, Yin L C, et al. Conductive porous vanadium nitride/graphene composite as chemical anchor of polysulfides for lithium-sulfur batteries [J]. Nature Communications, 2017, 8: 14627.

[20] Li C, Zhang Q, Sheng J Z, et al. A quasi-intercalation reaction for fast sulfur redox kinetics in solid-state lithium-sulfur batteries [J]. Energy & Environmental Science, 2022, 15(10): 4289-4300.

[21] Yang H J, Chen J H, Yang J, et al. Prospect of sulfurized pyrolyzed poly(acrylonitrile) (S@pPAN) cathode materials for rechargeable Lithium batteries [J]. Angewandte Chemie International Edition, 2020, 59(19): 7306-7318.

[22] Kumar R, Liu J, Hwang J Y, et al. Recent research trends in Li-S batteries [J]. Journal of Materials Chemistry A, 2018, 6(25): 11582-11605.

[23] Zhao X H, Wang C L, Li Z W, et al. Sulfurized polyacrylonitrile for high-performance lithium sulfur batteries: advances and prospects [J]. Journal of Materials Chemistry A, 2021, 9(35): 19282-19297.

[24] Wang J L, Yang J, Xie J Y, et al. A novel conductive polymer-sulfur composite cathode material for rechargeable lithium batteries [J]. Advanced Materials, 2002, 14: 963-965.

[25] Wang L, He X M, Sun W T, et al. Organic polymer material with a multi-electron process redox reaction: towards ultra-high reversible lithium storage capacity [J]. RSC Advances, 2013, 3(10): 3227-3231.

[26] Yin L C, Wang J L, Yang J, et al. A novel pyrolyzed polyacrylonitrile-sulfur@MWCNT composite cathode material for high-rate rechargeable lithium/sulfur batteries [J]. Journal of Materials Chemistry, 2011, 21(19): 6807-6810.

[27] Yin L C, Wang J L, Lin F J, et al. Polyacrylonitrile/graphene composite as a precursor to a sulfur-based cathode material for high-rate rechargeable Li-S batteries [J]. Energy & Environmental Science, 2012, 5(5): 6966-6972.

[28] Liu Y G, Wang W K, Wang A B, et al. A polysulfide reduction accelerator-NiS_2-modified sulfurized polyacrylonitrile as a high-performance cathode material for lithium-sulfur batteries [J]. Journal of Materials Chemistry A, 2017, 5(42): 22120-22124.

[29] Yu X G, Xie J Y, Yang J, et al. Lithium storage in conductive sulfur-containing polymers [J]. Journal of Electroanalytical Chemistry, 2004, 573(1): 121-128.

[30] Fanous J, Wegner M, Grimminger J, et al. Structure-related electrochemistry of sulfur-poly(acrylonitrile) composite cathode materials for rechargeable lithium batteries [J]. Chemistry of Materials, 2011, 23(22): 5024-5028.

[31] Zhang S S. Understanding of sulfurized polyacrylonitrile for superior performance lithium/sulfur battery [J]. Energies, 2014, 7(7): 4588-4600.

[32] Jin Z Q, Liu Y G, Wang W K, et al. A new insight into the lithium storage mechanism of sulfurized polyacrylonitrile with no soluble intermediates [J]. Energy Storage Materials, 2018, 14: 272-278.

[33] Wang S, Lu B Y, Cheng D Y, et al. Structural transformation in a sulfurized polymer cathode to enable long-life rechargeable lithium-sulfur batteries [J]. Journal of the American Chemical Society, 2023, 145(17): 9624-9633.

[34] Yan P Y, Zhao W, Tonkin S J, et al. Stretchable and durable inverse vulcanized polymers with chemical and thermal recycling [J]. Chemistry of Materials, 2022, 34: 1167-1178.

[35] Talapaneni S N, Hwang T H, Je S H, et al. Elemental-sulfur-mediated facile synthesis of a covalent triazine framework for high-

performance lithium-sulfur batteries [J]. Angewandte Chemie International Edition, 2016, 55(9): 3106-3111.

[36] Zou R, Liu W W, Ran F. Sulfur-containing polymer cathode materials: From energy storage mechanism to energy density [J]. InfoMat, 2022, 4(8): e12319.

[37] Je S H, Kim H J, Kim J, et al. Perfluoroaryl-elemental sulfur SNAr chemistry in covalent triazine frameworks with high sulfur contents for lithium-sulfur batteries [J]. Advanced Functional Materials, 2017, 27(47): 1703947.

[38] Kim J, Elabd A, Chung S Y, et al. Covalent triazine frameworks incorporating charged polypyrrole channels for high-performance lithium-sulfur batteries [J]. Chemistry of Materials, 2020, 32(10): 4185-4193.

[39] Simmonds A G, Griebel J J, Park J, et al. Inverse vulcanization of elemental sulfur to prepare polymeric electrode materials for Li-S batteries [J]. ACS Macro Letters, 2014, 3(3): 229-232.

[40] Wadi V K S, Jena K K, Khawaja S Z, et al. NMR and EPR structural analysis and stability study of inverse vulcanized sulfur copolymers [J]. ACS Omega, 2018, 3(3): 3330-3339.

[41] Hoefling A, Nguyen D T, Partovi-Azar P, et al. Mechanism for the stable performance of sulfur-copolymer cathode in lithium-sulfur battery studied by solid-state NMR spectroscopy [J]. Chemistry of Materials, 2018, 30(9): 2915-2923.

[42] Hoefling A, Nguyen D T, Lee Y J, et al. A sulfur-eugenol allyl ether copolymer: a material synthesized via inverse vulcanization from renewable resources and its application in Li-S batteries [J]. Materials Chemistry Frontiers, 2017, 1(9): 1818-1822.

[43] Wu F X, Chen S Q, Srot V, et al. A sulfur-limonene-based electrode for lithium-sulfur batteries: high-performance by self-protection [J]. Advanced Materials, 2018, 30(13): 1706643.

[44] Wang D Y, Guo W, Fu Y Z. Organosulfides: An emerging class of cathode materials for rechargeable lithium batteries [J]. Accounts of Chemical Research, 2019, 52(8): 2290-2300.

[45] Liu J, Wang M F, Xu N, et al. Progress and perspective of organosulfur polymers as cathode materials for advanced lithium-sulfur batteries [J]. Energy Storage Materials, 2018, 15: 53-64.

[46] Chang A P, Wu Q S, Due X, et al. Immobilization of sulfur in microgels for lithium-sulfur battery [J]. Chemical Communications, 2016, 52(24): 4525-4528.

[47] Oschmann B, Park J, Kim C, et al. Copolymerization of polythiophene and sulfur to improve the electrochemical performance in lithium-sulfur batteries [J]. Chemistry of Materials, 2015, 27(20): 7011-7017.

[48] Liu X, Lu Y, Zeng Q H, et al. Trapping of polysulfides with sulfur-rich poly ionic liquid cathode materials for ultralong-life lithium-sulfur batteries [J]. ChemSusChem, 2020, 13(4): 715-723.

[49] Li X, Yuan L X, Liu D Z, et al. High sulfur-containing organosulfur polymer composite cathode embedded by monoclinic S for lithium sulfur batteries [J]. Energy Storage Materials, 2020, 26: 570-576.

[50] Kang H, Kim H, Park M J. Sulfur-rich polymers with functional linkers for high-capacity and fast-charging lithium-sulfur batteries [J]. Advanced Energy Materials, 2018, 8(32): 1802423.

[51] Monisha M, Permude P, Ghosh A, et al. Halogen-free flame-retardant sulfur copolymers with stable Li-S battery performance [J]. Energy Storage Materials, 2020, 29: 350-360.

[52] Sun Z J, Xiao M, Wang S J, et al. Sulfur-rich polymeric materials with semi-interpenetrating network structure as a novel lithium-sulfur cathode [J]. Journal of Materials Chemistry A, 2014, 2(24): 9280-9286.

[53] Hu X H, Lin S J, Chen R W, et al. Thiol-containing metal–organic framework-decorated carbon cloth as an integrated interlayer-current collector for enhanced Li–S batteries [J]. ACS Applied Materials & Interfaces, 2022, 14(28): 31942-31950.

[54] Kim H, Lee J, Ahn H, et al. Synthesis of three-dimensionally interconnected sulfur-rich polymers for cathode materials of high-rate lithium-sulfur batteries [J]. Nature Communications, 2015, 6: 7278.

[55] Zeng S B, Li L G, Xie L H, et al. Conducting polymers crosslinked with sulfur as cathode materials for high-Rate, ultralong-life lithium–

sulfur batteries [J]. ChemSusChem, 2017,10(17): 3378-3386.

[56] 陆赟, 梁嘉宁, 朱用, 等. 有机物衍生的锂硫电池正极材料研究进展 [J]. 储能科学与技术, 2020, 9(5): 1454-1466.

[57] Je S H, Hwang T H. Talapaneni S N, et al. Rational sulfur cathode design for lithium-sulfur batteries: Sulfur-embedded benzoxazine polymers [J]. ACS Energy Letters, 2016, 1(3): 566-572.

[58] Wang P Y, Kateris N, Li B H, et al. High-performance lithium-sulfur batteries via molecular complexation [J]. Journal of the American Chemical Society, 2023, 145(34): 18865-18876.

[59] Li X N, Liang J W, Lu, Y, et al. Sulfur-rich phosphorus sulfide molecules for use in rechargeable lithium batteries [J]. Angewandte Chemie International Edition, 2017, 56(11): 2937-2941.

[60] Zhang X Y, Hu G J, Chen K, et al. Structure-related electrochemical behavior of sulfur-rich polymer cathode with solid-solid conversion in lithium-sulfur batteries [J]. Energy Storage Materials, 2022, 45: 1144-1152.

[61] Zhou J Q, Qian T, Xu N, et al. Selenium-doped cathodes for lithium–organosulfur batteries with greatly improved volumetric capacity and coulombic efficiency [J]. Advanced Materials, 2017, 29(33): 1701294.

[62] Zhu Q Z, Zhao Q, An Y B, et al. Ultra-microporous carbons encapsulate small sulfur molecules for high performance lithium-sulfur battery [J]. Nano Energy, 2017, 33: 402-409.

[63] Li Z, Yuan L X, Yi Z Q, et al. Insight into the electrode mechanism in lithium-sulfur batteries with ordered microporous carbon confined sulfur as the cathode [J]. Advanced Energy Materials, 2014, 4(7): 1301473.

[64] He G, Evers S, Liang X, et al. Tailoring porosity in carbon nanospheres for lithium-sulfur battery cathodes [J]. ACS Nano, 2013, 7(12): 10920-10930.

[65] Li X L, Cao Y L, Qi W, et al. Optimization of mesoporous carbon structures for lithium-sulfur battery applications [J]. Journal of Materials Chemistry, 2011, 21(41): 16603-16610.

[66] Jayaprakash N, Shen J, Moganty S S, et al. Porous hollow carbon@sulfur composites for high-power lithium-sulfur batteries [J]. Angewandte Chemie International Edition, 2011, 50(26): 5904-5908.

[67] Gueon D, Hwang J T, Yang S B, et al. Spherical macroporous carbon nanotube particles with ultrahigh sulfur loading for lithium-sulfur battery cathodes [J]. ACS Nano, 2018, 12(1): 226-233.

[68] Imtiaz S, Zhang J, Zafar Z A, et al. Biomass-derived nanostructured porous carbons for lithium-sulfur batteries [J]. Science China Materials, 2016, 59(5): 389-407.

[69] Liang C D, Dudney N J, Howe J Y. Hierarchically structured sulfur/carbon nanocomposite material for high-energy lithium battery [J]. Chemistry of Materials, 2009, 21(19): 4724-4730.

[70] Xiang Y Y, Lu L Q, Kottapalli A G P, et al. Status and perspectives of hierarchical porous carbon materials in terms of high-performance lithium-sulfur batteries [J]. Carbon Energy, 2022, 4(3): 346-398.

[71] Zhang K, Zhao Q, Tao Z L, et al. Composite of sulfur impregnated in porous hollow carbon spheres as the cathode of Li-S batteries with high performance [J]. Nano Research, 2013, 6(1): 38-46.

[72] Li G, Sun J H, Hou W P, et al. Three-dimensional porous carbon composites containing high sulfur nanoparticle content for high-performance lithium-sulfur batteries [J]. Nature Commuciation, 2016, 7: 10601.

[73] Wang M R, Zhang H Z, Zhou W, et al. Rational design of a nested pore structure sulfur host for fast Li/S batteries with a long cycle life [J]. Journal of Materials Chemistry A, 2016, 4(5): 1653-1662.

[74] 王治宇. 一维碳纳米材料及其复合结构的制备与表征 [D]. 大连: 大连理工大学, 2008.

[75] Zhou L, Danilov D L, Eichel R A, et al. Host materials anchoring polysulfides in Li-S batteries reviewed [J]. Advanced Energy Materials, 2021, 11(15): 2001304.

[76] Zhen M B, Chi Y, Hu Q, et al. Carbon nanotube-based materials for lithium-sulfur batteries [J]. Journal of Materials Chemistry A, 2019,

7(29): 17204-17241.

[77] Yuan L X, Yuan H P, Qiu X P, et al. Improvement of cycle property of sulfur-coated multi-walled carbon nanotubes composite cathode for lithium/sulfur batteries [J]. Journal of Power Sources, 2009, 189(2): 1141-1146.

[78] Hagen M, Dörfler S, Althues H, et al. Lithium-sulphur batteries-binder free carbon nanotubes electrode examined with various electrolytes [J]. Journal of Power Sources, 2012, 213: 239-248.

[79] Liu G, Su Z, He D Q, et al. Wet ball-milling synthesis of high performance sulfur-based composite cathodes: the influences of solvents and ball-milling speed [J]. Electrochimica Acta, 2015, 149: 136-143.

[80] Zhou G M, Wang D W, Li F, et al. A flexible nanostructured sulphur-carbon nanotube cathode with high-rate performance for Li-S batteries [J]. Energy & Environmental Science, 2012, 5(10): 8901-8906.

[81] Xiao Z B, Yang Z, Nie H G, et al. Porous carbon nanotubes etched by water steam for high-rate large-capacity lithium–sulfur batteries [J]. Journal of Materials Chemistry A, 2014, 2(23): 8683-8639.

[82] Yue B, Wang L L, Zhang N Y, et al. Dual-confinement effect of nanocages@nanotubes suppresses polysulfide shuttle effect for high-performance lithium-sulfur batteries [J]. Small, 2023, 2308603.

[83] Guo J C, Xu Y H, Wang C S. Sulfur-impregnated disordered carbon nanotubes cathode for lithium-sulfur batteries [J]. Nano Letters, 2011, 11(10): 4288-4294.

[84] Zhao Y, Wu W L, Li J X, et al. Encapsulating MWNTs into hollow porous carbon nanotubes: a tube-in-tube carbon nanostructure for high-performance lithium-sulfur batteries [J]. Advanced Materials, 2014, 26(30): 5113-5118.

[85] Wei W L, Liu P. Rational porous design for carbon nanotubes derived from tubular polypyrrole as sulfur host for lithium-sulfur batteries [J]. Microporous and Mesoporous Materials, 2021, 311: 110705.

[86] Yuan Z, Peng H J, Huang J Q, et al. Hierarchical free-standing carbon-nanotube paper electrodes with ultrahigh sulfur-loading for lithium-sulfur batteries [J]. Advanced Functional Materials, 2014, 24(39): 6105-6112.

[87] Elazari R, Salitra G, Garsuch A, et al. Sulfur-impregnated activated carbon fiber cloth as a binder-free cathode for rechargeable Li-S batteries [J]. Advanced Materials, 2011, 23(47): 5641.

[88] Pan H L, Chen J Z, Cao R G, et al. Non-encapsulation approach for high-performance Li-S batteries through controlled nucleation and growth [J]. Nature Energy, 2017, 2(10): 813-820.

[89] Lee J S, Kim W, Jang J, et al. Sulfur-embedded activated multichannel carbon nanofber composites for long-life, high-rate lithium–sulfur batteries [J]. Advanced Energy Materials, 2017, 7(5): 1601943.

[90] Zheng G Y, Zhang Q F, Cha J J, et al. Amphiphilic surface modification of hollow carbon nanofibers for improved cycle life of lithium sulfur batteries [J]. Nano Letters, 2013, 13(3): 1265-1270.

[91] Wang J Z, Lu L, Choucair M, et al. Sulfur-graphene composite for rechargeable lithium batteries [J]. Journal of Power Sources, 2011, 196(16): 7030-7034.

[92] Evers S, Nazar L F. Graphene-enveloped sulfur in a one pot reaction: A cathode with good coulombic efficiency and high practical sulfur content [J]. Chemical Communications, 2012, 48(9): 1233-1235.

[93] Chen H, Chen C, Liu Y J, et al. High-quality graphene microflower design for high-performance Li-S and Al-ion batteries [J]. Advanced Energy Materials, 2017, 7(17): 1700051.

[94] Wang C, Su K, Wan W, et al. High sulfur loading composite wrapped by 3D nitrogen-doped graphene as a cathode material for lithium-sulfur batteries [J]. Journal of Materials Chemistry A, 2014, 2(14): 5018-5023.

[95] Li H F, Yang X W, Wang X M, et al. Dense integration of graphene and sulfur through the soft approach for compact lithium/sulfur battery cathode [J]. Nano Energy, 2015, 12: 468-475.

[96] Li Y P, Guan Q, Cheng J L, et al. Ultrafine nanosulfur particles sandwiched in little oxygen-functionalized graphene layers as cathodes

for high rate and long-life lithium-sulfur batteries [J]. Nanotechnology, 2020, 31(24): 245404.

[97] Huang J Q, Liu X F, Zhang Q, et al. Entrapment of sulfur in hierarchical porous graphene for lithium-sulfur batteries with high rate performance from-40 to 60 degrees C [J]. Nano Energy, 2013, 2(2): 314-321.

[98] Korkmaz S, Kariper I A. Graphene and graphene oxide based aerogels: synthesis, characteristics and supercapacitor applications [J]. Journal of Energy Storage, 2020, 27: 101038.

[99] W Yu, Li S S, Yang H Y, et al. Progress in the functional modification of graphene/graphene oxide: A review [J]. RSC Advances, 2020, 10(26): 15328-15345.

[100] Ji L W, Rao M M, Zheng H, et al. Graphene oxide as a sulfur immobilizer in high performance lithium/sulfur cells [J]. Journal of the American Chemical Society, 2011, 133(46): 18522-18525.

[101] Wang Z Y, Dong Y F, Li H J, et al. Enhancing lithium-sulphur battery performance by strongly binding the discharge products on amino-functionalized reduced graphene oxide [J]. Nature Communication, 2014, 5: 5002.

[102] Paraknowitsch J P, Thomas A. Doping carbons beyond nitrogen: an overview of advanced heteroatom doped carbons with boron, sulphur and phosphorus for energy applications [J]. Energy & Environmental Science, 2013, 6(10): 2839-2855.

[103] Wang J L, Han W Q. A review of heteroatom doped materials for advanced lithium-sulfur batteries [J]. Advanced Functional Materials, 2022, 32(2): 2107166.

[104] Shi M J, Zhang S, Jiang Y T, et al. Sandwiching sulfur into the dents between N, O Co-doped graphene layered blocks with strong physicochemical confinements for stable and high-rate Li-S batteries [J]. Nano-Micro Letters, 2020,12(1): 146.

[105] Ma X L, Ning G Q, Wang Y, et al. S-doped mesoporous graphene microspheres: A high performance reservoir material for Li-S batteries [J]. Electrochimica Acta, 2018, 269: 83-92.

[106] Sun X G, Wang X Q, Mayes R T, et al. Lithium-sulfur batteries based on nitrogen-doped carbon and an ionic-liquid electrolyte [J]. ChemSusChem, 2012, 5(10): 2079-2085.

[107] Zeng S S, Lyu F C, Nie H J, et al. Facile fabrication of N/S-doped carbon nanotubes with Fe_3O_4 nanocrystals enchased for lasting synergy as efficient oxygen reduction catalysts [J]. Journal of Materials Chemistry A, 2017, 5(25): 13189-13195.

[108] Hou T Z, Chen X, Peng H J, et al. Design principles for heteroatom-doped nanocarbon to achieve strong anchoring of polysulfides for lithium-sulfur batteries [J]. Small, 2016, 12(24): 3283-3291.

[109] Xu H, Deng Y F, Zhao Z X, et al. The superior cycle and rate performance of a novel sulfur cathode by immobilizing sulfur into porous N-doped carbon microspheres [J]. Chemical Communications, 2014, 50(72): 10468-10470.

[110] Sun F G, Wang J T, Chen H C, et al. High efficiency immobilization of sulfur on nitrogen-enriched mesoporous carbons for Li-S batteries [J]. ACS Applied Materials & Interfaces, 2013, 5(12): 5630-5638.

[111] Wang X W, Zhang Z, Qu Y H, et al. Nitrogen-doped graphene/sulfur composite as cathode material for high capacity lithium-sulfur batteries [J]. Journal of Power Sources, 2014, 256: 361-368.

[112] Song J X, Xu T, Gordin M L, et al. Nitrogen-doped mesoporous carbon promoted chemical adsorption of sulfur and fabrication of high-areal-capacity sulfur cathode with exceptional cycling stability for lithium-sulfur batteries [J]. Advanced Functional Materials, 2014, 24(9): 1243-1250.

[113] Zeng S B, Arumugam G M, Liu X H, et al. Encapsulation of sulfur into N-doped porous carbon cages by a facile, template-free method for stable lithium-sulfur cathode [J]. Small, 2020, 16(39): 2001027.

[114] Kim J W, Jeon H, Lee J. Electrocatalytic activity of carbon in N-doped graphene to achieve high-energy density Li-S batteries [J]. Journal of Energy Chemistry C, 2018, 122(40): 23045-23052.

[115] Du L Y, Wu Q, Yang L J, et al. Efficient synergism of electrocatalysis and physical confinement leading to durable high-power lithium-sulfur batteries [J]. Nano Energy, 2019, 57: 34-40.

[116] Song Z H, Jiang W Y, Jian X G, et al. Advanced nanostructured materials for electrocatalysis in lithium-sulfur batteries [J]. Nanomaterials, 2022, 12(23): 4341.

[117] Zhu J W, Cao J Q, Cai G L, et al. Non-trivial contribution of carbon hybridization in carbon-based substrates to electrocatalytic activities in Li-S batteries [J]. Angewandte Chemie-International Edition, 2023, 62(3): 202214351.

[118] Yuan H D, Zhang W K, Wang J G, et al. Facilitation of sulfur evolution reaction by pyridinic nitrogen doped carbon nanoflakes for highly-stable lithium-sulfur batteries [J]. Energy Storage Materials, 2018,10: 1-9.

[119] Yang C P, Yin Y X, Ye H, et al. Insight into the effect of boron doping on sulfur/carbon cathode in lithium-sulfur batteries [J]. ACS Applied Materials & Interfaces, 2014, 6(11): 8789-8795.

[120] Zhang S J, Zhang P, Hou R H, et al. In situ sulfur-doped graphene nanofiber network as efficient metal-free electrocatalyst for polysulfides redox reactions in lithium-sulfur batteries [J]. Journal of Energy Chemistry, 2020, 47: 281-290.

[121] Du L Y, Cheng X Y, Gao F J, et al. Electrocatalysis of S-doped carbon with weak polysulfide adsorption enhances lithium-sulfur battery performance [J]. Chemical Communications, 2019, 55(45): 6365-6368.

[122] Song Z C, Lu X L, Hu Q, et al. Synergistic confining polysulfides by rational design a N/P co-doped carbon as sulfur host and functional interlayer for high-performance lithium-sulfur batteries [J]. Journal of Power Sources, 2019, 421: 23-31.

[123] Zhu J H, Pitcheri R, Kang T, et al. A polysulfide-trapping interlayer constructed by boron and nitrogen co-doped carbon nanofibers for long-life lithium sulfur batteries [J]. Journal of Electroanalytical Chemistry, 2019, 833: 151-159.

[124] Zhao T Q, Tan X H, Song L T, et al. Up-scalable conversion of white-waste polystyrene foams to sulfur, phosphorus-codoped porous carbon for high-performance lithium-sulfur batteries [J]. ACS Applied Energy Materials, 2020, 3(9): 9369-9378.

[125] Li Y J, Guo S J. Material design and structure optimization for rechargeable lithium-sulfur batteries [J]. Matter, 2021, 4(4): 1142-1188.

[126] Wu J, Ye T, Wang Y C, et al. Understanding the catalytic kinetics of polysulfide redox reactions on transition metal compounds in Li-S batteries [J]. ACS Nano, 2022, 16(10): 15734-15759.

[127] Qin J L, Wang R, Xiao P, et al. Engineering cooperative catalysis in Li-S batteries [J]. Advanced Energy Materials, 2023, 13(26): 2300611.

[128] Pang Q, Liang X, Kwok C Y, et al. Advances in lithium-sulfur batteries based on multifunctional cathodes and electrolytes [J]. Nature Energy, 2016, 1: 16132.

[129] Wen Y, Shen Z H, Hui J F, et al. Co/CoSe junctions enable efficient and durable electrocatalytic conversion of polysulfides for high-performance Li-S batteries [J]. Advanced Energy Materials, 2023,13(20): 2204345.

[130] Liu X, Huang J Q, Zhang Q, et al. Nanostructured metal oxides and sulfides for lithium-sulfur batteries [J]. Advanced Materials, 2017, 29(20): 1601759.

[131] Liang Q, Wang S Z, Yao Y, et al. Transition metal compounds family for Li-S batteries: the DFT-guide for suppressing polysulfides shuttle [J]. Advanced Functional Materials, 2023, 33(32): 2300825.

[132] Evers S, Yim T, Nazar L F. Understanding the nature of absorption/adsorption in nanoporous polysulfide sorbents for the Li-S battery [J]. Journal of Physical C, 2012, 116(37): 19653-19658.

[133] Seh Z W, Li W Y, Cha J J, et al. Sulphur-TiO_2 yolk-shell nanoarchitecture with internal void space for long-cycle lithium-sulphur batteries [J]. Nature Communications, 2013, 4: 1331.

[134] Tao Y Q, Wei Y J, Liu Y, et al. Kinetically-enhanced polysulfide redox reactions by Nb_2O_5 nanocrystals for high-rate lithium-sulfur battery [J]. Energy & Environmental Science, 2016, 9(10): 3230-3239.

[135] Zhou T H, Lv W, Li J, et al. Twinborn TiO_2-TiN heterostructures enabling smooth trapping-diffusion-conversion of polysulfides towards ultralong life lithium-sulfur batteries [J]. Energy & Environmental Science, 2017, 10(7): 1694-1703.

[136] Tao X Y, Wang J G, Liu C, et al. Balancing surface adsorption and diffusion of lithium-polysulfides on nonconductive oxides for lithium-sulfur battery design [J]. Nature Communications, 2016, 7: 11203.

[137] Liang X, Kwok C Y, Lodi-Marzano F, et al. Tuning transition metal oxide-sulfur interactions for long life lithium sulfur batteries: the "goldilocks" principle [J]. Advanced Energy Materials, 2016, 6(6): 1501636.

[138] Ma L, Wei S Y, Zhuang H L L, et al. Hybrid cathode architectures for lithium batteries based on TiS_2 and sulfur [J]. Journal of Materials Chemistry A, 2015, 3(39): 19857-19866.

[139] Yuan Z, Peng H J, Hou T Z, et al. Powering lithium-sulfur battery performance by propelling polysulfide redox at sulfiphilic hosts [J]. Nano Letters, 2016, 16(1): 519-527.

[140] Zhang Y L, Mu Z J, Yang C, et al. Rational design of MXene/1T-2H MoS_2-C nanohybrids for high-performance lithium-sulfur batteries [J]. Advanced Functional Materials, 2018, 28(38): 1707578.

[141] Al Salem H, Chitturi V R, Babu G, et al. Stabilizing polysulfide-shuttle in a Li-S battery using transition metal carbide nanostructures [J]. RSC Advances, 2016, 6(111): 110301-110306.

[142] McRae L M, Radomsky R C, Pawlik J T, et al. Sc_2C, a 2D semiconducting electride [J]. Journal of the American Chemical Society, 2022, 144(24): 10862-10869.

[143] Zhou F, Li Z, Luo X, et al. Low cost metal carbide nanocrystals as binding and electrocatalytic sites for high performance Li-S batteries [J]. Nano Letters, 2018, 18(2): 1035-1043.

[144] Zhang X L, Ni Z W, Bai X X, et al. Hierarchical porous N-doped carbon encapsulated fluorine-free MXene with tunable coordination chemistry by one-pot etching strategy for lithium-sulfur batteries [J]. Advanced Energy Materials, 2023, 13(29): 2301349.

[145] Naguib M, Come J, Dyatkin B, et al. MXene: a promising transition metal carbide anode for lithium-ion batteries [J]. Electrochemistry Communications, 2012, 16(1): 61-64.

[146] Fang M, Han J W, He S Y, et al. Effective screening descriptor for MXenes to enhance sulfur reduction in lithium-sulfur batteries [J]. Journal of the American Chemical Society, 2023, 145(23): 12601-12608.

[147] Liang X, Garsuch A, Nazar L F. Sulfur cathodes based on conductive MXene nanosheets for high-performance lithium-sulfur batteries [J]. Angewandte Chemie-International Edition, 2015, 54(13): 3907-3911.

[148] Tang H, Li W L, Pan L M, et al. In situ formed protective barrier enabled by sulfur@titanium carbide (MXene) ink for achieving high-capacity, long lifetime Li-S batteries [J]. Advanced Science, 2018, 5(9): 1800502.

[149] Pan Y L, Gong L L, Cheng X D, et al. Layer spacing enlarged MoS_2 superstructural nanotubes with further enhanced catalysis and immobilization for Li-S batteries [J]. ACS Nano, 14(5): 5917-5925.

[150] Cui Z M, Zu C X, Zhou W D, et al. Mesoporous titanium nitride-enabled highly stable lithium-sulfur batteries [J]. Adv Mater, 2016, 28(32): 6926.

[151] Deng D R, Xue F, Jia Y J, et al. Co_4N nanosheet assembled mesoporous sphere as a matrix for ultrahigh sulfur content lithium-sulfur batteries [J]. ACS Nano, 2017, 11(6): 6031-6039.

[152] Yuan H D, Chen X L, Zhou G M, et al. Efficient activation of Li_2S by transition metal phosphides nanoparticles for highly stable lithium-sulfur batteries [J]. ACS Energy Letters, 2017, 2(7):1711-1719.

[153] Zheng Z J, Ye H, Guo Z P, et al. Recent progress on pristine metal/covalent-organic frame works and their composites for lithium-sulfur batteries [J]. Energy & Environmental Science, 2021, 14(4): 1835-1853.

[154] Ye Z Q, Jiang Y, Li L, et al. Self-assembly of 0D-2D heterostructure electrocatalyst from MOF and MXene for boosted lithium polysulfide conversion reaction [J]. Advanced Materials, 2021, 33(33): 2101204.

[155] Luo D, Li C J, Zhang Y G, et al. Design of quasi-MOF nanospheres as a dynamic electrocatalyst toward accelerated sulfur reduction reaction for high-performance lithium-sulfur batteries [J]. Advanced Materials, 2022, 34(2): 2105541.

[156] Zhou J W, Li R, Fan X X, et al. Rational design of a metal-organic framework host for sulfur storage in fast, long-cycle Li-S batteries [J]. Energy & Environmental Science, 2014, 7(8): 2715-2724.

[157] Li G C, Li G R, Ye S H, et al. A polyaniline-coated sulfur/carbon composite with an enhanced high-Rate capability as a cathode material for lithium/sulfur Batteries [J]. Advanced Energy Materials, 2(10): 1238-1245.

[158] Xiao L F, Cao Y L, Xiao J, et al. A soft approach to encapsulate sulfur: polyaniline nanotubes for lithium-sulfur batteries with long cycle life [J]. Advanced Materials, 2012, 24(9): 1176-1181.

[159] Zhou W D, Yu Y C, Chen H, et al. Yolk-shell structure of polyaniline-coated sulfur for lithium-sulfur batteries [J]. Journal of American Chemical Society, 2013, 135(44): 16736-16743.

[160] Kanazawa K K, Diaz A F, Gill W D, et al. Polypyrrole: an electrochemically synthesized conducting organic polymer [J]. Synthetic Metals, 1980, 1: 329.

[161] Dong H H, Qi S, Wang L, et al. Conductive polymer coated layered double hydroxide as a novel sulfur reservoir for flexible lithium-sulfur batteries [J]. Small, 2023, 19(30): 2300843.

[162] Wang J, Chen J, Konstantinov K, et al. Sulphur-polypyrrole composite positive electrode materials for rechargeable lithium batteries [J]. Electrochimica Acta, 2006, 51(22): 4634-4638.

[163] Zhang Y G, Zhao Y, Konarov A, et al. One-pot approach to synthesize PPy@S core-shell nanocomposite cathode for Li/S batteries [J]. Journal of Nanoparticle Research, 2013, 15(10): 2007-2014.

[164] Su Y S, Manthiram A. A facile in situ sulfur deposition route to obtain carbon-wrapped sulfur composite cathodes for lithium-sulfur batteries [J]. Electrochimica Acta, 2012, 77: 272-278.

[165] Li L Y, Zhong B H. The design and preparation of the composite with layered spherical structure for Li-S battery [J]. Journal of Solid State Electrochemistry, 2018, 22(2): 591-598.

[166] Chen H W, Dong W L, Ge J, et al. Ultrafine sulfur nanoparticles in conducting polymer shell as cathode materials for high performance lithium/sulfur batteries [J]. Scientific Reports, 2013, 3: 1910.

[167] Su D W, Cortie M, Fan H B, et al. Prussian blue nanocubes with an open framework structure coated with PEDOT as high-capacity cathodes for lithium-sulfur batteries [J]. Advanced Materials, 2017, 29(48): 1700587.

[168] Zhang Q, Huang Q H, Hao S M, et al. Polymers in lithium-sulfur batteries [J]. Advanced Science, 2022, 9(2): 2103798.

[169] Chen X, Zhao C C, Yang K, et al. Conducting polymers meet lithium-sulfur batteries: progress, challenges, and perspectives [J]. Energy & Environmental Science, 2023, 6: 12483.

[170] Li W Y, Zhang Q F, Zheng G Y, et al. Understanding the role of different conductive polymers in improving the nanostructured sulfur cathode performance [J]. Nano Letters, 2013, 13(11): 5534-5540.

[171] Zhang T P, Hu F Y, Shao W L, et al. Sulfur-rich polymers based cathode with epoxy/ally dual-sulfur-fixing mechanism for high stability lithium-sulfur battery [J]. ACS Nano, 2021, 15(9): 15027-15038.

[172] Choudhury S, Srimuk P, Raju K, et al. Carbon onion/sulfur hybrid cathodes via inverse vulcanization for lithium-sulfur batteries [J]. Sustainable Energy & Fuels, 2018, 2(1): 133-146.

[173] Song Z H, Zhang T P, Liu S Y, et al. Sulfur polymerization strategy based on the intrinsic properties of polymers for advanced binder-free and high-sulfur-content Li-S batteries [J]. Susmat, 2023, 3(1):111-127.

[174] Liu Y H, Chang W, Qu J, et al. A polymer organosulfur redox mediator for high-performance lithium-sulfur batteries [J]. Energy Storage Materials, 2022, 46: 313-321.

[175] Sang P F, Chen Q L, Wang D Y, et al. Organosulfur materials for rechargeable batteries: structure, mechanism, and application [J]. Chemical Reviews, 2023, 123(4): 1262-1326.

[176] Chang C H, Manthiram A. Covalently grafted polysulfur-graphene nanocomposites for ultrahigh sulfur-loading [J]. ACS Energy Letters, 2018, 3(1): 72-77.

[177] Hu G J, Sun Z H, Shi C, et al. A sulfur-rich copolymer@CNT hybrid cathode with dual-confinement of polysulfides for high-

performance lithium-sulfur batteries [J]. Advanced Materials, 2017, 29(11): 1603835.

[178] Park J, Kim E T, Kim C, et al. The importance of confined sulfur nanodomains and adjoining electron conductive pathways in subreaction regimes of Li-S batteries [J]. Advanced Energy Materials, 2017, 7(19): 1700074.

[179] Guo W, Wang D Y, Chen Q L, et al. Advances of organosulfur materials for rechargeable metal batteries [J]. Advanced Science, 2022, 9(4): 210398.

[180] Pan Z Y, Brett D J L, He G J, et al. Progress and perspectives of organosulfur for lithium-sulfur batteries [J]. Advanced Energy Materials, 2022, 12(8): 2103483.

[181] Fang R P, Xu J T, Wang D W. Covalent fixing of sulfur in metal-sulfur batteries [J]. Energy & Environmental Science, 2020, 13(2): 432-471.

[182] Zeng S B, Li L G, Xie L H, et al. Graphene-supported highly crosslinked organosulfur nanoparticles as cathode materials for high-rate, long-life lithium-sulfur battery [J]. Carbon, 2017, 122: 106-113.

[183] Xu N, Qian T, Liu X, et al. Greatly suppressed shuttle effect for improved lithium sulfur battery performance through short chain intermediates [J]. Nano Letters, 2017, 17(1): 538-543.

第3章 锂硫电池黏结剂研究现状

黏结剂在锂硫电池正极材料中虽然占据的质量比例微小，却发挥着不可或缺的核心作用[1]。其作用主要体现在以下几个方面：①黏结剂是维持正极结构稳定性的关键要素，尤其在电池充放电循环过程中，活性物质发生显著的体积变化。优质的黏结剂能够有效地吸收和释放这种应力，起到缓冲作用，从而防止正极内部结构因体积膨胀收缩而产生的破裂或粉化现象。②黏结剂具有将活性物质紧密、均匀地结合到导电剂网络中的功能，这极大地增强了正极内部电子的有效传递，对于提升电池的充放电速率以及能量转换效率至关重要。③在实际应用中，黏结剂将碳-硫复合正极材料牢固附着于集流体表面，确保在电池长期运行期间，即使经历反复的机械应力和化学应力，正极层也不至于从集流体上剥离，从而保证了电池的整体机械稳定性和使用寿命。聚偏二氟乙烯（PVDF）是锂硫电池中最常用的非反应性聚合物黏结剂，具有宽电压窗口和较好的黏附性，能将导电剂和活性物质稳定地黏结在集流体上[2-3]。然而，PVDF 分子链间仅能依靠范德瓦耳斯力相互作用，其作用力较弱，导致在循环过程中正极结构稳定性差。尤其是在高硫负载正极中这一问题会被进一步放大，致使电池的循环寿命大幅缩短。PVDF 只溶于昂贵、有毒、易燃的有机溶剂，不仅使材料回收和循环利用成本增加，还会造成环境污染。此外，在锂硫电池体系中，PVDF 黏结剂缺少多硫化物吸附、催化转化、加速 Li^+传输、增强导电性等功能性，限制了硫正极性能的进一步提升[4-6]。

近年来，基于硫正极中黏结剂的重要性及其存在的主要问题，研究人员通过赋予聚合物链段极性官能团、构建三维交联结构、设计超支化聚合物等方式创制了多种增强多硫化物吸附能力和正极结构稳定性的高性能聚合物黏结剂，显著提升了高负载硫正极的电化学性能。同时，也有研究者从调节溶胀率，引入阻燃、氧化还原动力学特性增强官能团以及构筑动态交联网络等角度出发，提升硫正极离子传输效率、阻燃特性、氧化还原动力学特性以及自愈合能力，从而进一步增强高负载硫正极活性物质利用率以及安全性（图 3-1）。本章将从黏附力和机械性能增强型黏结剂，电子、离子电导率提高型黏结剂，多硫化物吸附和催化转化功能型黏结剂以及其它功能性黏结剂四个方面对现有功能性黏结剂进行详细分析。

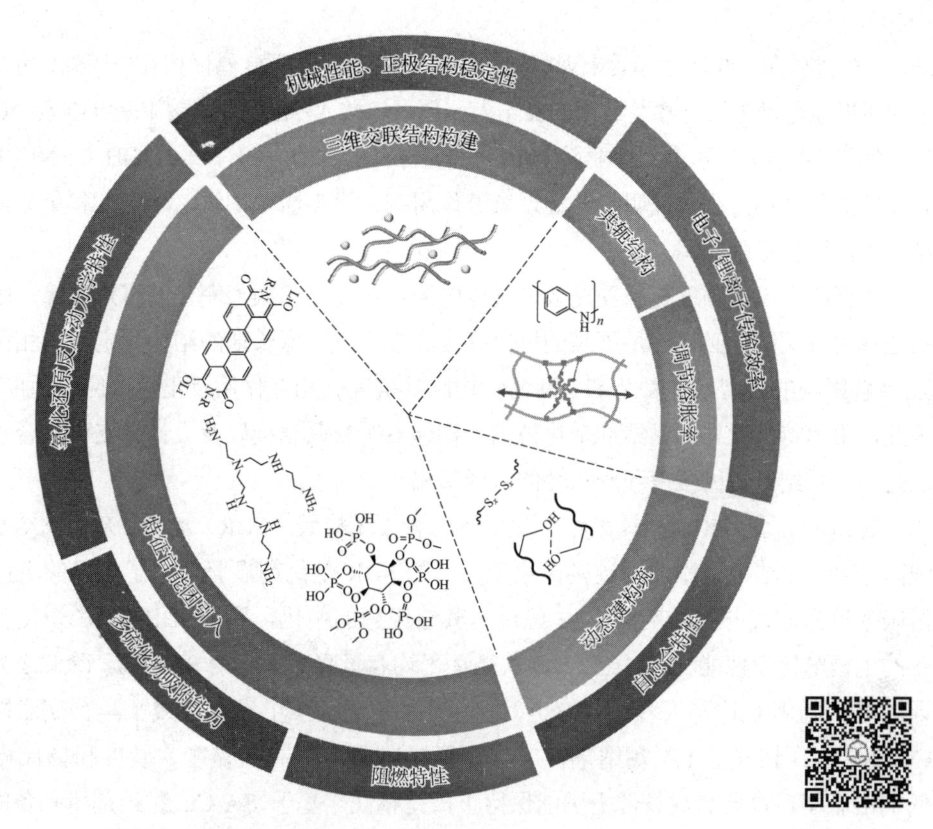

图 3-1　锂硫电池黏结剂的主要功能性及分子结构设计思路

3.1　黏附力和机械性能增强型黏结剂

锂硫电池的活性硫材料在充放电循环过程中经历了明显的体积变化，这会严重破坏正极结构的稳定性和完整性。对于具有高硫负载的实用型锂硫电池，固态活性物质体积变化的负面影响会被进一步放大，同时正极材料从集流体脱落的问题也较为严重。因此，能提供良好的黏附力和机械性能的黏结剂是降低界面电阻，维持正极结构稳定性，防止活性物质从集流体上脱落的关键。黏结剂对活性物质和导电剂的黏合以及将电极材料整体黏结于集流体的黏附作用可以分为两个方面[7]：一是机械嵌合，正极浆料中的黏结剂溶液会分散到各个组分的表面空隙中，在电极干燥硬化后形成黏附框架，从而维持电极的完整性和稳定性；二是界面作用力，静电作用力、分子间作用力（主要指氢键作用和偶极-偶极相互作用）和共价键作用可以进一步提高界面处的结合力。通过在聚合物黏结剂中引入例如—OH、—COOH、—NH_2、—CN 等极性官能团增强界面处分子间作用力，可以有效改善黏结剂的黏结性。张校刚课题组[8]利用含极性—CN 官能团的 LA132 黏结剂制备了高稳定性、低界面电阻的硫正极。LA132 黏结剂的极性—CN 官能团与集流体之间通过偶极-偶极相互作用增强了活性物质与导电剂的界面结合力和正极材料在集流体上的附着力，使得正极界面阻抗相较于 PVDF 明显下降，正极材料在 100 次循环后未观察到活性物质脱落。除偶极-偶极相互作用外，氢键作用也被证明可以显著增强聚合物黏结剂的黏结力。聚丙烯酸（PAA）[9]、羧甲基纤维素（CMC）[10]、聚乙烯醇（PVA）[11]和聚乙烯亚胺（PEI）[12]等含有丰富的—OH、—COOH、$—NH_2$ 以及 C═O 官能团的黏结剂，已被证明能够通过氢键作用有效增强活性物质、导电剂和集流体界面处的结合力，增强黏附作用。

电极的高机械强度是承受充放电过程中活性物质体积剧烈变化的有效保障，因此黏结剂的选择尤为关键，必须满足更高的机械强度要求，以确保长期的结构稳定性。相比于易受溶胀/溶解影响的线型结构黏结剂，网络结构因其链间强相互作用及出色的应变适应性而更优。因此，采用特性互补的黏结剂杂化技术、构建 3D 交联结构以及设计超支化聚合物等优化方法是提升黏结剂机械强度和耐久性的有效策略。

2013 年，张跃钢教授课题组[13]报道了一种丁苯橡胶（SBR）/CMC 杂化黏结剂，通过在线型 CMC 黏结剂中添加少量杨氏模量较低的 SBR 塑化剂显著增强了电极的机械性能，其溶胀率仅为 PVDF 黏结剂的 1/3。经过对其它组分的优化，基于 SBR/CMC 杂化黏结剂所制备的电极电化学性能稳定，经 1500 次循环平均容量衰减率仅为 0.039%。除此之外，张山青课题组[14]利用 Cu^{2+} 与海藻酸钠（SA）之间的离子交联作用设计合成了具有交联网络的 SA-Cu 黏结剂。相较于 SA 黏结剂，SA-Cu 黏结剂具有更高的黏度、硬度和杨氏模量以及更低的溶胀率，高硫负载条件下仍能保持正极完整性。基于 SA-Cu 黏结剂所制备的硫正极在 $8.05mg \cdot cm^{-2}$ 高硫负载条件下，面容量可达 $9.5mA \cdot h \cdot cm^{-2}$。

邓永红教授课题组[15]利用大豆分离蛋白（SPI）和聚丙烯酰胺（PAM）制备了具有共价键和可逆氢键双交联结构的三维聚合物网络黏结剂（SPI-PAM）。得益于其双交联网络结构，基于 SPI-PAM 黏结剂所制备电极的附着力达到了 PVDF 所制备电极的 20 倍，硬度为 PVDF 所制备电极的 124%，且具有更低的弹性模量（更好的柔韧性）。基于 SPI-PAM 黏结剂所制备的硫正极在 $2.3mg \cdot cm^{-2}$ 硫负载条件下，初始比容量可达 $1258.9mA \cdot h \cdot g^{-1}$，且在 0.5C 电流密度下经 200 次循环后平均容量衰减率仅为 0.011%（远低于相同条件下 PVDF 黏结剂所制备的电极）。

3.2 电子、离子电导率提高型黏结剂

锂硫电池的充放电过程是一种典型的电化学转化过程，涵盖一系列的电子和离子传导。在此过程中，由于单质硫及其放电产物 Li_2S_2/Li_2S 均为离子和电子绝缘体，使得正极中的活性物质在充放电过程中无法完全转化，导致电极整体活性物质的利用受限。此外，缓慢的离子迁移速度会加剧极化现象，致使电池倍率性能降低。基于上述问题，引入具备提高电子、离子电导率等功能的黏结剂是硫正极优化策略之一，这有助于在高载硫量和高倍率条件下改善锂硫电池的整体电化学性能[16]。

目前，在锂硫电池中广泛使用的黏结剂主要是非导电聚合物黏结剂。然而，此类聚合物

黏结剂的电绝缘特性会导致电极内阻增加以及氧化还原反应动力学过程减缓。为了改善这一状况，导电黏结剂的应用受到了深入的探索和研究。导电黏结剂不仅可以增强硫正极中的导电网络，提高电子传输效率，同时还能维持正极结构的完整性，降低活性物质损耗。将导电聚合物或其它电子导电性优异的材料引入到黏结剂体系中是设计合成导电黏结剂的主要策略[17-21]。根据导电聚合物的设计机理，向聚合物主链引入共轭链段可以有效提高聚合物分子的导电性能。然而，对于常见的导电聚合物，如聚苯胺（PANI）、聚吡咯（PPy）、聚（3,4-乙烯二氧噻吩）与聚苯乙烯磺酸盐复合物（PEDOT：PSS）等，其分子中大量的刚性共轭结构导致聚合物的柔性变差、黏结性能下降，单独使用时难以维持充放电过程中正极结构的稳定性[22]。因此，混合柔性聚合物或与柔性链段共聚是一种有效的设计思路。张校刚教授[17]设计了一种PAA/PEDOT：PSS复合黏结剂，其中PAA的引入改善了电极的机械性能，有利于维持正极结构稳定性，而PEDOT：PSS则有效提高了电极的电子电导率和对多硫化物的吸附能力，二者协同作用提升了硫正极的电化学性能。苏州大学晏成林教授[18]利用两端带有吡咯单体的4,4-联苯二磺酸（Sul-Py）在机械性能优异的CMC聚合物表面进行原位聚合，制备了一种多功能双链聚合物网络（DCP）黏结剂。Sul-Py聚合形成的导电交联网络（Sul-PPy）提高了CMC黏结剂的电子电导率，使得基于DCP黏结剂所制备的S@DCP正极的电子电导率提升至S@CMC正极的两倍。此外，Sul-PPy上的大量磺酸盐基团在有效促进Li^+传输的同时还能锚定多硫化物，抑制其穿梭。基于以上优势，S@DCP正极在0.1C和2C电流密度下分别表现出了1326.9mA·h·g^{-1}和701.4mA·h·g^{-1}的放电比容量，在1.5C电流密度下的400次循环中平均容量衰减率仅为0.058%，表现出了优异的倍率性能和循环性能。即使在9.8mg·cm^{-2}的高硫负载条件下，其仍具备9.2mA·h·cm^{-2}的高面容量和良好的循环性能。北京大学潘峰教授课题组[19]报道了一种聚芴类交联型导电黏结剂（C-PF）。C-PF的共轭分子结构使其电子电导率达到0.055S·cm^{-1}，远高于传统PVDF黏结剂（1.0×10^{-10}S·cm^{-1}）。C-PF黏结剂能够将宏观电子导电网络（导电剂）与硫正极紧密连接，在硫正极表面构建起局域性导电网络，从而提高电子传输效率。C-PF的交联结构和侧链上的极性基团显著增强了电极的机械性能和对多硫化物的锚定能力，因此基于C-PF黏结剂的电极表现出优异的循环性能。除导电聚合物外，将氧化石墨烯、碳纳米管等无机导电材料引入到黏结剂体系中，也是一种提高正极体系的电子传输效率、改善电化学性能的有效途径[20-21]。

Li^+传输效率的提升可以基于以下两种策略：

① 提高黏结剂离子电导性。通过引入电负性基团如磺酸根，并利用电负性位点与Li^+的静电相互作用实现对离子传导的有效增强[23-24]。Deng等人[23]采用乳液聚合法制备了一种核壳结构聚电解质黏结剂（PEB），其内核柔性的无规三元共聚物与电解液良好的相容性有利于对电解液的浸润和Li^+的传输，而外壳的苯磺酸钠则具有优异的Li^+解离能力，能进一步促进Li^+传导。PEB黏结剂优异的Li^+传输能力显著增强了硫正极的氧化还原反应动力学特性并提高了活性物质利用率，使得基于PEB黏结剂所制备的电极具有1600mA·h·g^{-1}的超高放电比容量。除磺酸根外，聚环氧乙烷（PEO）链段或其它富氧聚合物链段也可以通过与Li^+反复的配位和解离实现辅助Li^+传输的作用[25-26]。

② 调节硫正极对电解液的吸收能力。适度提高黏结剂的溶胀性可以增强硫正极对电解液的吸收，拓宽电解液与活性物质接触面积，降低Li^+迁移阻力，从而提高Li^+在正极中的传输效率[27]。但过度溶胀则导致正极结构稳定性明显下降，需要对黏结剂的溶胀率进行合理设计，在提升传输效率的同时维持正极结构稳定性。中山大学陈旭东教授课题组[28]利用单宁酸（TA）与PEO 聚合物之间的物理交联作用，对 PEO 溶胀率进行了有效调节，制备了一种三维交联TA/PEO 复合物黏结剂。PEO 聚合物本身的高溶胀率使其单独作为黏结剂时难以保持正极结构的稳定性，而引入 TA 单体带来的物理交联作用可以有效调节 PEO 聚合物溶胀率，使其在保留出色Li^+传输效率的同时提升正极结构稳定性。聚合物黏结剂对电极结构的构建有显著的影响。

基于三维交联结构黏结剂所制备的硫正极通常展现出三维多孔结构，尤其是在使用水系黏结剂时，随着溶剂的快速蒸发，硫正极的三维多孔结构进一步形成，有利于电解液的浸润和Li^+的快速转移。麦立强教授等人[29]通过明胶（GN）与硼酸（BA）之间的共价交联以及复合体系中的氢键交联作用，制备了一种水溶性功能黏结剂（GN-BA），并应用于锂硫电池正极。GN-BA 黏结剂具有优异的机械性能和对多硫化物的锚定能力，能在确保硫正极结构稳定性的同时通过化学吸附作用锚定多硫化物，从而有效提升电池的循环稳定性。此外，基于三维交联 GN-BA 黏结剂制备的硫正极表现出松散堆叠的多孔结构，能有效降低Li^+在正极中的扩散阻力。得益于这些优势，基于 GN-BA 黏结剂所制备的电极在 $5mg \cdot cm^{-2}$ 的高硫负载条件下的面容量为 $5.7mA \cdot h \cdot cm^{-2}$，超过现有大多数商业化锂离子电池的面容量（$4mA \cdot h \cdot cm^{-2}$），并且具有良好的循环稳定性。

3.3 多硫化物吸附和催化转化功能型黏结剂

在锂硫电池的放电过程中，多硫化物中间体的溶解和穿梭带来的活性物质不可逆损耗是造成电池容量衰减、库仑效率降低、循环寿命缩短和 Li 金属负极腐蚀的主要原因。尽管合理的正极结构设计，如物理方式限域、化学基团吸附等可以在一定程度上缓解穿梭效应，但利用聚合物黏结剂锚定多硫化物也是抑制穿梭效应不容忽视的重要手段。鉴于极性基团与可溶性多硫化物之间较强的相互作用，设计具有吸电子极性基团的聚合物黏结剂是缓解活性物质穿梭效应的有效方式。2013 年，崔屹教授课题组[30]通过第一性原理计算深入探究并阐明了硫化物与聚合物黏结剂表面不同官能团之间的相互作用强度。如图 3-2（a）所示，含 N、O 异质原子的官能团与硫化物之间表现出较强的结合，其中酯基、酮基、酰氨基和亚胺官能团与硫化物的结合能分别达到 1.10eV、0.96eV、0.95eV 和 0.88eV，均明显高于 PVDF 黏结剂中氟与硫化物的结合能（0.40eV）。作者针对这一理论计算结果进行实验验证，分别选用聚乙烯吡咯烷酮（PVP，含羰基聚合物）和 PVDF 作为黏结剂制备了电极，并对比了两种电池的电化学性能。测试结果显示，基于 PVP 黏结剂所制备的硫正极表现出更高的初始比容量和更为稳定的循环性能。晏成林教授[31]利用聚乙二醇二缩水甘油醚（PEGDGE）与 PEI 共价交联，制备了一种能有效吸附多硫化物的超支化黏结剂（PPA）。PPA黏结剂具有优异的黏结性能和丰富的极性官能团（氨基、酰氨基以及羟基等），相比传统的聚合物黏结剂能够有效保证电极在长期循环和高倍率情况下的结构完整性和循环稳定性［图3-2（b）～图3-2（d）］。实验数据显示，基于PPA黏结剂所制备的电极在1.5C电流密度下的400次循环中容量保持率可以达到72%。此外，作者还结合DFT计算和原位拉曼光谱分析，进一步证明了PPA黏结剂在抑制穿梭效应和改善硫正极电化学性能方面的重要意义。

$-(CH_2-CHR)_n-$	官能团类型	与Li_2S的结合能/eV
—R= —C(=O)—O—CH_3	酯基	1.10
—C(=O)—CH_3	酮羰基	0.96
—C(=O)—NH_2	酰氨基	0.95
—CH=NH	亚胺基	0.88
—O—CH_3	醚基	0.71
—C≡N	氰基	0.60
—F	氟基	0.40
—Cl	氯基	0.26
—Br	溴基	0.23
—CH_3	甲基	0.23

(a)

初始状态　首圈Li^+嵌入　体积膨胀　多次循环　多硫化物溶解

(b) 传统PVDF黏结剂

多功能黏结剂　Li^+析出　Li^+嵌入

(c) PPA黏结剂

(d) PPA的还原结构

碳　硫　多硫化物　非功能性黏结剂　极性黏结剂

图3-2　（a）乙烯基聚合物中的各种官能团与硫化物的结合能[30]；（b）传统PVDF黏结剂的工作机理；（c）极性PPA黏结剂的工作机理[31]；（d）PPA聚合物黏结剂的化学结构[31]

聚合物结构中的带电离子可以通过静电耦合相互作用锚定多硫化物，能够更为有效地抑制穿梭效应，提高电池循环稳定性。北京理工大学吴川教授[32]通过 CH_3I 与 PEI 之间的亲核取代反应制备了一种带有季铵（NR_4^+）阳离子的超支化 PEI（MPEII），季铵阳离子的引入显著增强了黏结剂对多硫化物的锚定能力。根据理论计算结果，MPEII 黏结剂与多硫化物的结合能为 1.89eV，远高于原始 PEI 与多硫化物 0.89eV 的结合能，能够有效限制多硫化物的穿梭，减少循环过程中的容量损失。基于 MPEII 黏结剂所制备的硫正极自放电率极低，并且在 6.5mg・cm^{-2} 的高硫负载条件下具有 6.48mA・h・cm^{-2} 的放电容量。除 MPEII 外，其它带有 NR_4^+ 阳离子的黏结剂，如二甲基二烯丙基氯化铵丙烯酰胺共聚物（AMAC）[33]、季铵阳离子淀粉（c-QACS）[34]、季铵阳离子环糊精（β-CDp-N^+）[35]、聚二烯丙基二甲基铵三氟甲磺酸（PDAT）[36]等，也都表现出了强大的多硫化物锚定能力，能够有效提高电池的循环稳定性。南京大学傅家俊教授课题组[37]提出了一种兼具亲锂性和亲硫性的高度支化两性离子聚合物黏结剂（ZIP），该黏结剂能够通过静电耦合作用同时与多硫化物中的 Li^+ 和 S_n^{2-} 离子产生强相互作用，以此实现对多硫化物锚定作用与转化能力的有效调节。为验证 ZIP 黏结剂和多硫化物之间的强相互作用，紫外光谱和 X 射线光电子能谱（XPS）测试被用于证实这种强相互作用的存在。基于 ZIP 黏结剂所装配的软包电池即使在 8.5mg・cm^{-2} 的高硫负载条件下仍能表现出 7.1mA・h・cm^{-2} 的高面容量和优异的循环稳定性能（经 50 次循环容量保持率达到 93%）。优异的电化学性能证明了此类两性离子聚合物黏结剂在高硫载量锂硫电池领域的巨大应用潜力。

在充放电循环过程中，电化学反应涉及的液相-固相转化、固相-固相转化等氧化还原动力学过程较为缓慢，这会造成可溶性长链多硫化物在电解液中的积累和不溶性 Li_2S 的不均匀沉积，使多硫化物穿梭效应加剧、活性物质持续损耗，并最终导致电池放电容量、库仑效率下降和循环寿命缩短。为了增强多硫化物转化过程的氧化还原动力学，Helms 等人[38]将 π-π 堆积的苝二酰亚胺（PBI）超分子聚合物黏结剂与 PVDF 杂化制备了具有催化转化功能的 PBI/PVDF 杂化黏结剂［图 3-3（a）］。利用 PBI 材料在充放电过程中的还原电势高于 Li_2S 沉积的还原电势，同时氧化电势低于 Li_2S 解离的氧化电势的电化学特性，这种黏结剂可以有效促进固-液转化，使得基于 PBI/PVDF 杂化黏结剂电池的极化电压明显低于传统 PVDF 黏结剂。此外，氧化还原动力学的提升显著改善了电池的倍率性能和循环稳定性能。本课题组[39]通过天然高分子壳聚糖与氨基酸衍生物 *N*-乙酰-L-半胱氨酸的酰胺化反应，构建了一种具有丰富酰氨基-巯基-酰氨基结构的生物基黏结剂（NACCTS）。如图 3-3（b）所示，NACCTS 黏结剂能够在电化学反应过程中利用酰氨基锚固多硫化物并利用巯基基团加速其氧化还原反应，从而有效提高锂硫电池中多硫化物的氧化还原反应速率。相较于基于 PVDF 黏结剂的电极，NACCTS 黏结剂制备的正极在 0.2C 电流密度下的初始放电比容量达到 1260.1mA・h・g^{-1}，并且在 2C 电流密度下的 400 次循环中每圈的容量衰减仅为 0.018%。兰亚乾课题组[40]通过 PVDF、1,3,5-三甲酰基间苯三酚（TP）和 1,5-二氨基-4,8-二羟基蒽醌（OH-AAn）的原位自组装，构建了一种中空管状黏结剂添加剂

（POAC）。POAC 作为黏结剂添加剂不仅能锚定多硫化物，还能有效促进多硫化物的转化，降低还原过程中各步反应的吉布斯自由能变化。基于 POAC/PVDF 黏结剂的电极在 0.1C 电流密度下的初始容量可以达到 1292.5mA・h・g^{-1}，且相较于原始 PVDF 电极具有更为优异的循环性能和倍率性能。

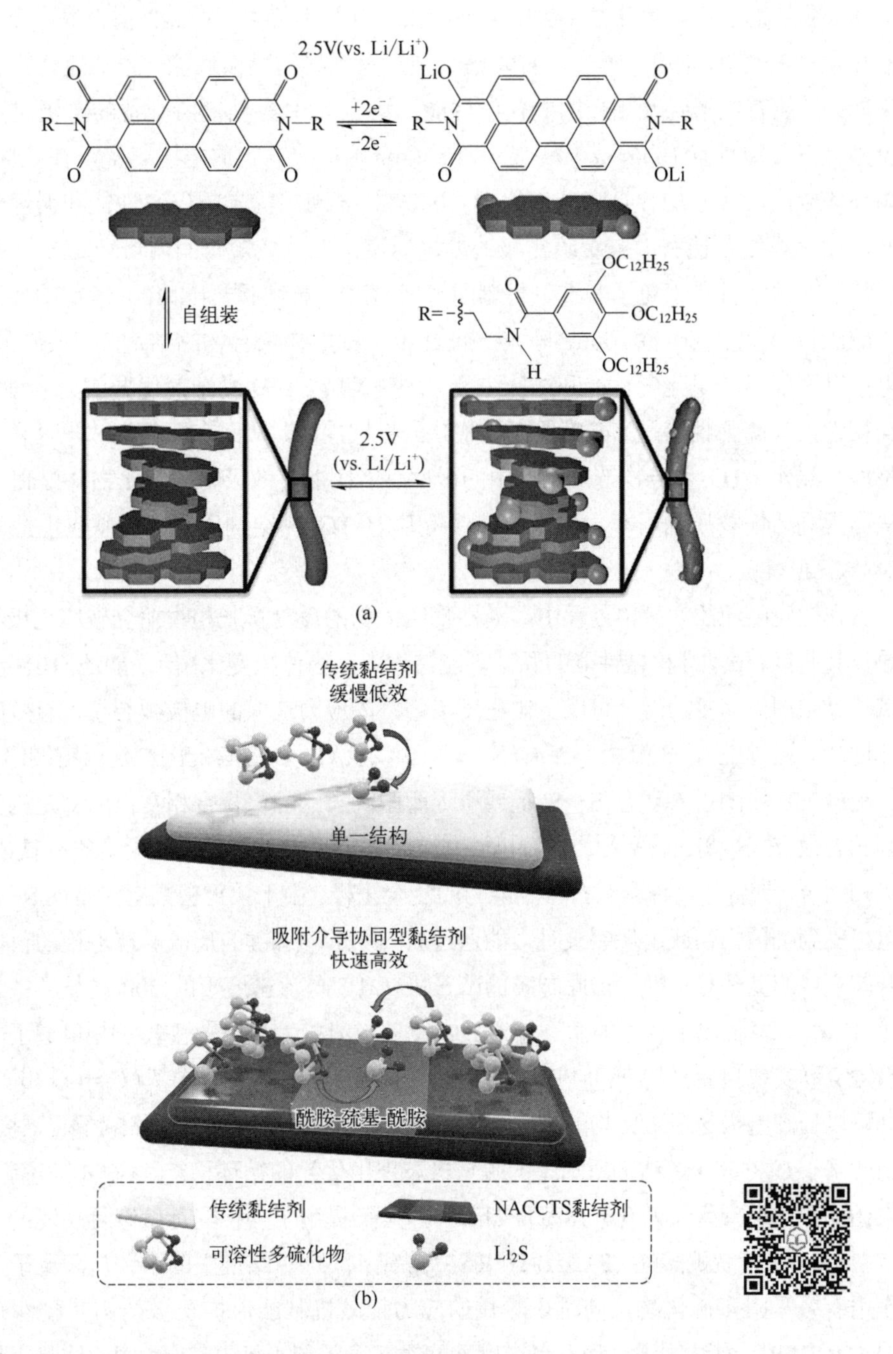

图 3-3　（a）PBI 黏结剂的堆叠和介导加速氧化还原过程的示意图[38]；
（b）NACCTS 黏结剂改善锂硫电池氧化还原动力学的示意图及与传统黏结剂的对比[39]

3.4 其它功能性黏结剂

除上述功能外，基于安全性、环保性等性能需求，具有阻燃、自修复和可回收等特性的多功能黏结剂也相继被开发和应用。崔屹课题组[41]制备了一种高性能、高安全性的无机聚磷酸铵（APP）黏结剂。一方面，APP 黏结剂具有优异的机械性能、强多硫化物吸附和催化转化能力，能有效增强硫正极的电化学性能。基于 APP 黏结剂所制备的电极在 0.2C 和 4C 电流密度下分别具有 1035mA・h・g^{-1} 和 520mA・h・g^{-1} 的放电比容量，在 0.5C 电流密度下循环 400 次后其平均容量衰减率仅为 0.038%，表现出优异的倍率性能和循环性能。另一方面，APP 黏结剂能有效减缓硫正极的燃烧速度，并在较短时间内自熄。APP 的这种本征阻燃特性和水溶性［避免了有毒、易燃的 *N*-甲基-2-吡咯烷酮（NMP）溶剂的使用］大幅提高了硫正极的使用安全性。Jung 等人[42]设计了一种生物聚合物黏结剂（黄芪胶），可以使锂硫电池具有优异的电化学性能和防火安全性。黄芪胶（TG）黏结剂优异的力学性能（高黏度、高韧性以及高弹性模量）能确保正极整体的机械性能，从而在反复充放电过程中维持正极完整性。此外，TG 聚合物链段结构中的极性官能团能有效吸附多硫化物并提高 Li^+ 传输效率，从而提高活性物质利用率。这些特性使得基于 TG 黏结剂所制备的软包电池能量密度达到 243W・h・kg^{-1}。

在锂硫电池的充放电过程中，活性物质体积的反复膨胀和收缩会破坏正极结构的完整性，导致其脱落。虽然高机械性能的黏结剂能够约束正极体积变化，但不能还原电极结构。因此，赋予黏结剂自修复功能，可以一定程度上修补内应力造成的电极微裂纹，有效改善电池的循环性能。通过引入—OH、—COOH、—NH_2 以及 C═O 等官能团构建氢键网络，利用—SH、二硫键等官能团引入动态 S—S 键或引入阴阳离子的静电耦合相互作用都是构建自修复黏结剂的有效方式。Yuan 等人[43]将有机硫黏结剂（PSPEG）和有机硫聚合物接枝的碳-硫复合正极相结合，制备了一种具有自修复能力的复合正极。由于该正极具有大量的 S—S 动态键，当电极受到机械损伤或出现裂纹时，能通过新 S—S 动态键的形成实现电极的自修复，从而提升硫正极的循环稳定性。由此制备的硫正极在 1C 电流密度下的 300 次循环中容量保持率可达 85.6%，表现出了良好的循环稳定性。此外，清华大学周光敏教授[44]报道了一种可以通过氢键交联实现自修复的 PVP-PEI 黏结剂。PVP-PEI 黏结剂中的羰基（C═O）和氨基（—NH_2）既可以提高电极对多硫化物的吸附能力，还能通过形成动态氢键网络赋予硫正极自修复能力，因此基于 PVP-PEI 黏结剂所制备的硫正极表现出优异的循环稳定性（在 1C 电流密度下经 450 次循环平均衰减率仅为 0.0718%）。Zhang 等人[45]提出了一种具有自修复功能的水溶性聚丙烯酸-阳离子聚轮烷硼酸酯（PAA-B-HPRN$^+$）黏结剂。该黏结剂中的季铵盐阳离子可以通过静电作用有效吸附多硫化物，同时聚轮烷的应力耗散机制能保护正极结构完整性，更重要的是 PAA-B-HPRN$^+$ 黏结剂通过动态可逆硼酸酯键赋予了硫正极自修复功能，这些优势显著改善了电池的循环性能。

在电池达到使用寿命后，通过简单、高效、绿色环保的方法将电极材料可二次利用的组分回收，是实现降低成本和减少废旧电池对环境污染的有效途径[46-47]。Liu 等人[46]通过 PAA 和 PEI 之间的离子相互作用制备了可回收的离子交联黏结剂（DICP），并将其用于制备硫正极。DICP 中氨基和羧基之间的离子相互作用对 pH 值较为敏感，离子交联后的 DICP 聚合物黏结剂能在碱性水溶液中迅速溶解。基于这一特性，拆卸后硫正极可以在碱性水溶液中迅速从集流体上脱离并分散，再经过简单的过滤和水洗后，即可获得能够再次使用的碳-硫复合正极。回收的正极材料仍表现出高放电容量和优异的循环稳定性能，这充分证明了此类可回收黏结剂的应用潜力。

黏结剂在实现良好的电化学性能方面起着重要的作用。通过对黏结剂的结构进行化学改性或交联结构构筑，其在缓解多硫化物穿梭效应、促进电化学转化反应、加速 Li^+ 传输以及阻燃等多个方面已经取得了很好的效果，为高容量、长寿命和高倍率性能锂硫电池的构筑提供了一种新的研究思路。

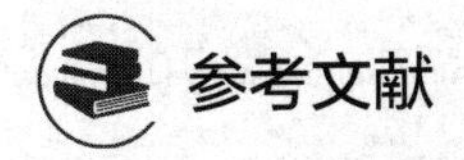

参考文献

[1] Song Z H, Jiang W Y, Li B R, et al. Advanced polymers in cathodes and electrolytes for lithium-sulfur batteries: progress and prospects [J]. Small, 2024: 2308550.

[2] Marino C, Debenedetti A, Fraisse B, et al. Activated-phosphorus as new electrode material for Li-ion batteries [J]. Electrochemistry Communications, 2011, 13(4): 346-349.

[3] Qi Q , Lv X H , Lv W, et al. Multifunctional binder designs for lithium-sulfur batteries [J]. Journal of Energy Chemistry, 2019, 39: 88-100.

[4] Guo Q Y, Zheng Z J, Guo Q Y, et al. Rational design of binders for stable Li-S and Na-S batteries [J]. Advanced Functional Materials, 2019, 30(6): 1907931.

[5] Liu J, Galpaya D G D, Yan L J, et al. Exploiting a robust biopolymer network binder for an ultrahigh-areal-capacity Li-S battery [J]. Energy & Environmental Science, 2017, 10(3): 750-755.

[6] 张梓鑫, 曹永安, 郝晓倩, 等. 锂硫电池粘结剂研究现状及展望 [J]. 能源研究与利用, 2020 (04): 18-24.

[7] Hencz L, Chen H, Ling H Y, et al. Housing sulfur in polymer composite frameworks for Li-S batteries [J]. Nano-Micro Letters, 2019, 11(1): 17.

[8] Pan J, Xu G Y, Ding B, et al. Enhanced electrochemical performance of sulfur cathodes with a water-soluble binder [J]. RSC Advances, 2015, 5(18): 13709-13714.

[9] Zhang Z A, Bao W Z, Lu H, et al. Water-soluble polyacrylic acid as a binder for sulfur cathode in lithium-sulfur battery [J]. ECS Electrochemistry Letters, 2012, 1(2): A34-A37.

[10] He M, Yuan L X, Zhang W X, et al. Enhanced cyclability for sulfur cathode achieved by a water-soluble binder [J]. Journal of Physical Chemistry C, 2011, 115(31): 15703-15709.

[11] Kim N I, Lee C B, Seo J M, et al. Correlation between positive-electrode morphology and sulfur utilization in lithium-sulfur battery [J]. Journal of Power Sources, 2004, 132(1-2): 209-212.

[12] Jung Y J, Kim S. New approaches to improve cycle life characteristics of lithium-sulfur cells [J]. Electrochemistry Communications, 2007, 9(2): 249-254.

[13] Song M K, Zhang Y G, Cairns E J. A long-life, high-rate lithium/sulfur cell: a multifaceted approach to enhancing cell performance [J]. Nano Letters, 2013, 13(12): 5891-5899.

[14] Liu J, Sun M H, Zhang Q, et al. A robust network binder with dual functions of Cu^{2+} ions as ionic crosslinking and chemical binding agents for highly stable Li-S batteries [J]. Journal of Materials Chemistry A, 2018, 6(17): 7382-7388.

[15] Wang H, Wang Y Y, Zheng P T, et al. Self-healing double-cross-linked supramolecular binders of a polyacrylamide-grafted soy protein isolate for Li-S batteries [J]. ACS Sustainable Chemistry & Engineering, 2020, 8(34): 12799-12808.

[16] Liu J, Zhang Q, Sun Y K. Recent progress of advanced binders for Li-S batteries [J]. Journal of Power Sources, 2018, 396: 19-32.

[17] Pan J, Xu G Y, Ding B, et al. PAA/PEDOT:PSS as a multifunctional, water-soluble binder to improve the capacity and stability of lithium-sulfur batteries [J]. RSC Advances, 2016, 6 (47): 40650-40655.

[18] Liu X J, Qian T, Liu J, et al. Greatly improved conductivity of double-chain polymer network binder for high sulfur loading lithium-sulfur batteries with a low electrolyte/sulfur ratio [J]. Small, 2018, 14(33): 1801536.

[19] Chen S M, Song Z B, Ji Y C, et al. Suppressing polysulfide shuttling in lithium-sulfur batteries via a multifunctional conductive binder[J]. Small Methods, 2021, 5(10): 2100839.

[20] Qiao X, Wang C Z, Zang J, et al. Conductive inks composed of multicomponent carbon nanomaterials and hydrophilic polymer binders for high-energy-density lithium-sulfur batteries [J]. Energy Storage Materials, 2022, 49: 236-245.

[21] Xu G Y, Yan Q B, Kushima A, et al. Conductive graphene oxide-polyacrylic acid (GOPAA) binder for lithium-sulfur battery [J]. Nano Energy, 2017, 31: 568-574.

[22] Yuan H, Huang J Q, Peng H J, et al. A review of functional binders in lithium-sulfur batteries [J]. Advanced Energy Materials, 2018, 8(31): 1802107.

[23] Yang Z X, Li R G, Deng Z H, et al. Polyelectrolyte binder for sulfur cathode to improve the cycle performance and discharge property of lithium-sulfur battery[J]. ACS Applied Materials & Interfaces, 2018, 10(16): 13519-13527.

[24] Schneider H, Garsuch A, Panchenko A, et al. Influence of different electrode compositions and binder materials on the performance of lithium-sulfur batteries [J]. Journal of Power Sources, 2012, 205: 402-425.

[25] Nakazawa T, Ikoma A, Kido R, et al. Effects of compatibility of polymer binders with solvate ionic liquid electrolytes on discharge and charge reactions of lithium-sulfur batteries [J]. Journal of Power Sources, 2016, 307: 746-752.

[26] Fu X W, Scudiero L, Zhong W H, et al. A robust and ion-conductive protein-based binder enabling strong polysulfide anchoring for high-energy lithium-sulfur batteries [J]. Journal of Materials Chemistry A, 2019, 7(4): 1835-1848.

[27] Chen J Z, Henderson W A, Pan H L, et al. Improving lithium-sulfur battery performance under lean electrolyte through nanoscale confinement in soft swellable gels [J]. Nano Letters, 2017, 17(5): 3061-3067.

[28] Zhang H, Hu X H, Zhang Y, et al. 3D-crosslinked tannic acid/poly(ethylene oxide) complex as a three-in-one multifunctional binder for high-sulfur-loading and high-stability cathodes in lithium-sulfur batteries [J]. Energy Storage Materials, 2019, 17: 293-299.

[29] Sun R M, Hu J, Shi X X, et al. Water-soluble cross-linking functional binder for low-cost and high-performance lithium-sulfur batteries [J]. Advanced Functional Materials, 2021, 31(42): 2104858.

[30] Seh Z W, Zhang Q F, Li W Y, et al. Stable cycling of lithium sulfide cathodes through strong affinity with a bifunctional binder [J]. Chemical Science, 2013, 4(9): 3673-3677.

[31] Chen W, Lei T Y, Qian T, et al. A new hydrophilic binder enabling strongly anchoring polysulfides for high-performance sulfur electrodes in lithium-sulfur battery [J]. Advanced Energy Materials, 2018, 8(12): 1702889.

[32] Wang H L, Ling M, Bai Y, et al. Cationic polymer binder inhibit shuttle effects through electrostatic confinement in lithium sulfur batteries

[J]. Journal of Materials Chemistry A, 2018, 6(16): 6959-6966.

[33] Zhang S S. Binder based on polyelectrolyte for high-capacity density lithium/sulfur battery [J]. Journal of the Electrochemical Society, 2012, 159(8): A1226-A1229.

[34] Yang Y J, Qiu J C, Cai L, et al. Water-soluble trifunctional binder for sulfur cathodes for lithium-sulfur battery [J]. ACS Applied Materials & Interfaces, 2021, 13(28): 33066-33074.

[35] Zeng F L, Wang W K, Wang A B, et al. Multidimensional polycation β-cyclodextrin polymer as an effective aqueous binder for high sulfur loading cathode in lithium-sulfur batteries [J]. ACS Applied Materials & Interfaces, 2015, 7(47): 26257-26265.

[36] Su H P, Fu C Y, Zhao Y F, et al. Polycation binders: An effective approach toward lithium polysulfide sequestration in Li-S batteries [J]. ACS Energy Letters, 2017, 2(17): 2591-2597.

[37] Wang C, Chen P, Wang Y A, et al. Synergistic cation-anion regulation of polysulfides by zwitterionic polymer binder for lithium-sulfur batteries [J]. Advanced Functional Materials, 2022, 32(34): 2204451.

[38] Frischmann P D, Hwa Y, Cairns E J, et al. Redox-active supramolecular polymer binders for lithium-sulfur batteries that adapt their transport properties in operando [J]. Chemistry of Materials, 2016, 28(20): 7414-7421.

[39] Jiang W Y, Zhang T P, Mao R Y, et al. An all-biomaterials-based aqueous binder based on adsorption redox-mediated synergism for advanced lithium–sulfur batteries [J]. eScience, 2023: 100203.

[40] Guo C, Liu M, Gao G K, et al. Anthraquinone covalent organic framework hollow tubes as binder microadditives in Li-S batteries [J]. Angewandte Chemie International Edition, 2022, 61(3): e202113315.

[41] Zhou G M, Liu K, Fan Y C, et al. An aqueous inorganic polymer binder for high performance lithium-sulfur batteries with flame-retardant properties [J]. ACS Central Science, 2018, 4(2): 260-267.

[42] Senthil C, Kim S S, Jung H Y. Flame retardant high-power Li-S flexible batteries enabled by bio-macromolecular binder integrating conformal fractions [J]. Nature Communications, 2022, 13(1): 145.

[43] Zeng F L, Zhou X Y, Li N, et al. A multifunctional zipper-like sulfur electrode enables the stable operation of lithium-sulfur battery through self-healing chemistry [J]. Energy Storage Materials, 2021, 34: 755-767.

[44] Gao R H, Zhang Q, Zhao Y, et al. Regulating polysulfide redox kinetics on a self-healing electrode for high-performance flexible lithium-sulfur batteries [J]. Advanced Functional Materials, 2022, 32(15): 2110313.

[45] Xie Z H, Huang Z X, Zhang Z P, et al. Imparting pulley effect and self-healability to cathode binder of Li-S battery for improvement of the cycling stability [J]. Chinese Journal of Polymer Science, 2022, 41(1): 95-107.

[46] Liu Z M, He X, Fang C, et al. Reversible crosslinked polymer binder for recyclable lithium sulfur batteries with high performance [J]. Advanced Functional Materials, 2020, 30(36): 2003605.

[47] Wang H, Zhang G Z, Chen Y K, et al. Reversible cross-linked phosphorylate binder for recyclable lithium-sulfur batteries [J]. Chemical Engineering Journal, 2022, 452(1): 139128.

第4章 锂硫电池表征方法

4.1 电池组装及电化学性能测试

4.1.1 电池组装及拆解

本书材料研究过程中所使用的电池为2032型纽扣电池。如图4-1所示，扣式电池主要由以下几个部分组成，分别是负极壳、负极、隔膜、正极和正极壳。在扣式电池的组装过程中，按照自下而上的顺序首先将正极壳置于平面上，并于正极壳的中心放置圆形正极极片，随后注入适量电解液（电解液用量根据活性物质进行定量配比）。待电解液浸润正极后，盖上隔膜并在对应位置放置负极极片（一般为金属锂片），然后扣上负极壳（一般情况下还会加入垫片和弹片起固定作用），最后用液压封口机进行密封。以上所有过程均在手套箱中进行，电池在静置24h后进行相关电化学性能测试及分析。本书材料研究过程中所涉及的电极活性物质、电极各部分之间的比例以及准确的活性物质面负载量会在后续实验和讨论部分具体给出。如果不加特别说明，本书使用的电解液为含有1.0mol·L^{-1}全氟甲基磺酰亚胺锂（LiTFSI）和1%或2%质量分数硝酸锂的乙二醇二甲醚（DME）与1,3-二氧戊烷（DOL）的等体积比混合液，使用的隔膜为聚丙烯（PP）隔膜。

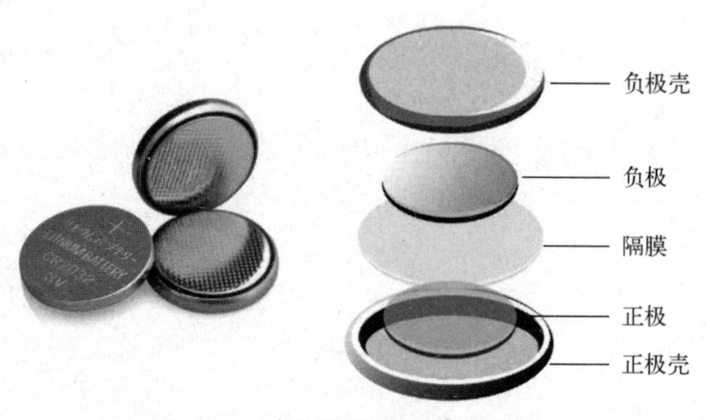

图4-1　扣式电池组装顺序及结构

为了研究电池在充放电循环之后的电极形貌及其中电极与电解液的成分，需要在充满氩气的手套箱中对电池进行拆解。首先通过电池拆解装置打开密封的电池壳并分离负极、隔膜与正极，随后将待分析的电极浸泡在 DME 中一段时间，从而去除附着的电解液和锂盐等杂质，然后将电极取出并干燥处理后进行相关形貌及成分的测试和分析。

4.1.2　电池充放电性能测试

本节所采用的电池是由 4.1.1 节中的组装方法得到，测试条件为恒流充放电测试。恒流充放电测试可以得到电池的充放电曲线、质量比容量、倍率性能以及循环稳定性能等参数。该测试的基本工作原理是对组装得到的电池进行充电和放电的循环操作，通过记录电池电位随着时间变化的规律，进而分析电池本身的充放电性能，并根据时间×电流/活性物质质量＝质量比容量的公式，计算得到电池随着循环圈数变化的比容量并总结比容量的变化规律。此外，还可根据循环圈数设置多段充放电测试，每段充放电过程的电流密度不同（一般随圈数增多电流密度逐步增大），从而获得电池的倍率性能数据，来综合评价电池在不同电流密度条件下的比容量及充放电曲线等性能参数。

本书所采用的充放电测试系统为武汉蓝电电化学测试系统。对组装得到的扣式电池进行恒流充放电测试时，需在合适的电压窗口（一般为 1.5～3.0V）内进行，根据不同实验的需要设定充放电电流密度大小。一般情况下，所有电池的充放电测试均在室温条件下进行。

4.1.3　循环伏安（CV）测试

循环伏安测试是电化学研究中的常见方法，是一种研究电极-电解液界面上电化学反应行为-速度-控制步骤的重要手段。设置电势在工作电极上作三角波扫描，首先由起始电势 E_t 出发以给定的速率 v 扫描到终止电势 E_g，然后再以相同的速率 v 反向扫描至 E_t，记录这一过程中的电流-电势（i-E）曲线，即伏安曲线（CV 图）。由于在一次扫描过程中需要完成氧化和还原的循环过程，所以称为循环伏安法。可根据 CV 图中各氧化及还原峰的峰位及峰的强度来分析电极材料在该过程中发生的反应机理，进而判断电极材料在电池体系中的可行性与优劣性。根据 CV 图可分析得到以下信息：

① 各氧化及还原峰所在的相应电位，即对应反应发生时的电位；

② 各氧化及还原峰对应的电流强度，可分析反应动力学速率快慢（一般强度越高说明反应动力学速率越快）；

③ 氧化峰与还原峰对应电位之间的电位差，可判断反应的可逆性与难易程度(一般电位差越小反应越容易)；

④ 根据在不同扫描速率下氧化峰与还原峰的电位变化的趋势，可侧面判断反应动力学

速率快慢（一般随着扫描速率越来越快，氧化及还原峰的电位差会变大，这主要源于反应动力学速率与扫描速率的不匹配）；

⑤ 分析同一扫描速率下不同充放电循环圈数的CV曲线，可根据峰电位以及曲线变化来判断电极材料在充放电过程中的循环稳定性；

⑥ 分析电极材料在不同扫描速率下的CV曲线中，每个氧化峰与还原峰的电位及电流强度，根据Randles-Sevcik方程进行拟合分析，可得到对应的锂离子扩散系数。

如未特别指出，本书中采用的电池为4.1.1节中组装方法得到的扣式电池，扫描电压范围是1.5～3.0V，扫描速率根据具体情况而定。锂硫电池体系为多电子转换反应，其中间产物多硫化物的动力学转化速率较缓慢，因此电流响应时间较长，一般采用较慢的扫描速率（如$0.1mV \cdot s^{-1}$、$0.2mV \cdot s^{-1}$和$0.5mV \cdot s^{-1}$）。CV测试使用的仪器为法国Bio-Logic科技有限公司生产的电化学工作站。

上述⑥中提到的Randles-Sevcik方程，如下所示：

$$i_p = 0.4463nFAC(nFvD / RT)^{1/2} \quad (4\text{-}1)$$

式中，D为锂离子扩散系数；v为扫描速率；i_p为相对应的峰电流强度。将峰电流作为y轴，$v^{1/2}$作为x轴，拟合可以得到直线斜率。锂离子扩散系数与斜率成正比，因此通过对比斜率即可反应两种材料的锂离子扩散系数大小。

4.1.4 电化学交流阻抗（EIS）测试

电化学交流阻抗测试是一种以小振幅的交流正弦电势波作为扰动信号的电化学测量方法，主要测量电势与电流的比值（系统阻抗）随正弦电势波频率w的变化（或相位角f随w的变化），具有较宽的可测量频率范围。由于电荷转移反应一般发生在电极-电解液界面，因此该方法能够有效反映电池的反应动力学信息以及电极-电解液界面信息。如图4-2所示，正弦电势由波形发生器产生，随后通过恒电位仪，进而转换到电化学测试系统中。将输出的电流/电势信号进行转换，并利用频谱分析仪或锁相放大器，即可得到相位角、阻抗模量（或阻抗）等数据。EIS测试阻抗谱包含奈奎斯特（Nyquist）图和波特（Bode）图。奈奎斯特图是以阻抗的实部为横坐标，虚部为纵坐标，代表阻抗平面。在奈奎斯特图中，速度快的过程一般为高频区，速度慢的过程一般为低频区，根据不同频率区域来分析可以得到电化学反应动力学方面的信息，如电荷转移、扩散阻抗和界面阻抗。波特（Bode）图则是以阻抗的相位角和模值为纵轴，频率为横轴，该图主要反映的是阻抗的频谱特征。

等效电路模型是处理电化学交流阻抗谱的常见方法，其构建主要由样品本身特点决定。在针对样品特点进行等效电路构建时，需明确每一个元件的物理意义，清楚每一个元件代表的电极过程。接下来简要介绍等效电路中各元件所代表的物理意义和电极过程：

W：韦伯阻抗，通过其可得到相应的扩散系数；

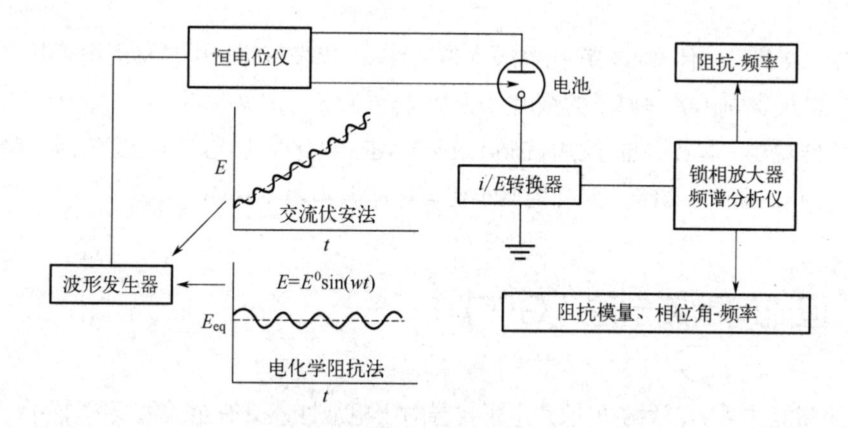

图 4-2　阻抗测量技术示意图

R_{ct}：电荷转移阻抗，可以计算得到反应常数；

R_b：溶液阻抗，即参比电极与工作电极之间的溶液电阻，可以由其得到欧姆降；

C_{dl}：双电层电容，可用来推导与电容相关的物理量；

R_f：法拉第阻抗，即氧化还原反应时由物质的扩散和电荷转移得到的阻抗，由其可以计算得到扩散系数 D、电子数 n 和交换电流密度 i_0 等参数。

接下来简要介绍由 Nyquist 图数据计算得到扩散系数 D 的方法：

① 通过 EC-Lab 软件打开阻抗数据，复制并导入 Origin 软件中。

② 选取数据作散点图，横纵坐标范围根据具体数据选择合适范围。在 Warburg 阻抗所在位置沿 EIS 曲线的切线画一条直线，如图 4-3 所示。

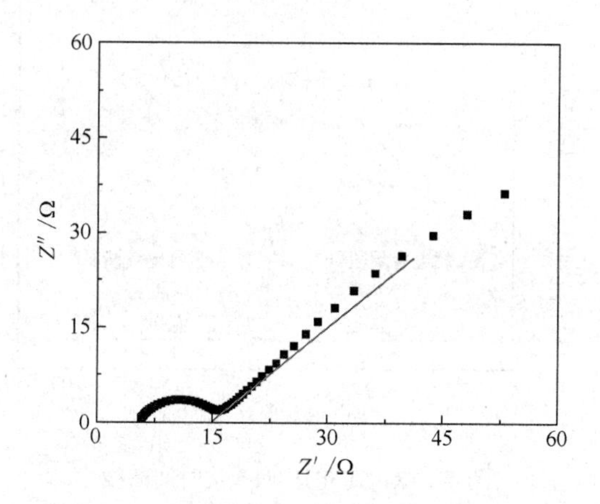

图 4-3　EIS 测试数据处理得到扩散系数演示图

③ 局部放大切点附近所在位置，记录最接近切线的 5 个数据点。

④ 选择该 5 个数据点，将频率 f 通过公式 $w=2\pi f$ 换算成角频率 w。

⑤ 将转换成的 5 个点的角频率 w 作数据处理得到 $w^{-1/2}$，以其为 X 轴、阻抗实部为 Y 作图，选取数据在 Origin 中进行数据线性拟合操作，得到拟合直线的斜率 σ。

⑥ 根据公式 $D=R^2T^2/(2n^2A^2F^4C^4\sigma^2)$，将⑤中得到的斜率 σ 代入，得到扩散系数 D。

在该公式中，R 代表气体常数，F 代表法拉第常数，n 代表每分子中转移的电子数；T 代表热力学温度，C 代表固相中锂离子的浓度（mol·cm^{-3}）。

如未特殊说明，本书均通过法国 Bio-Logic VMP3 电化学工作站进行交流阻抗测试，测试频率范围为 10mHz～100kHz，施加的微小扰动电压振幅为 10mV。

4.1.5 恒流间歇滴定法（GITT）

在电池储能体系中，离子扩散和电子传导对于电池性能具有至关重要的作用。一般情况下，内部电路的离子扩散是要慢于外部电路的电子转移的，因此需要针对电极与电解液等电池组分进行优化，以求能够快速达到电荷平衡，降低充放电过程中的极化现象。因此，通过多种准确的表征手段来综合分析离子扩散行为及特征，对于设计和合成电极材料具有至关重要的作用。

恒流间歇滴定法（GITT）是一种能够得到热力学和动力学参数信息的测试方法，该方法由德国科学家 W. Weppner 首次提出。如图 4-4 所示，GITT 电压-归一化时间曲线由多个电流阶跃组成。每个阶跃单元内，在小电流下进行恒定电流充电或放电一段时间，随后切断电流稳定一段时间保证离子在活性物质中充分扩散直至达到平衡状态，分析弛豫时间与电压变化关系，从而计算内部离子的扩散系数。

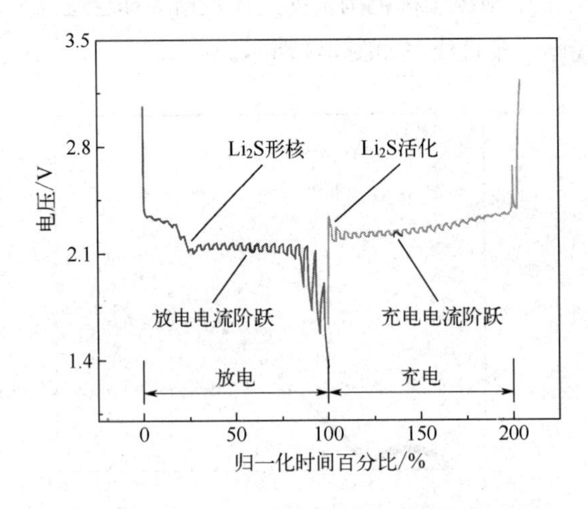

图 4-4 GITT 电压-归一化时间曲线

图 4-5 所示为 GITT 电压-比容量曲线，该图中，红线代表电化学平衡状态（准 OCV），黑线代表实际充放电曲线。局部放大该图至 300～500mA·h·g^{-1} 范围内，标出 E_1、E_2 与 E_3。E_1 代表电化学平衡极化电压，E_2 代表实际极化电压，E_3 代表核生长过电压。三种极化电压越低，表明反应动力学速率越快，在锂硫电池体系中 Li_2S 的核生长过程越容易。在本书中，如未明确说明，GITT 曲线一般在 0.1C 的交流恒流脉冲（20min）和开路电压（OCV）周期交替（20min）的条件下进行测试。

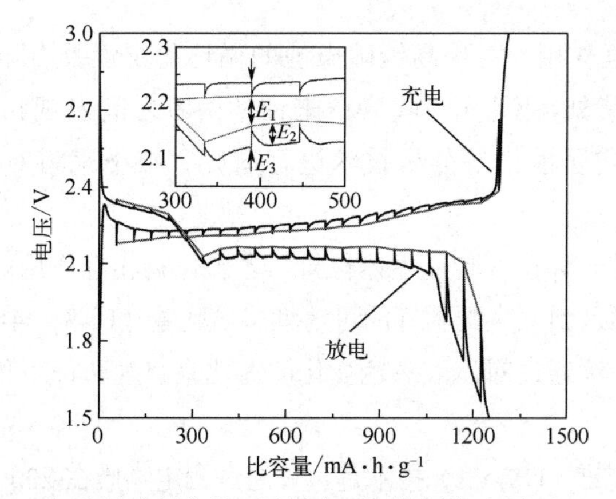

图 4-5　GITT 电压-比容量曲线（插图为局部放大图，已标出 E_1、E_2 和 E_3）

4.2　正极关键材料的作用评估

4.2.1　硫元素的分布测试

在锂硫电池的循环过程中，硫单质经过固-液-固相转变，从可溶性的长链多硫化物 Li_2S_n（$4 \leqslant n \leqslant 8$）转变为不溶性的短链多硫化物 Li_2S_2/Li_2S。这种重复的溶解沉积过程会改变元素硫在主体材料中的空间分布，而不均匀的硫元素分布会导致活性物质发生聚集，使主体材料利用不充分，从而导致电池的电化学性能不佳。此外，可溶性的长链多硫化物在正负极之间的穿梭也会导致电池容量的衰减。因此，通过不同测试方法来研究电化学循环过程中活性物质硫在主体材料内的分布具有重要意义。

研究人员通过扫描电子显微镜-能谱仪（SEM-EDS）、透射电子显微镜-能谱仪（TEM-EDS）和电子探针显微分析（EPMA）等多种成像技术来监测元素硫在循环过程中的分布状态。SEM 利用聚焦的电子束扫描样品表面，通过收集产生的二次电子和其它信号进行成像。当电子束与样品相互作用时会激发样品中原子发射出特征 X 射线，EDS 通过分析特征 X 射线来确定样品的化学成分。通过 SEM-EDS 联用可以观测循环前后硫元素在正极材料中的分布情况。EPMA 具有与 SEM 相似的工作原理，但其通过波谱进行元素分析，具有更高的精度。特别是对于轻质元素硫来说，EPMA 的定量分析能力远高于 EDS。锂硫电池正极材料主要包含 C、S 等轻质元素，采用 EPMA 对循环前后的正极进行检测，能够更加准确地了解电极中活性物质硫元素的真实分布情况。

4.2.2　主体材料与多硫化物的相互作用测试

锂硫电池固有的多硫化物穿梭问题会严重影响电池的电化学性能，因此，增强主体材料与多硫化物的相互作用，对提高锂硫电池的循环稳定性具有至关重要的作用。常采用可视化吸附实验和紫外-可见光吸收光谱来评估两者之间宏观相互作用，微观作用机理则可通过 X 射线光电子能谱等分析技术进行研究。接下来将对上述实验方法进行简要介绍。

可视化吸附实验是一种直观验证主体材料与多硫化物相互作用的实验方法。实验通常将一定量的主体材料加入到预先配制好的可溶性多硫化物（Li_2S_n，$4 \leqslant n \leqslant 8$）溶液中，保持溶液静置一定时间，后续通过对溶液颜色变化的对比来直观验证主体材料对多硫化物的吸附能力。

紫外-可见光吸收光谱（UV-Vis）技术是一种通过测定物质在 200～800nm 波长范围内的光吸收特性来分析物质化学组成、含量以及结构特性的测试手段。在该测试方法中，物质因为分子内部电子在不同能级之间的跃迁而吸收特定波长的紫外和可见光，吸收光谱中的峰值特性及其强度与被测分子的结构直接相关，因此被广泛应用于无机和有机物质的定性和定量分析。多硫化物从其最高占据分子轨道到最低未占分子轨道的电子跃迁会在 UV-Vis 光谱区产生一系列特征吸收带，因此，UV-Vis 光谱适用于多硫化物的表征。在锂硫电池研究中，UV-Vis 光谱通常与可视化吸附实验配合使用。UV-Vis 光谱通过对静置吸附实验后的上层清液进行测试，可以分析多硫化物特征峰的强度，从而判断主体材料与多硫化物的相互作用的强弱。这种方法可以定量地验证材料对多硫化物的吸附能力。

X 射线光电子能谱（XPS）是一种通过精确测量 X 射线照射在样品表面时所产生的光电子能量（即结合能）来分析材料的化学成分、化学状态和电子结构的表面分析技术。在锂硫电池中，XPS 作为分析电池充放电机理的关键表征技术，其不仅可以用来探测主体材料表面的化学组成，还能够深入剖析主体材料与多硫化物之间复杂的相互作用机制。通过对静置吸附实验后的固体沉淀进行 XPS 测试，可以根据特征结合能的变化，来深入探究主体材料与多硫化物之间相互作用的原理和机制。此外，XPS 也可应用于对电极循环前后化学成分的分析，进而阐明电极在循环过程中与多硫化物相互作用的原理和机制。虽然 XPS 具有分辨度高、是非破坏性测试和可定量分析等优点，但由于其只能检测样品表面 10nm 内深度范围的化学信息，限制了其在检测电极内部化学结构等领域的进一步应用。

4.2.3 主体材料对多硫化物的催化转化作用测试

主体材料对多硫化物具有催化转化能力不仅有助于提高电池的容量，同时也有利于提高电池的循环稳定性。为了评估主体材料对锂硫电池电化学动力学的影响，常通过对称电池模型系统进行研究。对称电池通常是由负载主体材料的碳纸对称电极和一定浓度的 Li_2S_6 溶液电解质组成。将对称电池进行 CV 测试，通过分析对称电池 CV 曲线的电流响应强度、氧化还原峰位和极化电压等的变化，可以有效揭示主体材料对多硫化物的催化转化作用。

4.2.4 主体材料对 Li_2S 沉积行为的影响测试

锂硫电池的液-固转化过程约占理论放电比容量的 75%，因此，优化 Li_2S 沉积行为对提高电池的电化学性能具有至关重要的作用。恒压形核实验作为评估主体材料对 Li_2S 沉积行为影响的重要手段，其主要通过控制电池在特定电压下进行持续放电，从而观察并量化 Li_2S 的沉积速率、形态以及沉积容量。此外，通过对恒电压放电曲线进行拟合，可以预测 Li_2S 的沉积方式。通过对不同主体材料的对比研究，深入认识主体材料对 Li_2S 沉积过程的调控机制，对未来针对性地设计和优化主体材料以改进锂硫电池性能具有重大的指导意义。

SEM 和 X 射线三维纳米计算机断层扫描（X-ray 3D nano-CT）仪作为先进的表征工具，被广泛应用于观察和分析 Li_2S 的沉积形态、分布以及结构变化。通过 SEM 的高分辨率成像，能够直观地获取电极表面 Li_2S 沉积的颗粒尺寸、形态、堆积密度以及与主体材料的相互作用情况。X-ray 3D nano-CT 仪则能够对电池内部的 Li_2S 沉积行为进行三维成像，可以清晰地揭示 Li_2S 在电极材料内部的三维分布、形态变化和粒径大小等关键信息，有助于深入理解 Li_2S 的沉积机制及电极结构对沉积行为的影响。

第5章 共价三嗪聚合物正极研究

5.1 共价三嗪聚合物正极材料设计思想概述

在众多新型储能体系中，锂硫电池因其高理论能量密度（2600W·h·kg^{-1}）、高理论比容量、低成本、环境友好等特点受到了广泛关注[1-3]。但受到硫及其放电产物的电子、离子电导率低，充放电过程中的体积变化大及多硫化物中间体穿梭效应严重等问题的影响，锂硫电池体系始终存在活性物质利用率低、正极结构稳定性差、容量衰减快等问题。其中，低电子、离子电导率会造成充放电过程中固相-液相和固相-固相转化过程不充分，降低整体活性物质的利用率；充放电过程中电极反复膨胀和收缩会破坏硫正极结构稳定性[4-5]；多硫化物的溶解、穿梭和缓慢的氧化还原反应动力学过程则会导致库仑效率、循环稳定性下降和寿命缩短[6]。

为有效解决上述问题，实现电化学性能的进一步提升，对硫正极结构进行合理的设计与构筑是十分必要的。碳基材料因其具有大比表面积、良好的导电性、密度小等特点被认为是活性物质理想的载体材料之一。包括碳纳米管、石墨烯、多孔碳等各类结构的碳材料已被证明能够有效改善硫正极电导率、缓冲体积膨胀并通过物理限域锚定多硫化物。但非极性表面的物理吸附对多硫化物穿梭的限制能力有限，循环过程中仍表现出严重的穿梭效应，电池的循环稳定性差。虽然，前期研究中通过N、O、P、S、B等异质元素掺杂显著增强了碳材料对多硫化物的吸附能力和催化转化能力，在一定程度上改善了锂硫电池的电化学性能，但是，此类杂原子掺杂碳材料仍存在孔结构不可控、异质原子分布不均匀和含量不可控等问题[7-9]。

共价三嗪基聚合物（CTFs）具有比表面积大，合成策略灵活，功能性官能团可设计，化学、电化学稳定等优势，有实现异质原子均匀分布和孔隙结构定向设计、成为高性能硫载体材料的潜力[10-11]。在此，本章提出了一种增强锂硫电池体系中共价三嗪网络材料功能性的新策略，即从分子结构设计出发，调节共价三嗪聚合物网络材料的微观结构，并通过高温交联、重排反应进一步增强材料导电性。具体地，以具有扭曲非共平面、刚性大的二氮杂萘联苯酚（DHPZ）单体为核心设计合成含N、O二腈单体，再利用梯度升温的热处理方法制备具有大比表面积，稳定微/介孔结构，丰富 N、O 异质原子和高电子电导率的 N、O 共掺杂三嗪聚合物网络材料（NO-CTF-1 和 NO-CTF-2）。NO-CTF-1-S 复合正极显示出 $1250mA \cdot h \cdot g^{-1}$ 高比容量（0.1C）和良好的循环稳定性［300 次循环后，容量保持率为 85%（0.5C）］。相对于商业化活性炭-硫复合正极，放电容量和循环后容量保持率分别提高了 41%和 60%。此外，通过理论计算和实验验证阐明了聚合物网络材料微/介孔结构和 N、O 异质原子对 Li^+传输效率、多硫化物吸附及催化转化能力的影响规律和对电化学性能的增强机制。

5.2　共价三嗪聚合物正极材料合成与电极制备

（1）材料制备

单体 2-(4′-氰基苯基)-4-(4′-溴苯基)-2,3-二氮杂萘-1-酮（PHPZ-CN）根据已报道参考文献合成[12]。2-(4′-氰基苯基)-4-(4′-溴联苯)-2,3-二氮杂萘-1-酮（BHPZ-CN）与 PHPZ-CN 合成方法相似。PHPZ-DN 的合成过程如图 5-1 所示，具体地，将 0.1mol PHPZ-CN、0.022mol $K_4Fe(CN)_6 \cdot 3H_2O$ 和 0.1mol Na_2CO_3 溶解于 NMP 中。随后在充满 N_2 的反应瓶中加入 0.002mol $Pd(O_2CCH_3)_2$，再将混合物升温至 120℃反应 12h，获得灰白色粗产物。重结晶后真空干燥，获得最终白色 PHPZ-DN 单体（产率 70.6%），其 ^1H NMR 谱图如图 5-2 所示。BHPZ-DN 的合成过程如图 5-1 所示。具体过程如下：将 0.1mol BHPZ-CN，0.022mol $K_4Fe(CN)_6 \cdot 3H_2O$ 和 0.1mol Na_2CO_3 溶解于 NMP 中。随后充满 N_2，加入 0.002mol $Pd(O_2CCH_3)_2$，再将混合物升温至 120℃反应 12h。将产物沉入去离子水中，并用水和乙醇多次洗涤，获得灰白色粗产物。经重结晶和真空干燥后，获得最终白色 BHPZ-DN 产物（产率 72.9%），^1H NMR 谱图如图 5-3 所示。

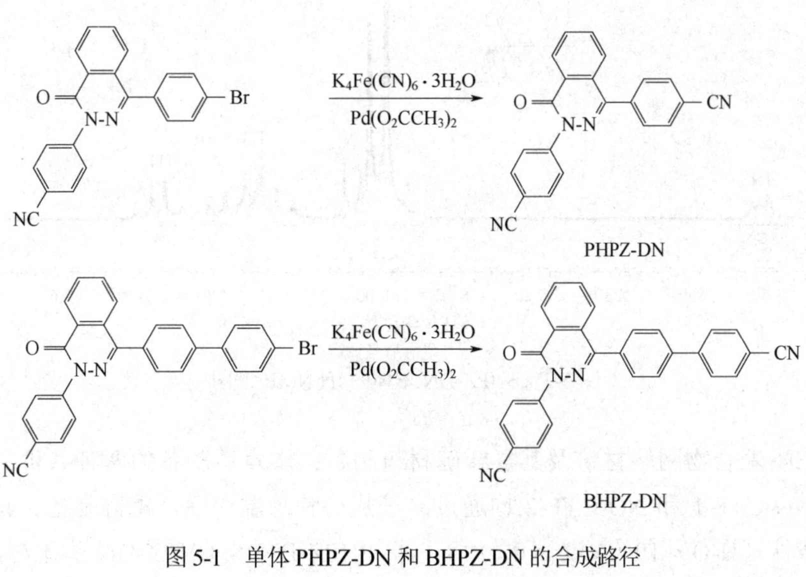

图 5-1　单体 PHPZ-DN 和 BHPZ-DN 的合成路径

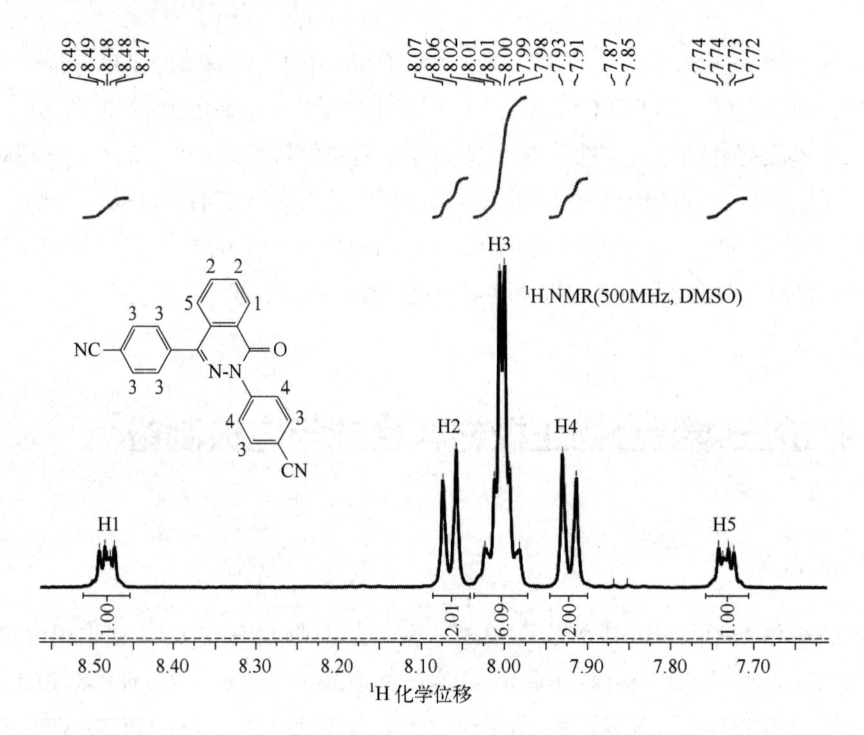

图 5-2　PHPZ-DN 单体的 ^{1}H NMR 谱图

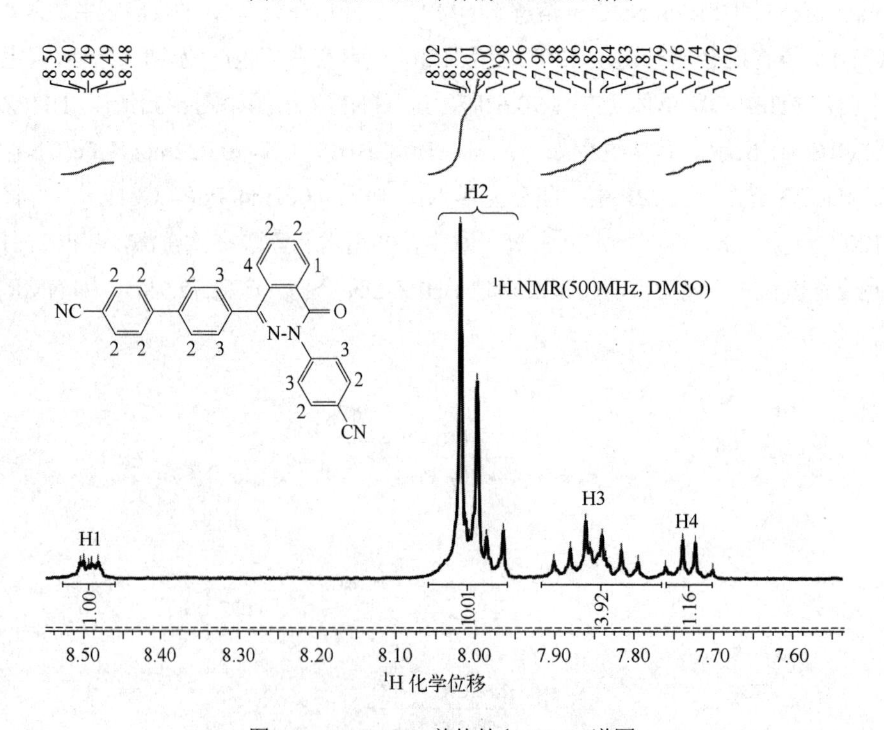

图 5-3　BHPZ-DN 单体的 ^{1}H NMR 谱图

共聚三嗪聚合物网络材料及其复合硫材料制备：本章所制备的两种共价三嗪聚合物网络材料 NO-CTF-1 和 NO-CTF-2 均通过离子热法和高温交联、重排制备。具体地，在无水无氧条件（$H_2O < 10^{-7}$, $O_2 < 10^{-7}$）下，将 PHPZ-DN 或 BHPZ-DN 单体与无水 $ZnCl_2$

以 1∶5 的物质的量比加入安瓿管中，并将其抽至真空状态，密封后置于马弗炉中。在高温、真空、$ZnCl_2$ 为催化剂的条件下，梯度升温至 400℃保温 6h，单体发生氰基三聚反应；再进一步升温至 600℃进行高温交联和重排反应，最终获得两种共价三嗪聚合物网络材料（NO-CTF-1 和 NO-CTF-2）。以 NO-CTF-1 共价三嗪聚合物网络材料为例的合成过程如图 5-4 所示。共价三嗪聚合物网络材料-硫的复合材料（NO-CTF-1-S 和 NO-CTF-2-S）与商业化活性炭-硫复合材料（AC-S）均通过熔融扩散的方法制备，含硫量约为 70%（质量分数）。

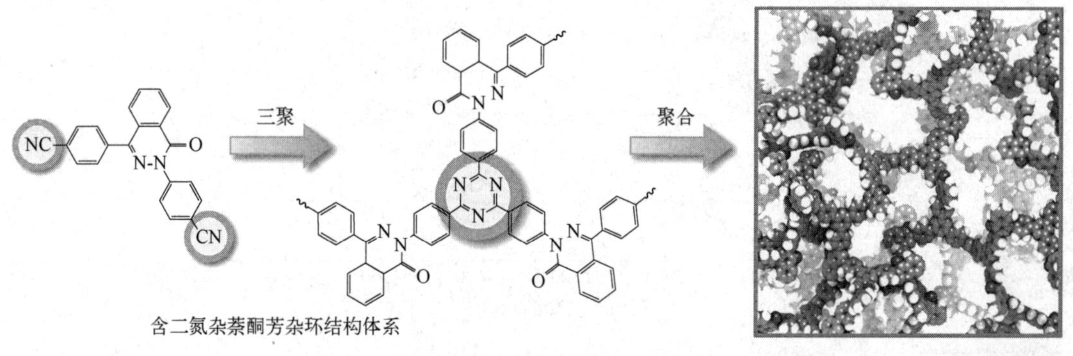

图 5-4　共价三嗪聚合物网络材料的制备流程示意图

（2）电极制备

分别将复合硫材料（NO-CTF-1-S、NO-CTF-2-S 或 AC-S）、黏结剂和导电剂以 7∶2∶1 的质量比进行充分混合，并加入少量 NMP 研磨成浆料后均匀涂敷在铝箔上，真空干燥后裁剪成 14mm 圆片作为正极使用，电极平均硫面载量约为 1.0～1.5mg·cm^{-2}，液硫比（E/S）为 15μL·mg^{-1}。柔性正极（NO-CTF-1-S-F）的制备是将 NO-CTF-1-S 复合材料与 CNT 以 8∶2 的质量比加入去离子水中，再加入一定量的表面活性剂后超声 2h，使 NO-CTF-1-S 与 CNT 在去离子水中均匀分散；随后，真空抽滤、洗涤、干燥后得到柔性电极膜；再将柔性电极膜裁剪成 11mm 圆片作为正极使用，其硫面载量分别为 1.5mg·cm^{-2}、3.0mg·cm^{-2} 和 4.8mg·cm^{-2}，E/S 为 15μL·mg^{-1}。

5.3　共价三嗪聚合物网络材料的结构和形貌表征

为了探究两种 N、O 共掺杂共价三嗪聚合物网络材料（NO-CTF-1 和 NO-CTF-2）离子热聚合和交联重排后化学官能团的演变，对两种二腈单体和两种三嗪聚合物网络材料进行了红外光谱（FT-IR）分析。如图 5-5 所示，在两种二腈单体的红外谱图中，在 2220cm^{-1} 和 1710cm^{-1} 处均有明显的吸收峰，分别对应于氰基（—CN）和羰基（C═O）的特征吸收峰，表明含二氮杂萘酮结构的二腈单体被成功制备。经三嗪聚合和交联/重排反应后，NO-CTF-1 和 NO-CTF-2 材料的红外光谱中 2220cm^{-1} 处的氰基特征吸收峰均消失，伴随着 1520cm^{-1} 和 1307cm^{-1} 处三嗪环的特征吸收峰出现，表明反应过程中氰基三聚反应的进行比较完全。

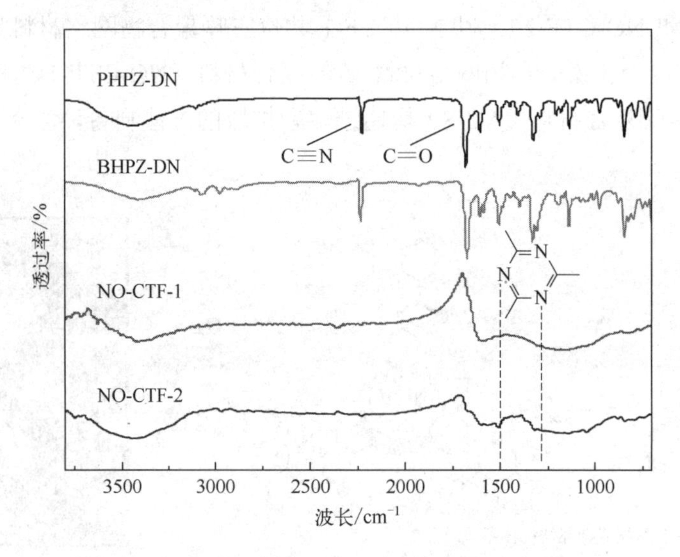

图 5-5　二腈单体和共价三嗪聚合物网络材料的红外光谱

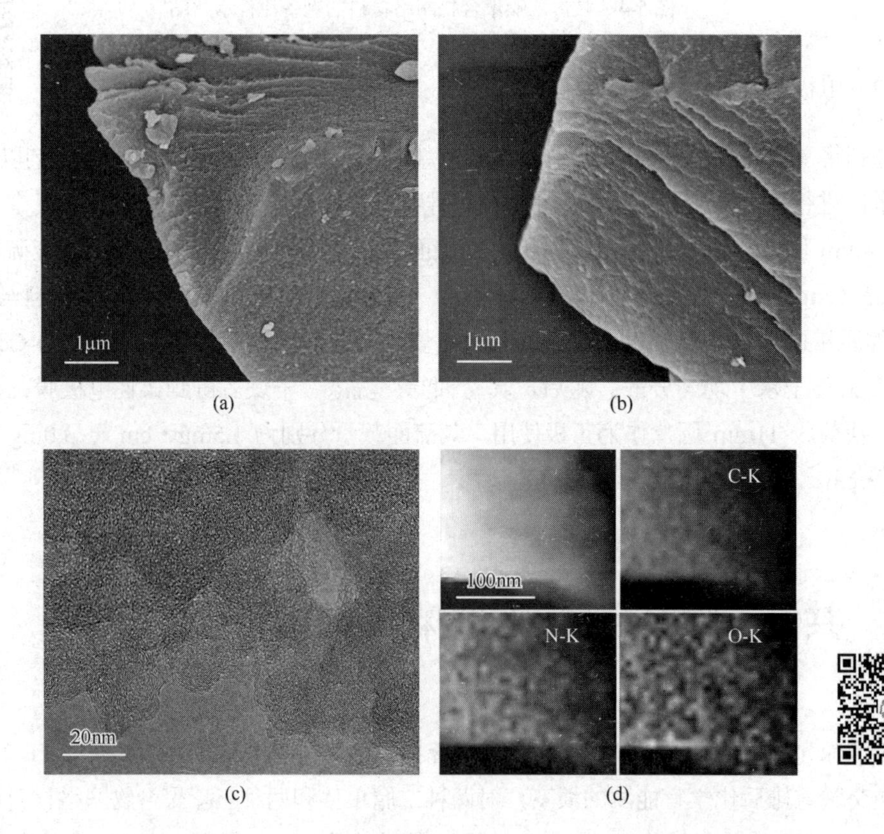

图 5-6　（a）NO-CTF-1 材料的 SEM 测试图；（b）NO-CTF-2 材料的 SEM 测试图；（c）NO-CTF-1 的 HR-TEM 测试图；（d）NO-CTF-1 的 TEM 元素分析图

使用扫描电子显微镜（SEM）和高分辨透射电子显微镜（HR-TEM）表征 NO-CTF-1 和 NO-CTF-2 材料的微观形貌，结果如图 5-6 所示。图 5-6（a）、图 5-6（b）为材料的 SEM 测试图，聚合物网络材料均由聚合物粒子紧密堆砌而成，呈现为表面粗糙的块体结构。HR-TEM 测试结果［图 5-6（c）］显示，NO-CTF-1 呈蜂窝状结构，说明其为无定形多孔材料，丰富的孔隙结构有利于硫的负载和 Li^+快速传输。TEM 元素分析技术被用于表征 NO-CTF-1 材料表面的元素分布，结果表明，N、O 杂原子均匀分布于 NO-CTF-1 聚合物网络材料表面。得益于材料自下而上的设计策略，通过对二腈单体分子结构的设计能将 N、O 异质原子均匀分布于聚合物网络材料中，作为多硫化物吸附的活性位点，从而有效提升材料对多硫化物的锚定能力。

利用 Raman（拉曼）光谱、XPS 和元素分析（EA）等测试手段对两种聚合物网络材料的结构、杂原子种类、含量以及化学状态进行了进一步分析。观察 Raman 光谱［图 5-7（a）］可见，NO-CTF-1、NO-CTF-2 和 AC 三种材料的 Raman 光谱均表现出两个特征峰，其中，$1348cm^{-1}$ 处出现的 D 峰与无序碳结构、缺陷、空位和异质原子的引入有关，而位于 $1594cm^{-1}$ 处的 G 峰则表明有序石墨微晶结构的存在。二者的强度比（I_D/I_G）可以用来分析材料的无序化程度，通常 I_D/I_G 的值越大，材料的无序化程度越高。NO-CTF-1 和 NO-CTF-2 和 AC 三种材料的 I_D/I_G 值分别为 1.11、1.12 和 1.07，表明相对于活性炭，两种聚合物网络材料的无序化程度更高。聚合物网络材料的高度无序化一方面可以归因于高温碳化过程中 $ZnCl_2$ 的活化作用使得聚合物网络材料内部形成大量空位、缺陷和孔隙，另一方面是由于扭曲非共平面、刚性大的 DHPZ 结构在高温碳化过程中能够有效地阻碍聚合物规整的堆砌和孔隙的坍塌，形成具有微/介孔、大比表面积的网络结构，使材料无序化程度进一步升高。

如图 5-7（b）所示，XPS 测试结果表明，两种聚合物网络材料中均存在丰富的 N、O 异质原子，NO-CTF-1 材料中 N、O 杂原子含量分别为 6.56%和 7.77%，而 NO-CTF-2 材料中 N、O 杂原子含量分别为 3.25%和 6.56%。NO-CTF-1 材料中更高的 N、O 原子含量可以归因于 DHPZ-DN 单体中 N、O 杂原子占比高于 BHPZ-DN 单体。EA 结果表明，NO-CTF-1 和 NO-CTF-2 材料中 N 原子的质量分数分别为 9.42%和 4.86%，高于 AC 中 N 原子的含量（0.35%）。这一结果表明，通过对二腈单体的分子结构设计能够赋予 CTFs 材料丰富的杂原子且分子结构不同对聚合物网络材料的杂原子含量影响显著。如图 5-7（c）中 N 1s XPS 分峰谱图所示，两种聚合物网络材料表面 N 元素主要可以分为吡啶 N（N-6）、吡咯 N（N-5）以及石墨化 N（N-Q）三种类型，分别位于 398.0eV、399.8eV 和 400.6eV 处。观察图 5-7（d）中两种材料的 O 1s XPS 分峰谱图可以发现，材料表面 O 元素主要分为 C—OH/C—O—C 和 C═O 两种类型，分别位于 532.7eV 和 531.2eV 处。XPS 和 EA 对三种材料元素组成的分析结果如表 5-1 所示。通常，C═O、N-5 和 N-6 与多硫化物的结合能更高，能够有效吸附多硫化物，缓解穿梭效应，而 N-Q 则对材料的导电性有利，能够提升活性物质利用率。因此，具有均匀且稳定 N、O 异质原子的共价三嗪聚合物网络结构作为硫载体有望显著提升锂硫电池的电化学性能。

表 5-1 XPS 和 EA 分析所得三种材料的元素组成结果

样品	XPS 测试元素含量/%			N 1s 分析所得元素含量/%			EA 测试元素含量/%
	C	N	O	N-5	N-6	N-Q	N
AC	95.82	0.62	3.56	—	—	—	0.35
NO-CTF-1	85.67	6.56	7.77	32.16	25.17	42.67	9.42
NO-CTF-2	90.19	3.25	6.56	11.62	56.47	31.91	4.86

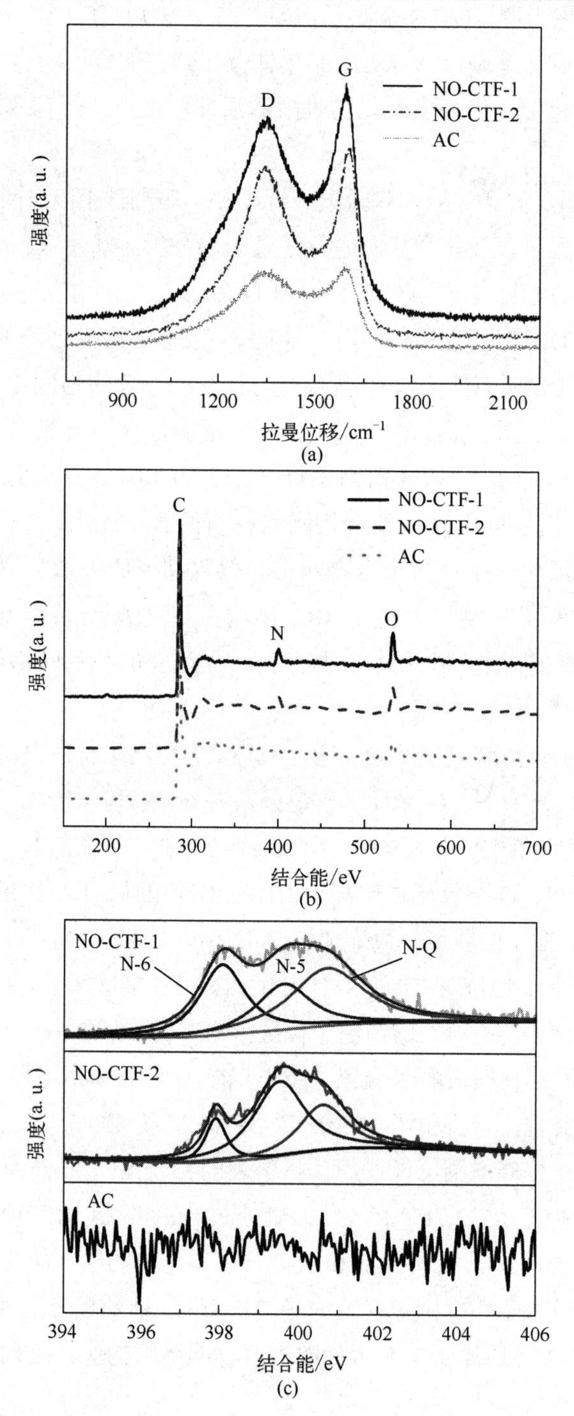

(a)

(b)

(c)

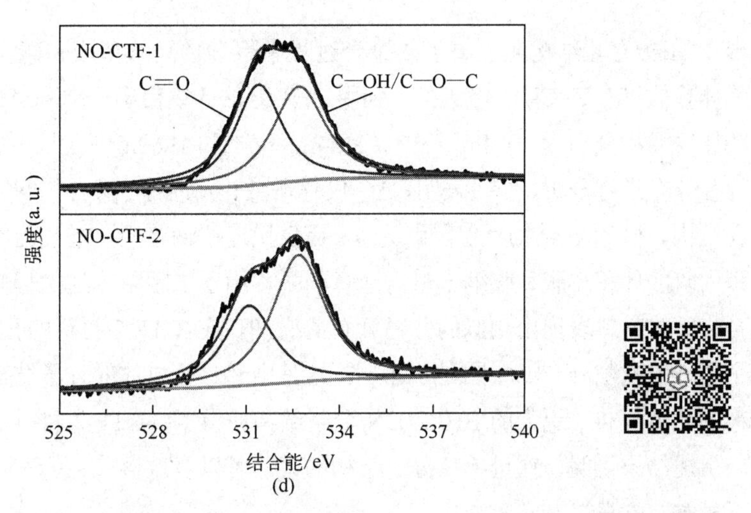

图 5-7　三种材料的拉曼光谱（a）、XPS 谱图（b）和 N 1s（c）、O 1s（d）XPS 分峰谱图

随后，通过 N_2 吸脱附测试对聚合物网络材料和活性炭的比表面积和孔隙结构进行了表征和分析，结果表明，三种样品 N_2 吸附量均在低压区迅速增加，并在随后趋近于平稳［图 5-8（a）］，呈Ⅰ型等温吸脱附曲线，表明材料中仅存在微孔和孔径较小的介孔。聚合物网

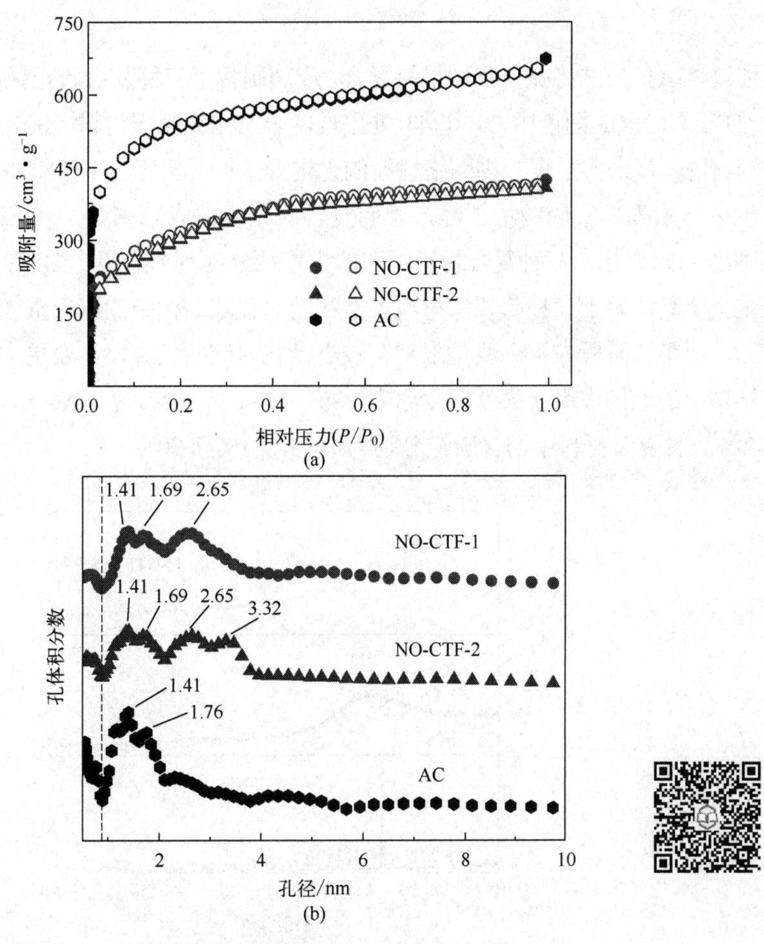

图 5-8　三种材料的 N_2 吸脱附曲线（a）及孔径分布（b）

络材料中的微/介孔结构源于离子热聚合过程中聚合物网络形成和碳化过程中的高温交联重排、气体释放以及 $ZnCl_2$ 活化造孔。利用 BET 方法计算得出，NO-CTF-1、NO-CTF-2 和 AC 材料的比表面积分别为 $1094m^2 \cdot g^{-1}$、$1144m^2 \cdot g^{-1}$ 和 $1969m^2 \cdot g^{-1}$。利用 DFT 方法对三种材料的孔径分布进行分析，结果表明，AC 仅存在微孔，而两种聚合物网络材料中均存在微孔和窄介孔结构。微/介孔结构不仅能够为 Li^+ 提供快速传输路径，增强倍率性能，还能缓冲充放电过程中硫的体积膨胀和收缩。值得注意的是，由于二腈单体结构相似且聚合方法相同，两种聚合物网络材料表现出相似的孔径分布情况，但 NO-CTF-2 材料的孔径分布图在 3.32nm 处有一个额外的孔隙分布峰［图 5-8（b）］。这是由于二腈单体的分子结构会显著影响聚合物网络材料的孔隙分布，更大的 BHPZ-DN 分子结构使得 NO-CTF-2 材料显示出更为丰富的介孔结构。上述结果说明，通过单体分子结构的设计可以有效调节共价三嗪聚合物网络材料的异质原子种类、含量以及孔隙结构。

5.4 硫/共价三嗪聚合物网络复合材料的表征

通过熔融扩散法将硫与三种材料复合，成功制备了三种复合硫正极。如图 5-9（a）所示，NO-CTF-1 的 XRD 图谱中 24°和 43°处出现两个对应无序碳材料（002）和（100）晶面的衍射宽峰，进一步证实了聚合物网络材料的无定形结构。相比之下，NO-CTF-1-S 的 XRD 图谱中出现了一系列单质硫的特征峰，表明复合硫正极被成功制备。从三种复合硫正极材料的 TGA 曲线可以看出，三种复合材料中硫的失重均分为两个阶段［图 5-9（b）］。其中，第一阶段失重主要是依附于三种硫载体材料表面和较大孔隙结构中的硫失重（失重温度约为 180～280℃），而第二阶段失重主要是限制在较小微孔内硫的失重，需要更大的驱动力来克服狭小孔隙结构中的毛细作用（失重温度约为 280～440℃）。经计算，AC-S、NO-CTF-1-S 和 NO-CTF-2-S 三种复合材料中的含硫量分别为 70%、71%和 70%。

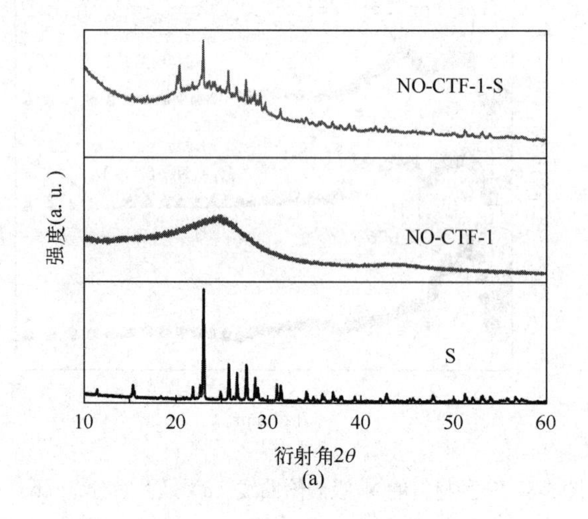

(a)

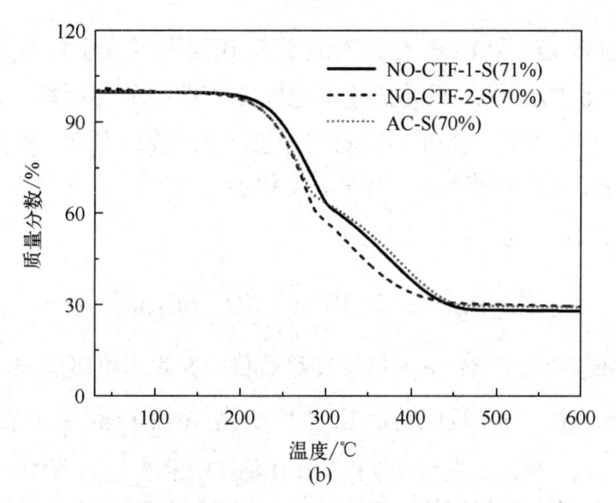

图 5-9 （a）XRD 图；（b）三种复合材料的 TGA 谱图

5.5 硫/共价三嗪聚合物电化学性能分析

综上所述，所制备的 N、O 共掺杂共价三嗪聚合物网络材料具有大比表面积、微/介孔结构以及均匀分布的 N、O 杂原子，是一种潜在的具有优异性能的硫载体材料。分别将三种硫复合正极组装成纽扣电池，评估其电化学性能。首先，在不同扫速（0.1～0.6mV・s^{-1}）下对三种电池进行循环伏安扫描，结果如图 5-10 所示。在放电过程中，三种电极的 CV 曲线上均

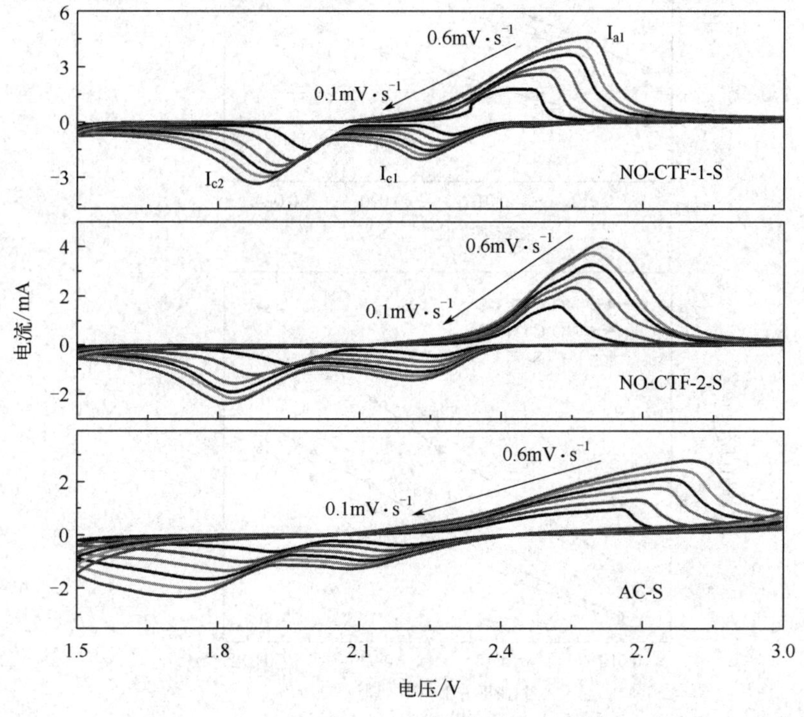

图 5-10　三种电极在不同扫速下的 CV 曲线

出现了两个放电还原峰（I_{c1} 和 I_{c2}），分别对应于 S_8 还原为可溶性 $Li_2S_{4\sim8}$ 以及可溶性 $Li_2S_{4\sim8}$ 还原为固态 Li_2S_2/Li_2S 的过程。不同扫速下电极 CV 曲线的还原峰（I_{c1} 和 I_{c2}）和氧化峰（I_{a1}）峰值电流变化可以被用于探究不同材料中 Li^+的扩散动力学。根据 Randles-Sevcik 等式［式(5-1)］，三种电极在充放电过程中 n、S 和 ΔC_{Li} 均相同，所以 I_p 和 $v^{0.5}$ 的线性拟合曲线的斜率与 Li^+扩散系数（D_{Li^+}）正相关。

$$I_p = (2.65\times10^5)\,n^{1.5}SD_{Li^+}^{0.5}\Delta C_{Li}v^{0.5} \tag{5-1}$$

式中，I_p 表示峰值电流，A；n 为电子转移数目；S 表示电极面积，cm^2；D_{Li^+} 表示 Li^+扩散系数，$cm^2\cdot s^{-1}$；ΔC_{Li} 表示反应前后 Li^+浓度变化，$mol\cdot cm^{-3}$；v 表示扫速，$V\cdot s^{-1}$。如图 5-11(a)～图 5-11(c) 所示，在氧化（I_{a1}）和还原（I_{c1} 和 I_{c2}）过程中，NO-CTF-1-S 和 NO-CTF-2-S 材料 I_p 和 $v^{0.5}$ 的曲线斜率均大于 AC-S，表明具有微/介孔结构的 NO-CTF-1 和 NO-CTF-2 材料中 Li^+传输效率相对更高。此外，在不同扫速下 NO-CTF-1-S 和 NO-CTF-2-S 电极的 CV 曲线图均未发生较大的形状变化，说明材料的电化学极化较小，相比之下，在不同扫速下 AC-S 电极的 CV 曲线图形状变化明显，极化严重。这一结果表明 NO-CTF-1-S 和 NO-CTF-2-S 电极相比于 AC-S 电极的氧化还原反应动力学速率和 Li^+传输效率更高。

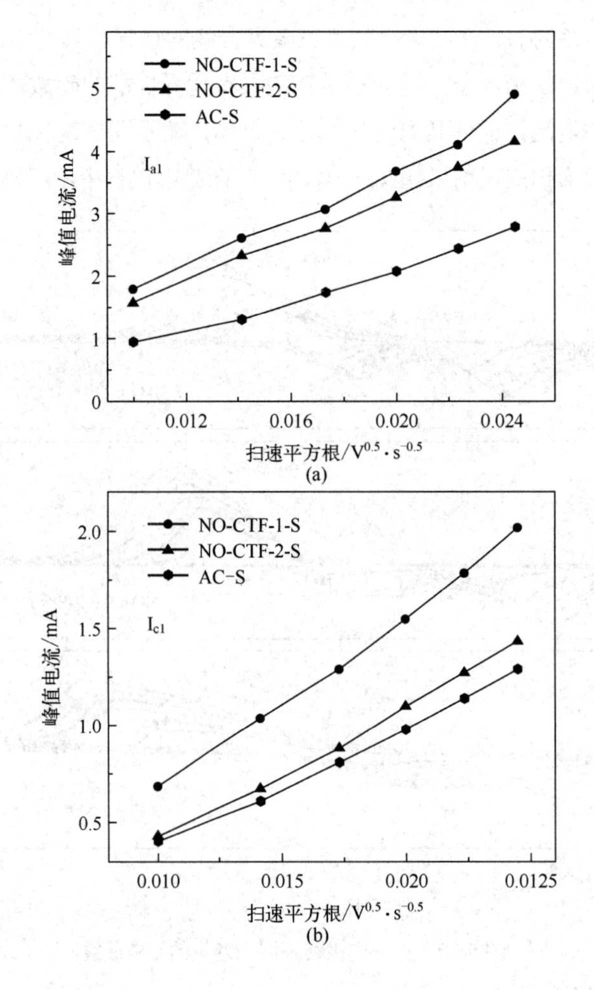

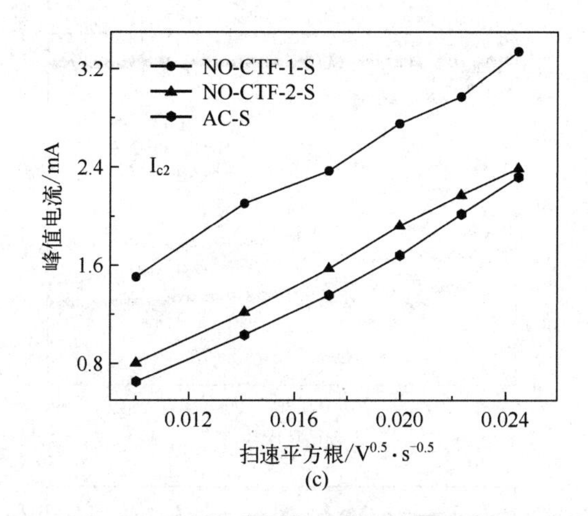

图 5-11　在 I_{a1}（a）、I_{c1}（b）和 I_{c2}（c）处对应的峰值电流和扫速平方根的线性拟合曲线

电极的氧化还原反应动力学速率和 Li^+传输效率可以进一步通过 EIS 测试进行评估。如图 5-12（a）所示，NO-CTF-1-S、NO-CTF-2-S 和 AC-S 三种电极的 Nyquist 曲线主要由高频区的半圆部分和低频区的斜线部分组成，二者分别反映了电极反应动力学控制的阻抗（电荷转移电阻，R_{ct}）和 Li^+扩散阻抗（Warburg 阻抗），高频区半圆部分与坐标轴的截距反映了电解液内阻（R_s）。通过等效电路图拟合分析发现，NO-CTF-1-S 电极的 R_s 值和 R_{ct} 值分别仅为 3.36Ω 和 44.21Ω，均低于 NO-CTF-2-S 电极（R_s 值和 R_{ct} 值分别为 8.48Ω 和 64.63Ω）和 AC-S 电极（R_s 值和 R_{ct} 值分别为 10.85Ω 和 157.98Ω），说明与二者相比，NO-CTF-1-S 电极材料具有更小的内阻和更为优异的氧化还原反应动力学特性。Warburg 系数（σ）可以用来对比不同电极中 Li^+的扩散阻抗，σ 值越小则相应 Li^+传输效率越高。根据低频区 $-Z'$ 和 $\omega^{-1/2}$ 拟合曲线斜率可以定量计算出 σ 值，经计算，NO-CTF-1-S、NO-CTF-2-S 和 AC-S 三种电极的 σ 值分别为 $4.06\Omega\cdot cm^2\cdot s^{-0.5}$、$2.81\Omega\cdot cm^2\cdot s^{-0.5}$ 和 $5.03\Omega\cdot cm^2\cdot s^{-0.5}$，更小的 σ 值意味着 NO-CTF-2-S 电极中 Li^+的传输效率更高。这一结果可以归因于 NO-CTF-2-S 材料内部更为丰富的介孔结构有助于电解液浸润和 Li^+的转移。

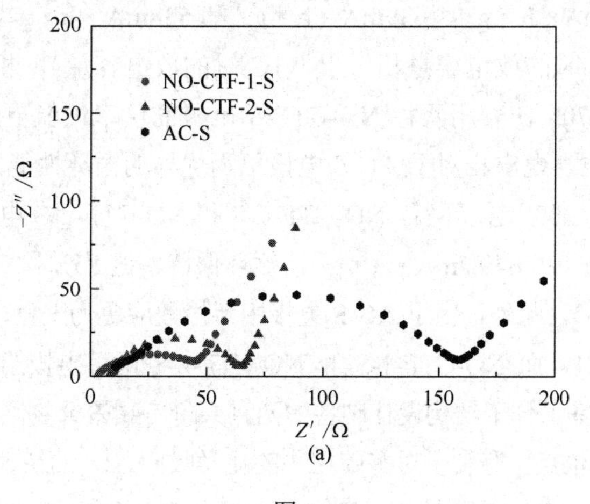

图 5-12

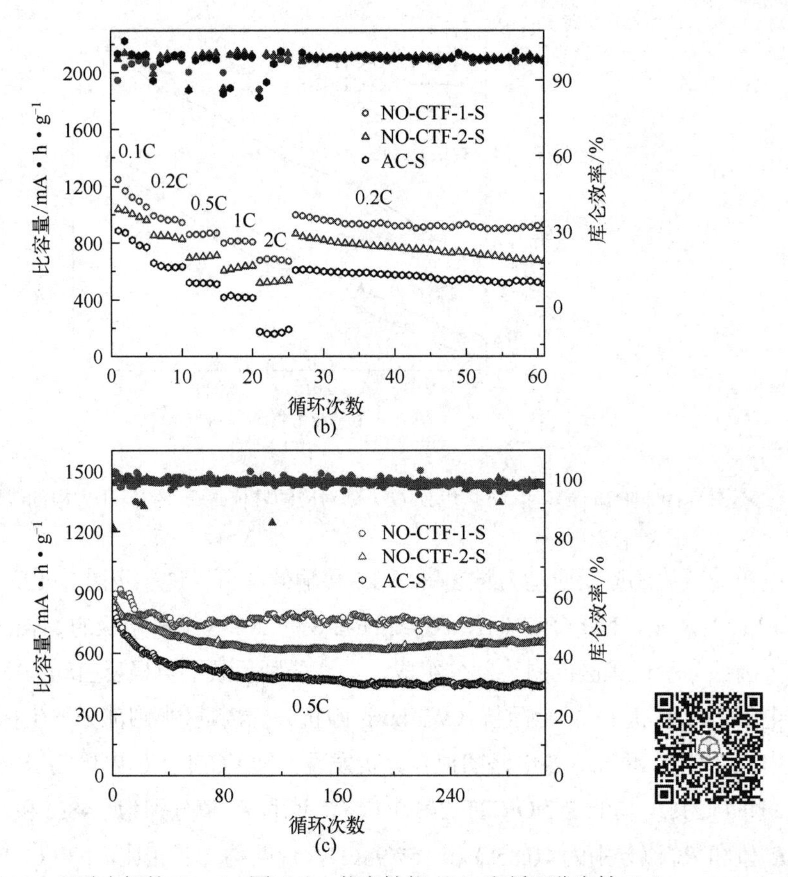

图 5-12　三种电极的 Nyquist 图（a）、倍率性能（b）和循环稳定性（c）

良好的电化学反应动力学和快速的 Li^+传输，有利于倍率性能的提升。三种电极材料的倍率性能对比如图 5-12（b）所示，在 0.1C 电流密度下，NO-CTF-1-S、NO-CTF-2-S 和 AC-S 三种电极的放电容量分别为 1250mA • h • g^{-1}、1040mA • h • g^{-1} 和 887mA • h • g^{-1}。当电流密度增大到 0.2C、0.5C、1C 和 2C 时，NO-CTF-1-S 电极的放电容量分别为 992mA • h • g^{-1}、860mA • h • g^{-1}、799mA • h • g^{-1} 和 678mA • h • g^{-1}，NO-CTF-2-S 电极的放电容量分别为 854mA • h • g^{-1}、713mA • h • g^{-1}、639mA • h • g^{-1} 和 538mA • h • g^{-1}，容量保持率分别为 54.24%和 51.73%（2C 时的放电容量相对于 0.1C 时的放电容量）。相比之下，AC-S 电极的容量保持率仅为 21.70%，表明两种 NO-CTF-S 电极的倍率性能更为优异。与此同时，两种 NO-CTF-S 电极也表现出相对于 AC-S 电极更为优异的循环性能，如图 5-12（c）所示，在 0.5C 的电流密度下，300 次循环后，NO-CTF-1-S 和 NO-CTF-2-S 电极的可逆放电比容量分别为 737.6mA • h • g^{-1} 和 649.7mA • h • g^{-1}，循环保持率达 85%和 77%，优于 AC-S 电极（443mA • h • g^{-1}，53%）。此外，由于 AC-S 电极中穿梭效应更为严重，300 次循环后电池库仑效率（CE）仅为 94%，而 NO-CTF-1-S 和 NO-CTF-2-S 两种电极的 CE 分别可达 98%和 97%。以上结果表明，基于分子结构设计制备的两种共价三嗪聚合物网络材料具有微/介孔结构和丰富的 N、O 活性位点，有利于对多硫化物的化学吸附、Li^+的快速转移和氧化还原动力学增强，从而显著提高电池的循环性能、库仑效率以及倍率性能。

相对于锂离子电池，锂硫电池具有更高的理论能量密度，但正极低硫面载量会造成整个电池体系中的活性物质占比低，难以发挥其高能量密度的优势。因此，设计制备高硫面载正极是构筑高能量密度锂硫电池的重中之重。在此，基于 CNT 柔性自支撑集流体制备了不同面载量的 NO-CTF-1-S-F 柔性电极，并对其进行电化学性能研究。柔性 NO-CTF-1-S-F 电极的实物图和驱动 LED 灯的实物图如图 5-13（a）所示。硫面载量 2.93mg・cm^{-2} 的 NO-CTF-1-S-F 电极在 0.1C、0.2C、0.5C、1C 和 2C 电流密度下分别表现出 1183mA・h・g^{-1}、1049mA・h・g^{-1}、742mA・h・g^{-1}、605mA・h・g^{-1} 和 549mA・h・g^{-1} 的可逆放电容量，且在 2C 时容量保持率仍为 46%（相对于 0.1C），具有较高的放电容量和优异的倍率性能［图 5-13（b）］。与此同时，NO-CTF-1-S-F 柔性电极也表现出优异的循环稳定性能，如图 5-13（c）所示，在 0.5C 条件下初始可逆放电容量为 780mA・h・g^{-1}，经 300 次循环后，放电容量仍为 717mA・h・g^{-1}，容量保持率可达 92%，平均容量衰减仅为 0.027%。不同硫负载（1.5mg・cm^{-2}、3.0mg・cm^{-2} 和 4.8mg・cm^{-2}）条件下，NO-CTF-1-S-F 电极的循环稳定性能测试结果如图 5-13（d）所示。在 0.2C 电流密度下，硫负载量 1.5mg・cm^{-2} 的柔性电极表现出 1.54mA・h・cm^{-2} 的高面容量，且经 40 次循环后，容量保持率仍为 90%。随着面载量的提升，电极的面容量进一步提高，当柔性电极硫负载量提升到 4.8mg・cm^{-2} 时，面容量可达 4.26mA・h・cm^{-2}，并在循环 40 次后保持 3.75mA・h・cm^{-2} 的高面容量，具有良好的循环稳定性。上述结果说明，即使在较高硫面载条件下，基于三嗪聚合物网络结构所制备的锂硫电池仍能表现出良好的电化学性能，具备一定的应用潜力。

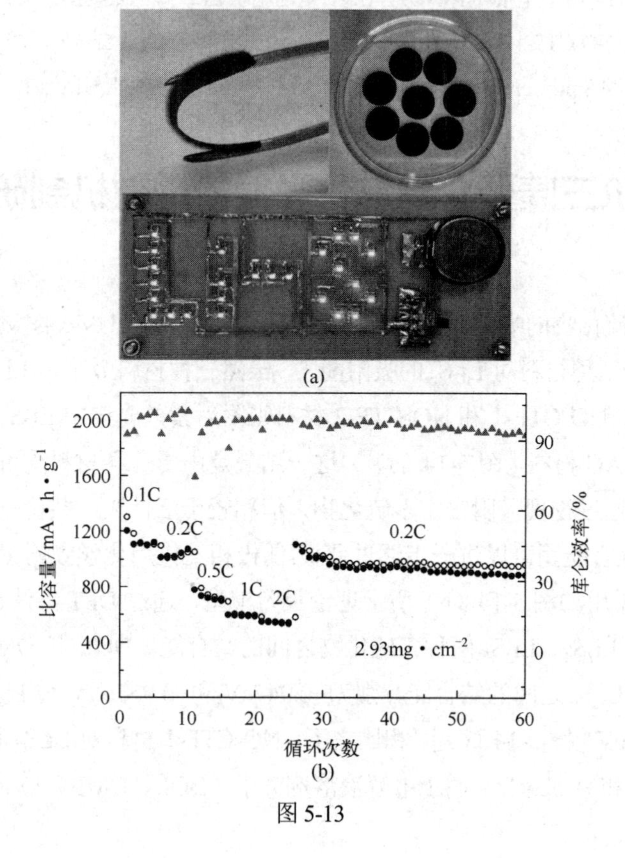

图 5-13

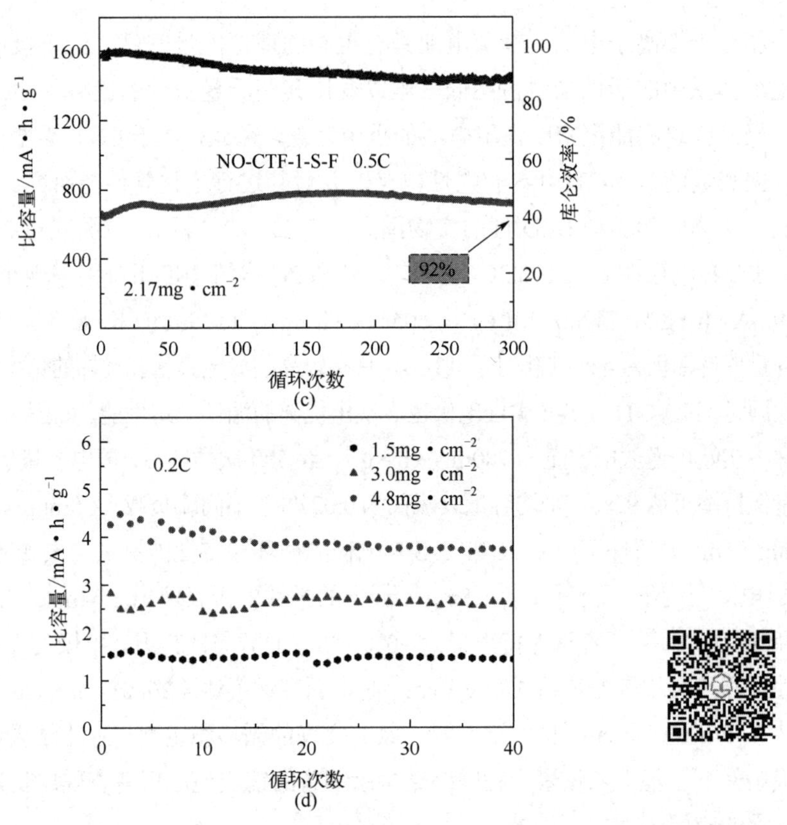

图 5-13 （a）NO-CTF-1-S-F 电极和 NO-CTF-1-S-F 电池驱动 LED 灯的实物图；（b）NO-CTF-1-S-F 电极的倍率性能；（c）NO-CTF-1-S-F 电极的循环稳定性测试结果；（d）1.5mg·cm^{-2}、3.0mg·cm^{-2} 和 4.8mg·cm^{-2} 硫负载 NO-CTF-1-S-F 电极的循环性能测试结果

5.6 硫/共价三嗪聚合物电化学性能增效机制研究

三种材料对多硫化物的吸附能力可以通过可视化实验以及 UV-Vis 测试进行评估。采用 UV-Vis 光谱分析了三种材料对 Li_2S_6 的吸附能力。虽然三种材料吸附后 Li_2S_6 特征峰均明显减小（420nm 处），但 NO-CTF-1 和 NO-CTF-2 材料吸附后紫外光谱中 Li_2S_6 特征峰几乎消失，吸附能力明显强于 AC 材料［图 5-14（a）］。这一结果是由于三种材料均可利用其丰富的孔隙结构和大比表面积通过物理吸附锚定多硫化物，但相较于活性炭，共价三嗪多孔网络材料中丰富的 N、O 极性官能团可以进一步通过偶极-偶极相互作用化学吸附多硫化物。随后，以 NO-CTF-1 为例，采用如图 5-14（b）所示理论吸附模型，通过 DFT 方法计算了 DOL、DME 以及 NO-CTF-1 与 Li_2S_4、Li_2S_6 两种多硫化物之间的结合能。DOL 和 DME 分子为电解液的主要成分，二者与 Li_2S_6 之间的结合能分别为−0.947eV 和−0.957eV，与 Li_2S_4 之间的结合能为−0.963eV 和−0.973eV［图 5-14（c）］。相比之下，NO-CTF-1 材料对 Li_2S_4 和 Li_2S_6 的结合能分别能够达到−1.937 和−1.626eV，高于电解液溶剂分子（DOL、DME）与二者的结合能，因此

能够有效地吸附 Li2S4 和 Li_2S_6，减少充放电过程中多硫化物在电解液中的溶解、穿梭。

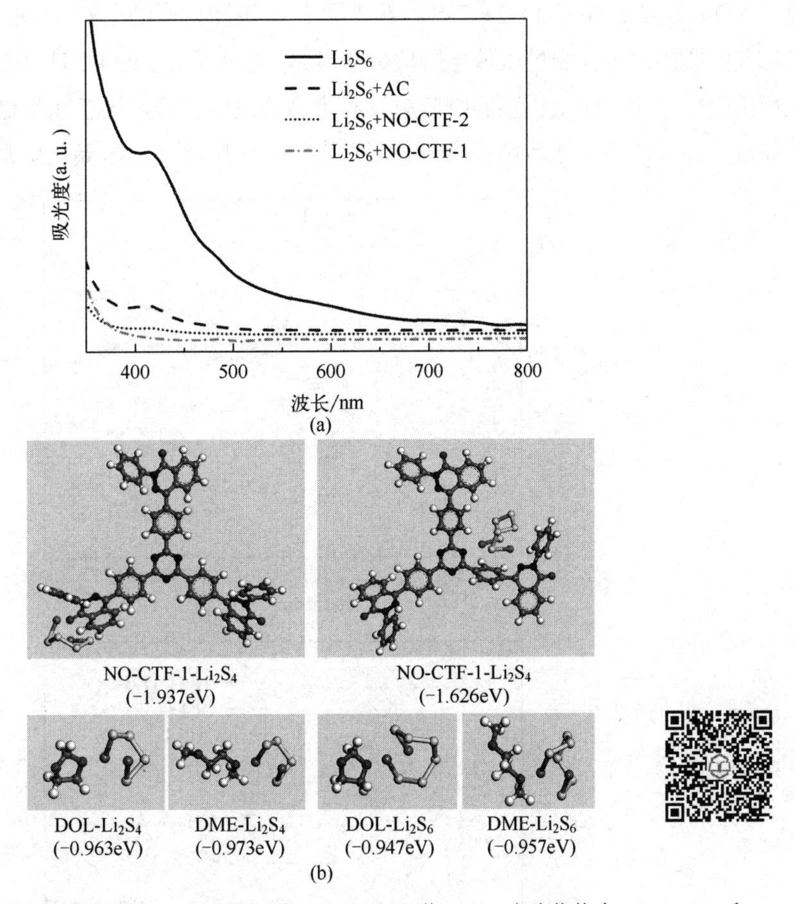

图 5-14　（a）静态吸附后的 Li_2S_6 溶液的紫外-可见光光谱；（b）多硫化物在 NO-CTF-1 和电解液分子附近的理论吸附模型和它们之间的结合能

为了深入研究 N、O 异质原子对电极氧化还原反应动力学特性的影响，我们集中探讨了在三种不同电极表面的 Li_2S 沉积和分解机制。在液态至固态转化阶段（即从 Li_2S_4 转化为 Li_2S_2/Li_2S），固态产物 Li_2S_2/Li_2S 的形成过程主要包括成核和晶体生长两个步骤，其中成核阶段具有更高的能量需求和更大的能垒。而在充电时，由于绝缘性质固态产物 Li_2S 的大量累积，离子与电子传输受阻，使得固态至液态转化（Li_2S 的分解）反应动力学表现不佳，初始阶段的 Li_2S 分解需要克服较大的能垒。后续充电过程中，初步分解产生的可溶性多硫化物作为氧化还原介质，能够降低转化能垒，进而促进 Li_2S 向多硫化物的转变。因此，Li_2S 的成核和初期分解环节是影响整个氧化还原反应动力学的关键因素，前者有利于均匀而快速地沉积 Li_2S，后者则有助于提高放电产物活性物质的利用率和循环性能。图 5-15（a）、图 5-15（b）展示了三种电极在充放电曲线中对应 Li_2S 分解和成核过程的部分恒流充放电曲线。从中可以观察到，NO-CTF-1-S 电极在充放电过程中显示出更低的 Li_2S 分解过电势 ΔV_1 和 Li_2S 成核过电势 ΔV_2，这表明富含 N、O 活性位点的 NO-CTF-1-S 材料表面更利于 Li_2S 的成核与分解行为。为进一步验证 N、O 异质原子在放电过程中对 Li_2S 沉积过程的促进效果，以 0.2mol • L^{-1} Li_2S_8 为活性物质，在 NO-CTF-1-S、NO-CTF-2-S 和 AC-S 电极上进行了 Li_2S 沉积实验。图 5-15（c）呈现了 NO-CTF-1-S 和 NO-CTF-2-S 电极表面 Li_2S 沉积过程的电流-时间（*I-t*）曲线图，曲线与坐标轴围成的面积代表恒压放电阶段的总容量。结果显示，NO-CTF-1-S 和 NO-CTF-2-S 电极在恒压放电期间表现出更强的响应电流和更高的放电容量，这意味着这两种硫载体材料能有效促进活性物质的快速转化和高效利用，从而提升其表面 Li_2S 转化的沉积效率。通过对反

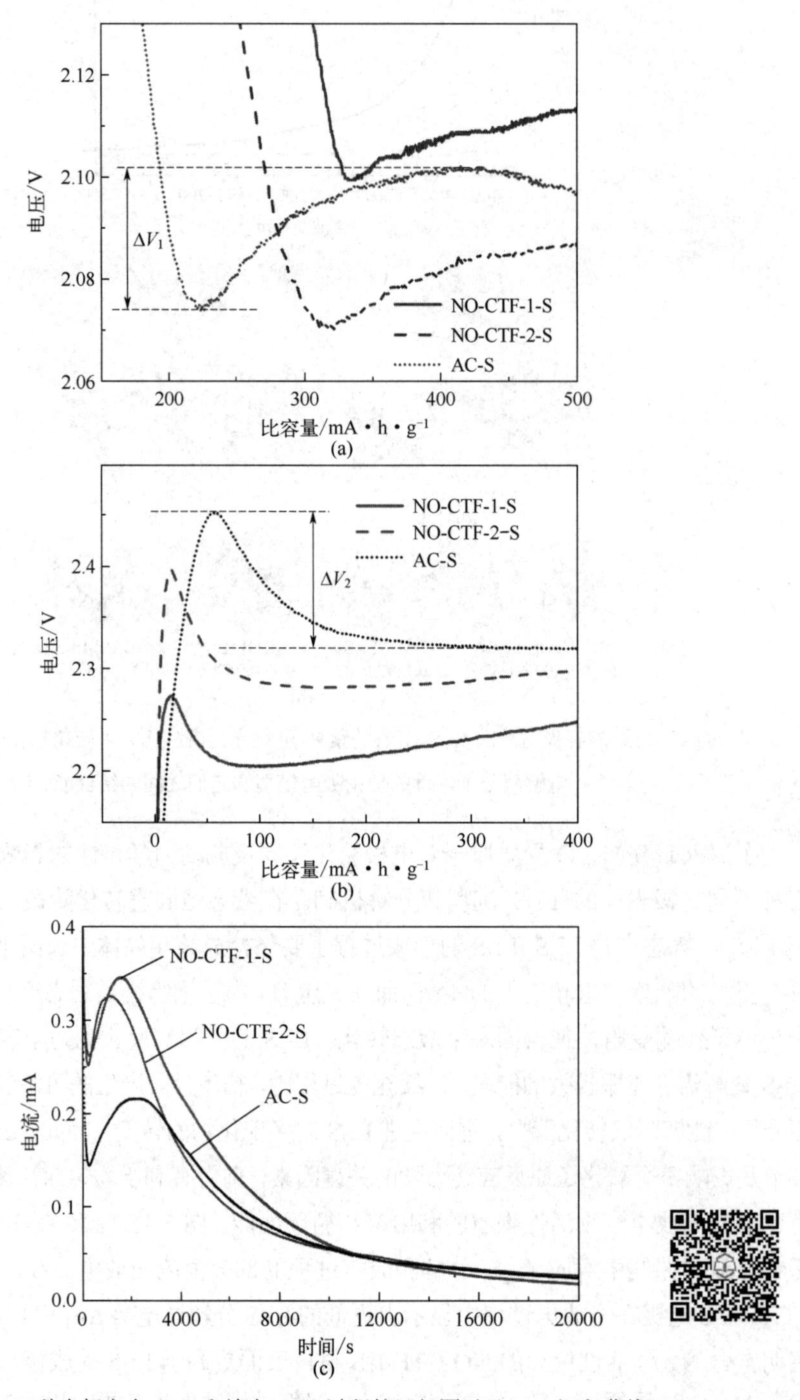

图 5-15　三种电极充电（a）和放电（b）过程的局部图以及 Li_2S 沉积曲线（c）

应动力学的研究可以发现，与AC-S电极相比，N、O异质原子含量更为丰富的NO-CTF-1-S电极表现出更低的成核过电势、核生长过电势，氧化还原反应动力学明显提升。

5.7 小结

针对锂硫电池中硫及其放电产物电子、离子电导率差，体积膨胀，穿梭效应以及反应动力学过程缓慢等固有问题，本章提出了一种增强锂硫电池体系中共价三嗪网络材料功能性的新策略，即从分子结构设计出发，调节共价三嗪聚合物网络材料的微观结构，并通过高温交联、重排反应进一步增强材料导电性。基于这一策略，创制了两种具有大比表面积，稳定微/介孔结构，丰富N、O杂原子和高电导率的共价三嗪聚合物网络材料，并将其作为硫载体制备了电化学性能优异的锂硫电池正极材料。通过理论计算和实验验证发现，三嗪网络材料丰富的N、O异质原子和微/介孔结构能从缓解穿梭效应和改善电极反应动力学特性两方面增强电化学性能。NO-CTF-1对Li_2S_4和Li_2S_6的结合能分别为−1.937eV和−1.626eV，明显高于电解液分子与多硫化物的结合能，对多硫化物有较强的化学吸附作用，能有效抑制穿梭效应，从而改善电极的循环性能。聚合物网络材料中微/介孔结构有利于Li^+的传输，N、O异质原子能为电化学反应提供更多的反应活性位点，二者协同作用使得NO-CTF-1材料表面Li_2S分解和Li_2S沉积过电势降低、Li_2S转化效率提升、电极极化减小，显著增强了充放电过程中氧化还原反应动力学特性。基于以上优势，NO-CTF-1-S复合正极表现出1250mA·h·g^{-1}高比容量（0.1C）、优异的倍率性能（678mA·h·g^{-1}，2C）以及300次循环后85%的容量保持率（0.5C）。

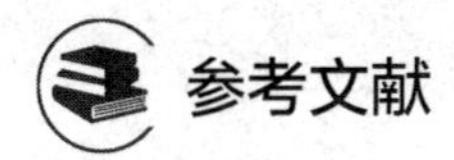

参考文献

[1] Fang R P, Zhao S Y, Sun Z H, et al. More reliable lithium-sulfur batteries: status, solutions and prospects [J]. Advanced Materials, 2017, 29(48): 1606823.

[2] Peng H J, Huang J Q, Cheng X B, et al. Review on high-loading and high-energy lithium-sulfur batteries [J]. Advanced Energy Materials, 2017, 7(24): 1700260.

[3] Huang Y Z, Lin L, Zhang C K, et al. Recent Advances and strategies toward polysulfides shuttle inhibition for high-performance Li-S batteries [J]. Advanced Science, 2022, 9(12): 2106004.

[4] Gao R H, Zhang Q, Zhao Y, et al. Regulating polysulfide redox kinetics on a self-healing electrode for high-performance flexible lithium-sulfur batteries [J]. Advanced Functional Materials, 2022, 32(15): 2110313.

[5] Gong Q, Hou L, Li T Y, et al. Regulating the molecular interactions in polymer binder for high-performance lithium-sulfur batteries [J].

ACS Nano, 2022, 16(5): 8449-8460.

[6] Li G R, Wang S, Zhang Y N, et al. Revisiting the role of polysulfides in lithium-sulfur batteries [J]. Advanced Materials, 2018, 30(22): 1705590.

[7] Zeng S B, Arumugam G M, Liu X H, et al. Encapsulation of sulfur into N-doped porous carbon cages by a facile, template-free method for stable lithium-sulfur cathode [J]. Small, 2020, 16(39): 2001027.

[8] Li Y J, Lei X Q, Yuan Y F, et al. Fe_2P decorated N, P co-doped carbon synthesized via direct biological recycling for endurable sulfur encapsulation [J]. ACS Central Science, 2020, 6(10): 1827-1834.

[9] Zhang S J, Zhang P, Hou R H, et al. In situ sulfur-doped graphene nanofiber network as efficient metal-free electrocatalyst for polysulfides redox reactions in lithium-sulfur batteries [J]. Journal of Energy Chemistry, 2020, 47: 281-290.

[10] Liu M Y, Guo L P, Jin S B, et al. Covalent triazine frameworks: synthesis and applications [J]. Journal of Materials Chemistry A, 2019, 7(10): 5153-5172.

[11] Yuan Y, Sun F X, Zhang F, et al. Targeted synthesis of porous aromatic frameworks and their composites for versatile, facile, efficacious, and durable antibacterial polymer coatings [J]. Advanced Materials, 2014, 25(45): 6619-6624.

[12] 袁宽瑜. 二氮杂萘酮基微孔有机聚合物的制备及其 CO_2 吸附分离性能研究 [D]. 大连: 大连理工大学, 2018.

第6章 有机硫聚合物正极材料研究

在上一章内容中，我们通过分子设计和离子热聚合的方法制备了N、O共掺杂共价三嗪聚合物网络材料，并将其作为锂硫电池正极的硫载体。探究了共价三嗪聚合物网络材料微观结构对宏观电化学性能的影响规律，即多级孔结构有利于Li^+传输，均匀分布的N、O异质原子可以有效吸附多硫化物并改善其氧化还原反应动力学，二者协同作用增强了硫正极的电化学性能。与商业化活性炭材料相比，NO-CTF-1-S正极材料表现出更高的放电容量、更优异的循环稳定性以及倍率性能，显著提升了其在锂硫电池中的应用潜力。但是，多孔网络结构本身复杂的孔隙结构会大量消耗电解液，导致所需E/S值较高，影响电池整体能量密度，并且通过物理、化学吸附等作用对多硫化物束缚能力有限，导致难以进一步提升电池稳定性。相对于物理、化学吸附，通过共价键合的方式将活性物质硫嵌入有机基体骨架中被证明是使活性物质分布均匀、减少多硫化物溶解和扩散更为有效的策略。共聚过程中产生的C—S共价键还能有效改善电极的氧化还原动力学，提高倍率性能。因此，本章主要针对锂硫电池容量衰减快、循环寿命短的问题，合理构建高稳定性锂硫电池用有机硫聚合物正极材料，并通过实验验证和理论计算系统地揭示有机硫聚合物正极材料充放电过程中的相变和纳米结构演变以及对电化学性能的增强机制。具体可以分为两个部分。

① 拟通过乙烯基/环氧双官能团共价固硫的策略，大幅度提升电池的稳定性。具体地，将带有乙烯基和环氧官能团的低成本工业副产物1,2-环氧-4-乙烯基环己烷作为小分子交联剂与受热开环的线性硫长链共聚，以共价键合的方式将线性硫长链均匀嵌入有机硫聚合物骨架中，制备新型有机硫聚合物（SVE），并研究其在常规/高硫面载量时的电化学性能。随后，通过研究传统碳-硫复合正极材料和乙烯基/环氧双官能团共价固硫有机硫聚合物正极材料的结构特性及电化学性能差异，明晰SVE正极材料对电化学性能的增强机制。利用非原位XRD、TEM和非原位XPS等测试手段详细分析此类有机硫聚合物充放电过程中的纳米结构演变过程。

② 拟通过先将大量的“逆硫化”活性位点集成于超支化聚乙烯亚胺聚合物，再与导电基底共价键合获得“活性位点集成化”有机硫聚合物设计策略，构建具有丰富烯丙基活性位点的半固定化有机硫聚合物骨架（A-PEI-EGO），以改善有机硫聚合物易溶解、电子电导率低

和活性位点少等问题。结合 XPS、XRD 以及四探针电导率实验，分析半固定化的化学接枝过程对接枝聚合物和导电基底功能性的调节作用。通过实验验证和理论计算揭示半固定化有机硫聚合物正极材料的结构优越性和对电化学性能的增强机制。

6.1 乙烯基/环氧双官能团共价固硫有机硫聚合物正极材料研究

6.1.1 双官能团共价固硫有机硫聚合物设计思想概述

2013 年，Pyun 研究团队[1]开创性地提出了“逆硫化”这一合成策略，在锂硫电池领域引发了广泛关注。该方法突破了传统思路，利用小分子有机结构单元如不饱和烃（包括烯烃和炔烃等）作为交联剂，与受热开环的线性硫链进行反应，通过形成 C—S 共价键构建出有机硫聚合物网络结构。有机硫聚合物作为硫正极材料具有成本低廉、含硫量高、活性物质分布均匀、化学和电化学稳定性好等优势，被认为是极具潜力的高性能和低成本的锂硫电池正极候选材料[2-4]。尽管“逆硫化”技术展现出巨大前景，但目前报道的有机结构单元大多局限于含烯烃/炔烃以及硫醇官能团的小分子体系，对于有机硫聚合物的结构多样性拓展仍有待加强[4-7]。进一步的研究工作需要探究更多类型的有机结构如何有效地参与“逆硫化”过程，并且深入剖析此类有机硫聚合物在充放电循环中的反应机理及伴随的结构演变规律，以期优化性能并提升其在实际应用中的稳定性、延长循环寿命。

烯丙基/环氧化合物/硫体系的双固化机理已在环氧树脂固化过程中得到应用，这个机制涉及硫自由基引发下的烯丙基双键交联反应以及环氧基团与巯基间的开环加成反应[8-9]。在双固化过程中，烯丙基化合物/环氧树脂/硫体系中的双键和环氧基团几乎可以 100%有效转化。这种高效固化特性为设计新型有机硫聚合物正极提供了新的可能性。受此思想启发，我们提出了乙烯基/环氧双官能团共价固硫的有机硫聚合物正极设计策略，即通过硫自由基引发的双键交联反应和环氧基团与巯基之间的开环反应使硫与含乙烯基和环氧基团的单体共聚，以共价键合的方式将活性物质硫嵌入到有机硫聚合物基体中。本研究基于“变废为宝”的理念，选取工业副产品 1,2-环氧-4-乙烯基环己烷（VE）作为经济型交联剂与单质硫进行共聚反应，采用简单高效的“一步合成法”制备了 SVE 有机硫聚合物。其中，乙烯基和环氧基团对活性物质硫的双重锚定作用，显著增强了电池整体的稳定性，石墨烯的引入有效改善了有机硫聚合物导电性较差的问题，有效提升了正极的电子和离子传输效率。实验结果显示，将 SVE 作为锂硫电池的正极活性材料时，电池展现出卓越的电化学性能特性：在 0.1C 的电流密度下，SVE（1∶1）正极表现出 1248mA·h·g^{-1} 的高比容量；在 0.5C 电流密度下循环 400 次后，SVE(1∶9)正极平均容量衰减率仅为 0.008%，具有优异的循环稳定性。值得注意的是，0.1C 电流密度下，即使在高硫负载量（6.0mg • cm^{-2}，对应 E/S 值为 12μL • mg^{-1}）条件下，SVE（1∶9）电极仍能保持 6.36mA • h • cm^{-2} 的面容量，并且经过 50 次循环后，循环保持率可达 89%。此外，本节通过一系列测试手段，结合理论计算模拟，详细分析了此类有机硫聚合物正极在充放电过程中的纳米结构演变过程和电化学性能增强机制。

6.1.2 双官能团共价固硫有机硫聚合物材料合成与电极制备

（1）材料合成

首先，将 0.2g VE、1.8g 单质硫和 0.5g 石墨烯混合于 2mL CS_2 中，密封后超声处理 30min。接着，在 50℃下加热搅拌以去除溶剂 CS_2，完全干燥后，置于 175℃油浴锅中热处理 6h，并在 100℃真空条件下干燥 12h，最终得到黑色固体产物 SVE（1∶9）。SVE（1∶1）的合成方法与 SVE（1∶9）相同，仅将加料量改变为 1gVE、1g 单质硫、0.5g 石墨烯和 2mL CS_2。作为对比，石墨烯-硫复合材料（G-S）通过常规的熔融法制得，含硫量约为 70%。

（2）电极制备

正极极片制备：按 8∶1∶1 的质量比混合有机硫聚合物活性物质、PVDF 黏结剂及乙炔黑导电剂，并添加适量 NMP 研磨成浆料。将浆料均匀涂敷于铝箔表面，60℃真空干燥 24h 后裁剪成直径为 11mm 的圆片，用作电池正极，硫面载量控制在 1.0～1.5mg • cm^{-2}，E/S 值为 15μL • mg^{-1}。高面载电极片采用反复刮涂的方法制备，硫面载量分别为 2.6mg • cm^{-2}（E/S=15μL • mg^{-1}）、6.0mg • cm^{-2}（E/S=12μL • mg^{-1}）和 8.0mg • cm^{-2}（E/S=10μL • mg^{-1}）。

6.1.3 双官能团共价固硫有机硫聚合物结构分析

双官能团固硫有机硫聚合物 SVE（1∶9）和 SVE（1∶1）是由 VE 和 S_8 环状分子制得的，机理详细描绘在图 6-1 中。第一步，在高于 159℃的条件下，S_8 分子发生热裂解，在开环后形成具有自由基末端的长链硫分子。第二步反应涉及两种不同的路径：一是硫自由基与不饱和双键的加成反应；二是硫长链上的自由基从乙烯基官能团中攫取α-H 形成巯基，同时自由基转移到相邻的含有乙烯基结构的部分。第三步，新生成的巯基与环氧基团之间发生开环反应，形成新的化学键。最终，经过反复的硫自由基介导的双键交联反应以及环氧基与巯基之间的开环共聚反应，使得整个体系形成一个交联紧密的网络结构。如图 6-2 所示，有机硫聚合物（SVE）由 VE 和 S_8 两种石油工业副产物在 175℃条件下通过一步反应合成。由于其合成工艺简洁且成本较低廉，因此即便在实验室条件下也可以制备出 5g 和 50g 规模的 SVE 正极材料。

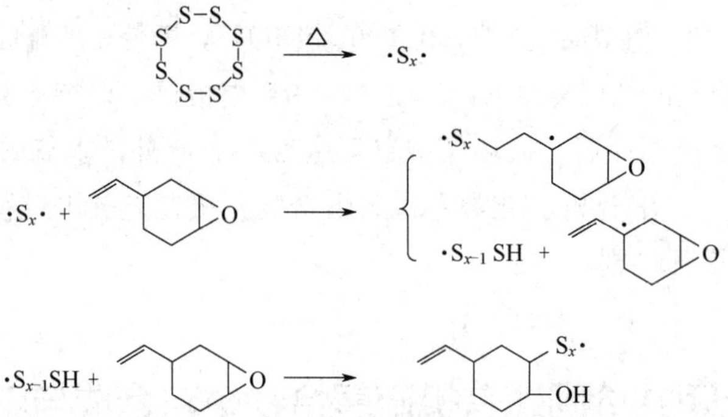

$$S_8 \xrightarrow{\triangle} \cdot S_x \cdot$$

$$\cdot S_x \cdot + \text{VE} \longrightarrow \begin{cases} \cdot S_x\text{—} \\ \cdot S_{x-1}SH + \end{cases}$$

$$\cdot S_{x-1}SH + \text{VE} \longrightarrow S_x\cdot,\ \text{OH}$$

图 6-1　乙烯基/环氧化合物/硫体系的固硫机理

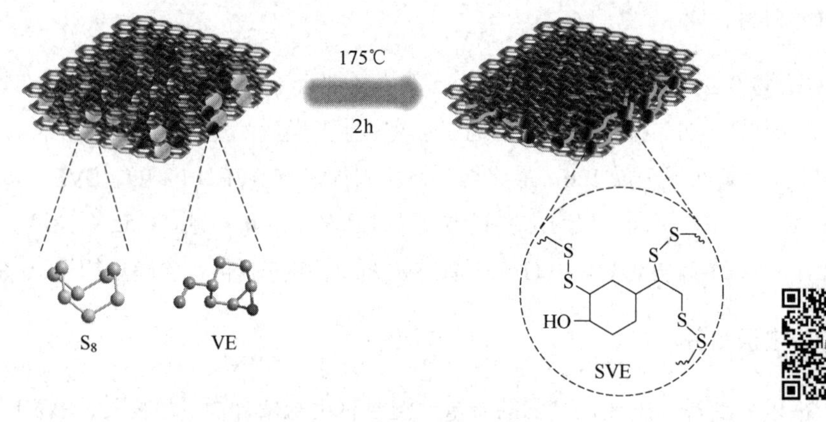

图 6-2　有机硫聚合物（SVE）的合成

通过 SEM 对三种材料 SVE（1∶9）、SVE（1∶1）和 G-S 进行了表面形貌研究，旨在揭示活性物质在其上的分布状况。从图 6-3（a）～图 6-3（d）可见，小分子有机硫聚合物（SVE）在石墨烯上展现出更均匀的分散性，即使负载了活性物质，石墨烯仍能保持明显的单层结构特征，在 SEM 图像中清晰可辨。与此相反，G-S 材料表面表现出显著的硫元素聚集现象。这一现象是因为在“逆硫化”反应过程中带有双共价活性位点的小分子 VE 作为交联剂能够交联受热开环的线性硫链，有效改善活性物质的团聚、不均匀分布等问题。利用扫描电子显微镜配备的能谱分析仪（EDS）进一步确认了 SVE（1∶1）材料表面 S 元素的均匀分布状态，如图 6-3（d）所示。这些发现有力证明了 SVE 有机硫聚合物作为正极材料时，其优异的性能在于能够极大地促进活性物质在导电基底上的均匀分布，从而有效避免硫颗粒聚集导致的低利用率问题，提升了整体电化学性能。

随后，FT-IR、XRD、DSC 等多种分析测试手段被用于确认 VE 和 S 之间的“逆硫化”反应。在图 6-4（a）红外谱图上，VE 分子在 $1640cm^{-1}$ 和 $910cm^{-1}$ 处分别显示出双键和环氧官能团的特征吸收峰。而在经过“逆硫化”反应形成 SVE（1∶1）后，$1640cm^{-1}$ 和 $910cm^{-1}$ 两处的特征峰减弱，甚至消失，并且在 $613cm^{-1}$ 处出现了代表 C—S 共价键的新峰，同时伴随有—OH 官能团吸收峰强度的显著增强。这证实了有机小分子 VE 中的乙烯基和环氧官能团通过“逆硫化”过程与受热开环的线性硫链成功实现共聚。共聚后产生大量 C—S 共价键，

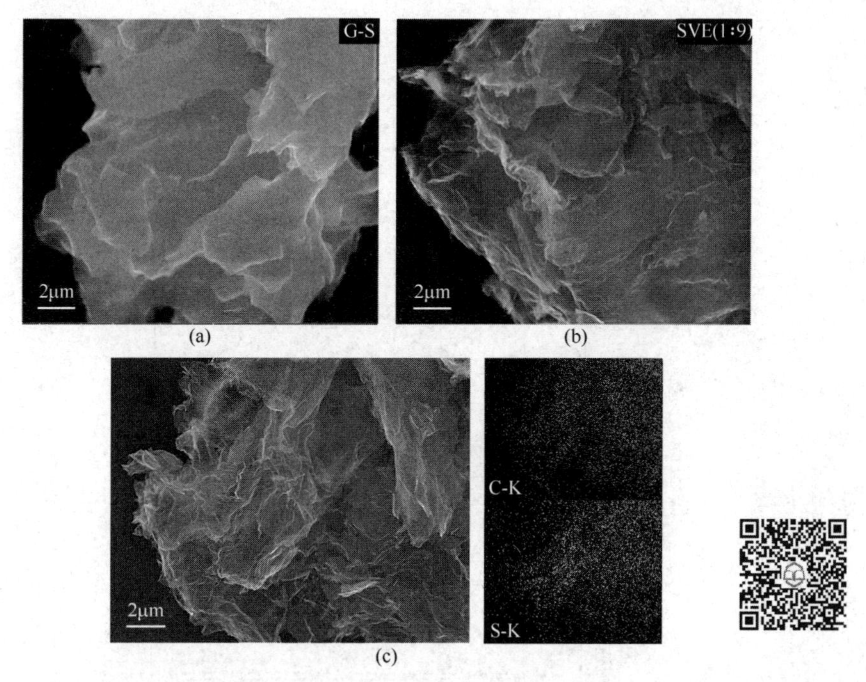

图6-3 （a）G-S的SEM测试图；（b）SVE（1∶9）的SEM测试图；（c）SVE（1∶1）的SEM测试图以及EDS分析能谱

并且伴随着环氧开环，—OH官能团也随之增多，这一结果与之前提出的固硫机理完全吻合（图6-1）。图6-4（b）为硫单质和SVE（1∶1）的XRD谱图，SVE（1∶1）的XRD谱图中未观察到明显的硫单质的特征峰，表现为无定形结构。这是由于“逆硫化”过程中受热开环的线性硫与VE的双键和环氧官能团共价键合，形成了有机硫聚合物，SVE（1∶1）中的硫元素不再以S_8环状分子的状态存在。四种材料的DSC测试曲线如图6-4（c）所示，其中硫单质与G-S复合材料在降温及升温过程中表现出显著的热效应峰。具体表现为降温时的向上放热峰对应硫的结晶过程，而升温时的向下吸热峰则对应硫的熔融过程。相反，在SVE（1∶9）和SVE（1∶1）这两种有机硫聚物的DSC曲线中，并未检测到明显的放热峰，这表明其硫元素的存在形态不同于硫单质。值得注意的是，即使在SVE样品中未观察到典型的硫结晶放热

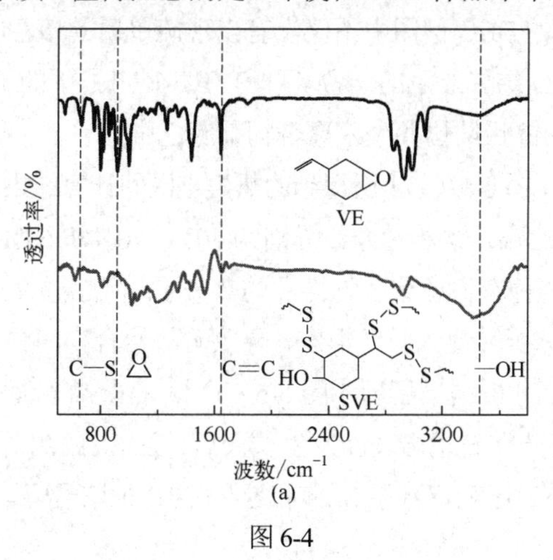

图6-4

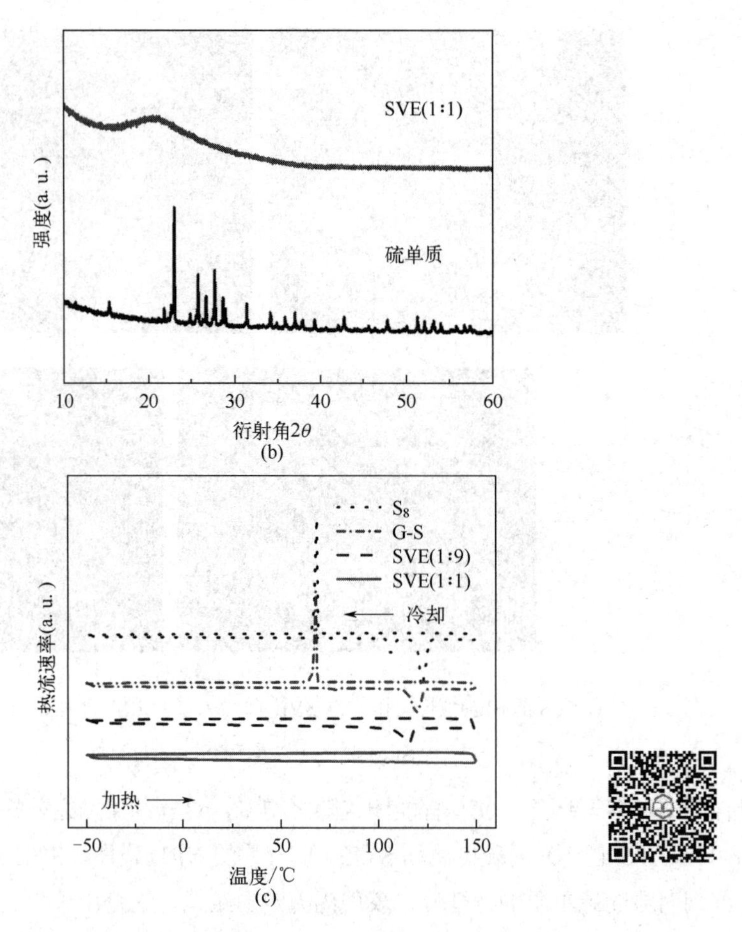

图 6-4 （a）VE 和 SVE（1∶1）的红外谱图；（b）硫单质和 SVE（1∶1）的 XRD 谱图；（c）DSC 曲线测试谱图对比

峰，也不能断言所有 S_8 环状分子已完全转变为链状结构。因为在结晶过程中需要成核再生长，过程缓慢，S_8 环状分子含量较低时放热结晶峰也可能消失。SVE（1∶9）样品在 DSC 测试中依然存在硫熔融的吸热峰，证实了该材料内部仍含有一定量未反应的硫单质成分。相比之下，SVE（1∶1）样品的 DSC 谱图中不仅没有出现硫单质的熔融吸热峰，而且其结晶放热峰也完全消失，这与 XRD 结果显示的一致，即 SVE（1∶1）中的硫元素已不再以 S_8 环状形式存在，而是彻底转化为链状结构并嵌入聚合物基底之中。

根据 TGA 热重分析［图 6-5（a）］所得到的热失重区间计算结果表明，SVE（1∶1）、SVE（1∶9）以及 G-S 样品中的硫元素质量分数分别为 40%、70%和 69%。相较于 G-S 样品，SVE（1∶9）和 SVE（1∶1）两种有机硫聚合物样品的热失重起始温度更高，这是因为经过共聚反应后硫的状态由 S_8 环状分子转变为长链形态，导致硫与聚合物间的相互作用增强，从而提高了其分解温度。XPS 测试分析结果显示［图 6-5（b）］，石墨烯表面仅检测到 C 1s 和 O 1s 的特征峰。而当 VE 分子与硫在石墨烯表面发生共聚后，在 SVE（1∶9）和 SVE（1∶1）材料中，除了 C 1s 和 O 1s 外，还观察到了 S 2s 和 S 2p 的特征信号峰。为了深入探究 SVE 共聚物中C—S共价键的存在，对SVE（1∶1）样品的C 1s及S 2p XPS精细谱图进行了细致分析［见图6-5（c）、图6-5（d）］。在C 1s XPS分峰谱图［图6-5（c）］中，确认了C元素存在三种主要化学键合状态，即C—C、C—S以及C—O，分别对应于能量位置为284.7eV、285.5eV以及286.3eV的峰位。在S 2p的XPS分峰谱图中发现了四个显著特征峰，分别位于160.8eV、162.6eV、162.8eV和163.9eV［图6-5（d）］。其中162.8eV（S $2p^{3/2}$）和163.9eV（S $2p^{1/2}$）处的两个峰为硫长链的C—S和S—S键吸收峰，160.8eV和162.6eV处的两个峰为C—S键的特

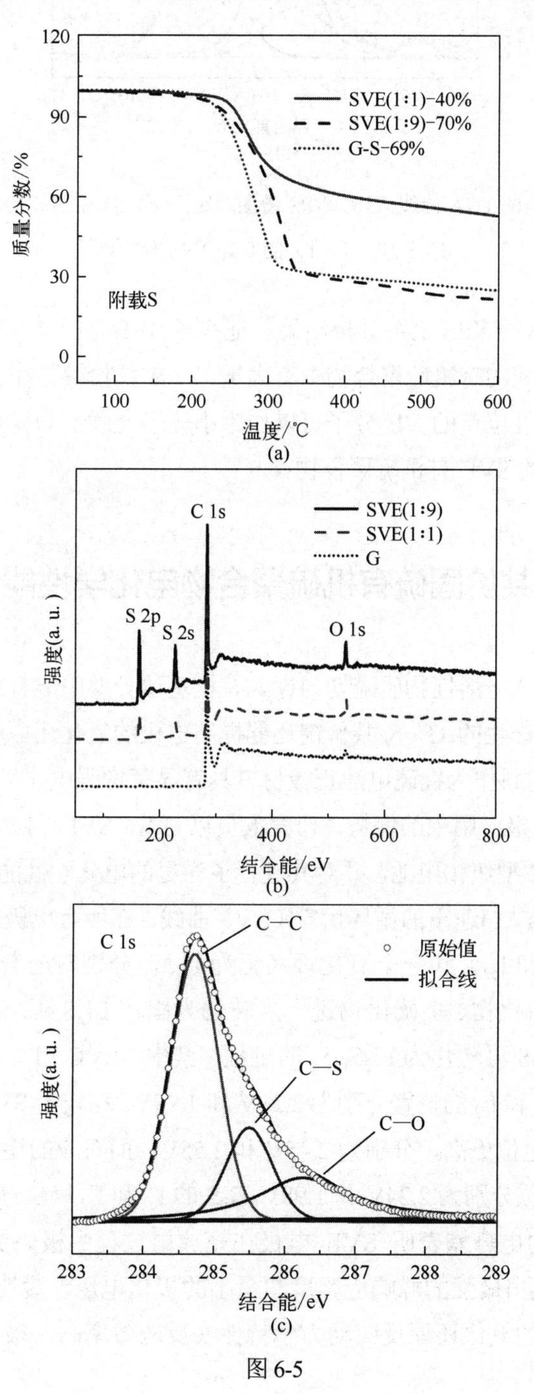

图6-5

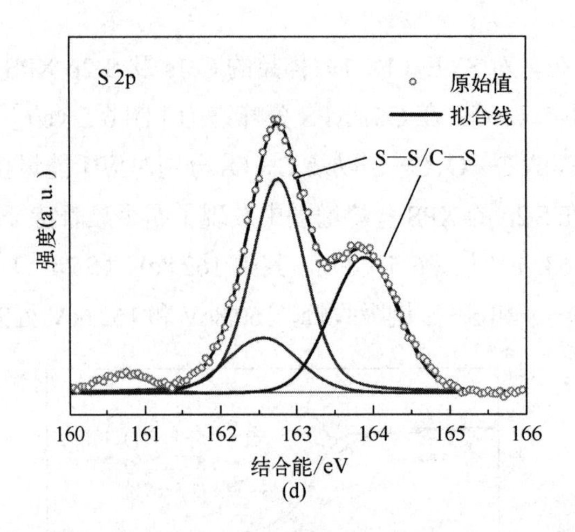

图 6-5 （a）三种活性材料的 TGA 曲线；（b）XPS 谱图对比；（c）SVE（1∶1）的 C 1s XPS 分峰谱图；（d）SVE（1∶1）的 S 2p XPS 分峰谱图

征峰。综合 C 1s 和 S 2p 的 XPS 谱图分析结果，证实了 SVE（1∶1）材料中的硫元素主要以线性硫形态结合，且形成的有机硫聚合物中有大量 C—S 共价键存在。上述结果证明，带有乙烯基和环氧双共价活性位点的 VE 分子可以作为小分子交联剂与受热开环的线性硫链共聚，获得带有 C—S 共价键的 SVE 有机硫聚合物。

6.1.4 双官能团共价固硫有机硫聚合物电化学性能分析

通过共价键合的方式将活性物质硫均匀嵌入有机基体骨架中能有效缓解多硫化物溶解和扩散，同时共聚过程中产生的 C—S 共价键还能提高电极的氧化还原动力学速率，因此通过双官能团固硫的 SVE 材料作为锂硫电池正极材料具有显著增强电化学性能的潜力。为了验证 SVE 材料在锂硫电池正极应用中的优势，研究人员以 G-S、SVE（1∶9）和 SVE（1∶1）作为活性物质装配成 2032 型纽扣电池，并对其进行了详尽的电化学性能测试。图 6-6（a）展示了三种电极在 $0.1mV\cdot s^{-1}$ 扫速下的循环伏安（CV）曲线。在所有电极的 CV 曲线上均观察到两个还原峰（记为 I_{c1} 和 I_{c2}）和一个氧化峰（记为 I_{a1}），分别对应着 S_8 环状分子在还原过程中转化为可溶性多硫化物、多硫化物进一步转化为固相 Li_2S_2/Li_2S 的反应过程以及在氧化过程中固相 Li_2S_2/Li_2S 再转化为 Li_2S_8/S_8 的过程。其中，SVE（1∶1）电极的氧化峰 I_{a1} 位于 2.37V 处，还原峰 I_{c1} 和 I_{c2} 的位置分别为 2.28V 和 1.99V。相较于 SVE（1∶1），G-S 和 SVE（1∶9）电极的氧化峰电位更高，分别为 2.45V 和 2.55V，而对应的还原峰电位则更低。SVE（1∶9)的 I_{c1} 和 I_{c2} 的峰位分别为 2.24V 和 1.98V，G-S 的 I_{c1} 和 I_{c2} 峰位分别为 2.19V 和 1.84V。更小的氧化和还原峰的电势差表明 SVE 电极在充放电过程中极化更小。在三种电极中，SVE（1∶1）电极表现出最强的峰响应强度和最小的极化电压，说明在三种电极之中 SVE（1∶1）电极具有最优的氧化还原反应动力学特性（反应效率高，极化小）。图 6-6（b）呈现了 G-S、SVE（1∶9）和 SVE（1∶1）正极材料在不同电流密度下的放电容量对比。在 0.1C 电流密度条件下，SVE（1∶1）和 SVE（1∶9）电极的放电容量分别为 1248mA・h・g^{-1} 和 1167mA・h・g^{-1}，明显高于 G-S 电极的 1065mA・h・g^{-1}，表明在硫原子均匀分布的 SVE 电极中，活性物质的利用率得到了显著提高。随着电流密度递增至 0.2C、0.5C、1C 和 2C 时，SVE（1∶1）电极的放电容量分别下降至 1044mA・h・g^{-1}、963mA・h・g^{-1}、889mA・h・g^{-1} 和 773mA・h・g^{-1}，而 SVE（1∶9）电极相应降至 917mA・h・g^{-1}、

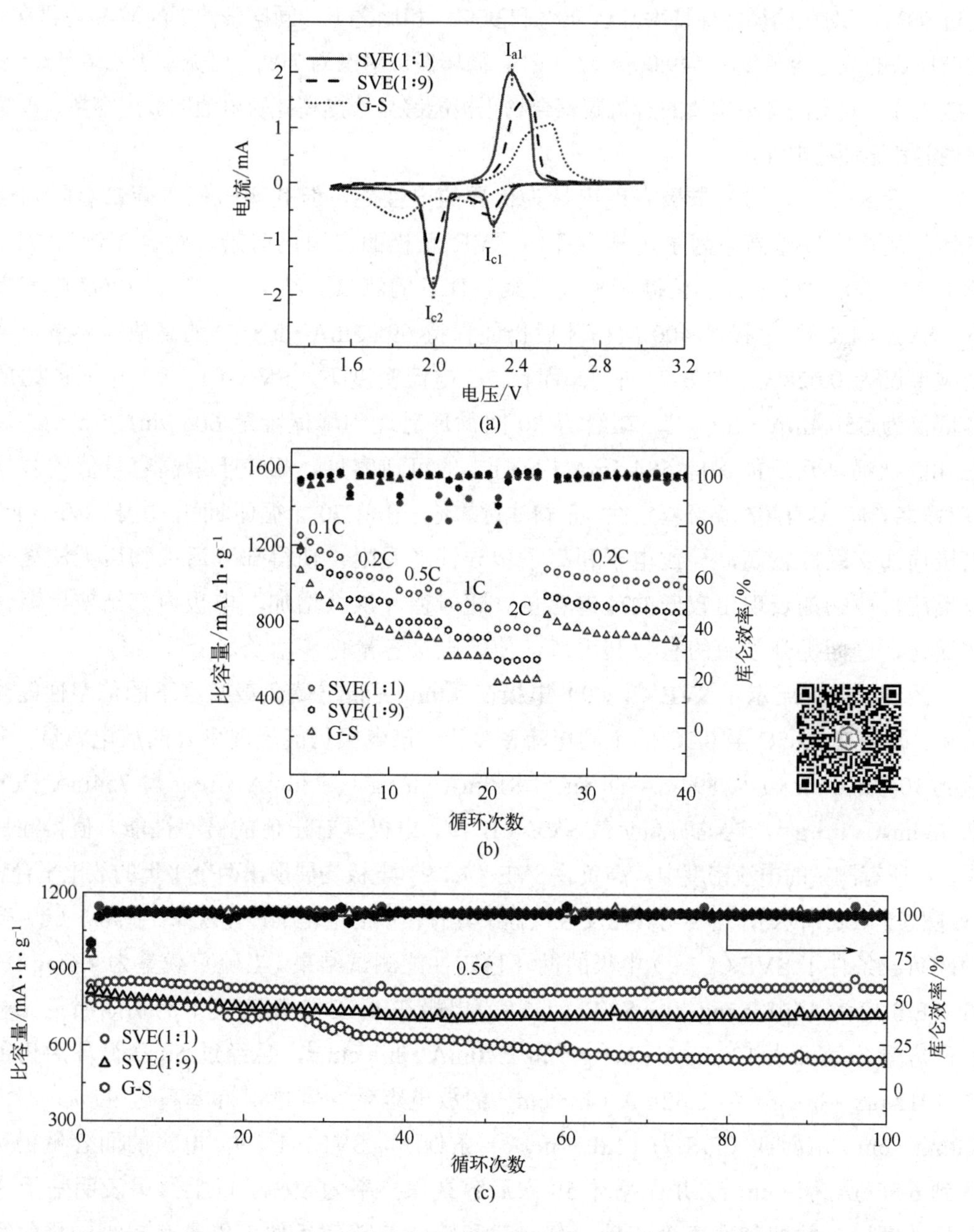

图6-6 G-S、SVE（1∶9）和 SVE（1∶1）电极的循环伏安测试曲线（a）、倍率性能对比（b）和循环稳定性对比（c）

799mA·h·g^{-1}、718mA·h·g^{-1}和606mA·h·g^{-1}，二者在电流密度从0.1C变化至2C的过程中容量保留率分别达到了62%和52%。相比之下，电流密度为2C时，G-S电极的放电容量下降至500mA·h·g^{-1}，其容量保持率仅为47%，这一结果凸显了SVE（1∶9）和SVE（1∶1）电极相较于G-S电极在倍率性能方面的显著优势。此外，SVE电极在循环稳定性方面也表现卓越，如图6-6（c）所示，0.5C电流密度下经过100次循环后，SVE（1∶1）与SVE（1∶9）电极的放电比容量分别保持在831mA·h·g^{-1}和730mA·h·g^{-1}（库仑效率超过99%），对应的循环保持率高达99%和90%。相比之下，同样条件下的G-S电极在100次循环后的放电容量仅为549.0mA·h·g^{-1}，循环保持率仅为71%。可见基于乙烯基/环氧双官能团共价固硫的策略构建的有机硫聚合物正极能够显著提高锂硫电池的放电容量、改善倍率性能和循环稳定性。

尽管SVE（1∶1）电极表现出最为优异的电性能，但其40%低含硫量会限制电池整体的能量密度提高。为了进一步评估SVE正极的实用化前景，对含硫量为71%的SVE（1∶9）电极进行了长循环和高负载条件下的测试。结果显示，在0.5C电流密度下，SVE（1∶9）电极经400次循环后仍能保持695.2mA·h·g^{-1}的高放电容量，平均衰减率仅为0.028%［图6-7（a）］。而在2C电流密度下，SVE（1∶9）电极初始放电容量仅为556.4mA·h·g^{-1}，在经历30圈循环后达到峰值容量603.9mA·h·g^{-1}，并在400次循环后仍能保持584.5mA·h·g^{-1}的可逆容量，相较于最高容量值的容量保持率为97%，具有超高循环稳定性。值得注意的是，在前30个循环期间，由于SVE（1∶9）电极局部交联度较高，导致电子和离子传导性能受限，使得部分活性物质无法充分参与反应，故初期表现出较低的放电容量。随着循环次数增加，电极内部结构逐渐优化与活化，进而提升了硫的有效利用率，使得电极容量稳步增长。

图6-7（b）展示了SVE（1∶9）电极在4.0mg·cm^{-2}硫负载密度下的倍率性能测试结果。即使在0.05C至0.5C的不同电流密度下，该电极仍能展现良好的放电容量，分别达到1049mA·h·g^{-1}、894mA·h·g^{-1}、819mA·h·g^{-1}、780mA·h·g^{-1}、754mA·h·g^{-1}和734mA·h·g^{-1}，这说明高负载SVE（1∶9）电极具有出色的倍率性能。值得注意的是，在所有测试的电流密度中，高负载SVE（1∶9）电极均展现出两个平坦的放电平台特征［如图6-7（c）所示］，这表明其在反应过程中具有较小的电化学极化现象。图6-7（d）为不同硫负载条件下SVE（1∶9）电极的循环稳定性能测试结果。当硫负载量为2.6mg·cm^{-2}时（E/S值为15μL·mg^{-1}），SVE（1∶9）电极在0.1C电流密度下的初始质量比容量和面容量分别可达1038mA·h·g^{-1}和2.70mA·h·cm^{-2}，且经过50次循环后仍能保持1012mA·h·g^{-1}和2.62mA·h·cm^{-2}的放电容量，容量保持率高达97%。即使在6.0mg·cm^{-2}硫面载（E/S为12μL·mg^{-1}）条件下，SVE（1∶9）电极的面容量仍可以达到6.36mA·h·cm^{-2}，并在循环50次后容量保持率为89%。以上结果表明基于SVE电极的锂硫电池即使在高含硫量、高面载和较低E/S值条件下仍具有较小的极化和优异的循环稳定性。

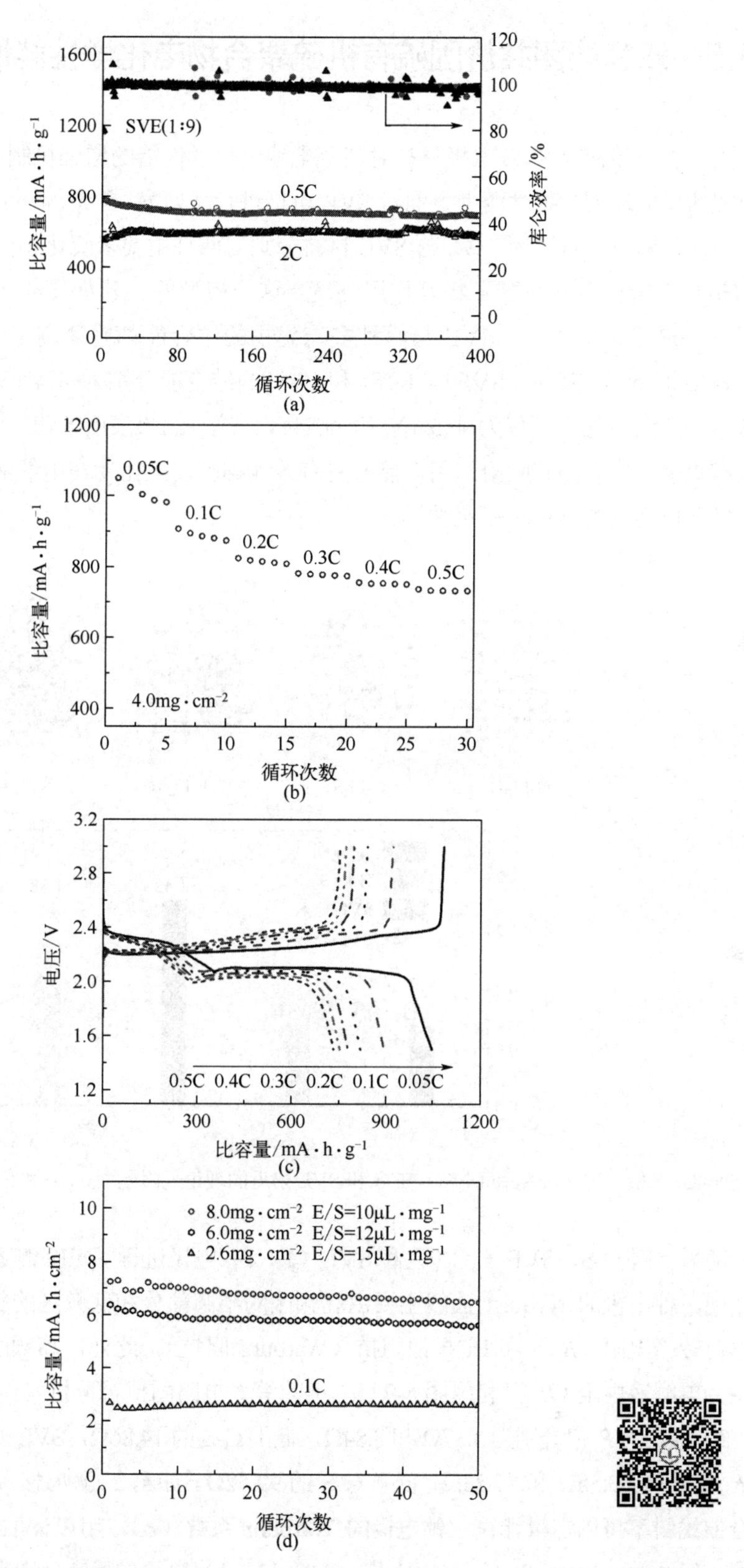

图6-7　(a) SVE（1∶9）电极的长循环稳定性测试；(b) 高负载SVE（1∶9）电极的倍率性能测试结果；(c) 高负载SVE（1∶9）电极的恒流充放电曲线；(d) 不同硫负载条件下SVE（1∶9）电极的循环稳定性能对比

6.1.5 双官能团共价固硫有机硫聚合物电化学性能增效机制研究

为了进一步探究 SVE 电极材料对锂硫电池电化学性能的增强机制，从多硫化物吸附能力和电极的反应动力学特性两个方面对 SVE 电极进行了研究。首先，借助密度泛函理论（DFT）计算方法，模拟了石墨烯（G）与 SVE 材料分别与两种主要多硫化物中间体 Li_2S_6 和 Li_2S_4 之间的相互作用模型并得到了相互作用强度，这一模型的构建如图 6-8（a）所示。计算结果显示，在最稳定构型下，SVE 与两种多硫化物的结合能都明显高于 G 与多硫化物的结合能［图 6-8（b）］。其中，SVE 与 Li_2S_4 和 Li_2S_6 的结合能分别为−1.42eV 和−1.38eV，而 G 与 Li_2S_4 和 Li_2S_6 的结合能仅为−0.55eV 和−0.54eV。这一结果表明 SVE 中氧官能团对于多硫化物具有更强的亲和力和吸附作用，能够更有效地抑制多硫化物在电解液中的穿梭效应，从而提高锂硫电池的整体循环稳定性。

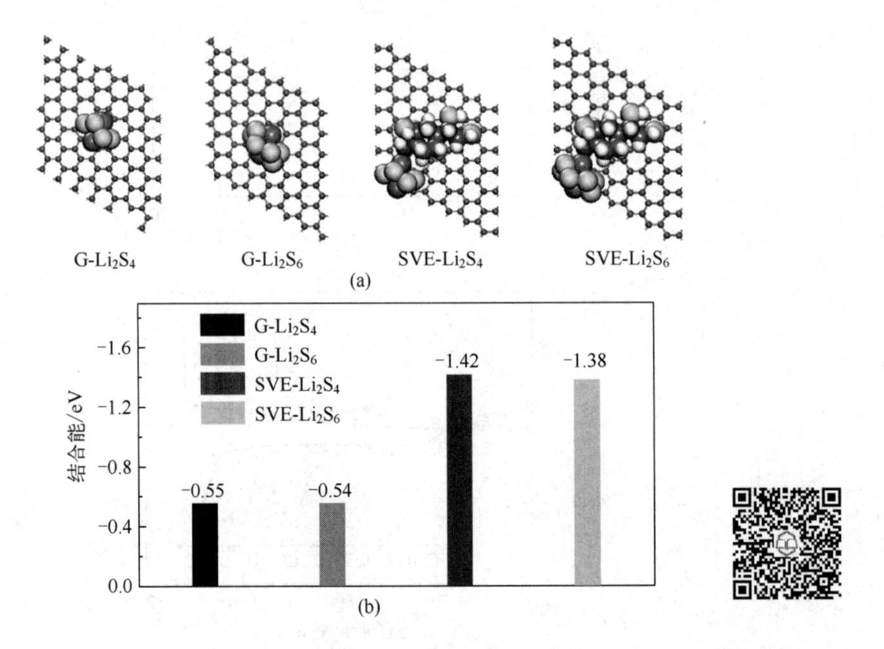

图 6-8 多硫化物（Li_2S_6 和 Li_2S_4）在 G 和 SVE 附近的理论吸附模型（a）和它们之间的结合能（b）

随后，对 G-S、SVE（1∶9）和 SVE（1∶1）电极进行了 EIS 测试，观察图 6-9（a）可以发现三种电极的 Nyquist 曲线主要由高频区的半圆部分和低频区的斜线部分组成，分别表示电荷转移电阻（R_{ct}）和 Li^+扩散阻抗（Warburg 阻抗）。此外，高频区半圆部分与坐标轴的截距为电解液内阻（R_s）。利用图 6-9（b）中的等效电路图拟合分析发现，SVE（1∶1）和 SVE（1∶9）电极的 R_s 值分别为 5.37Ω 和 8.84Ω，低于 G-S 的 14.86Ω，SVE（1∶1）和 SVE（1∶9）的 R_{ct} 值分别 50.55Ω 和 81.23Ω，低于 G-S 的 99.52Ω。如第 2 章所述，通过低频区 $-Z'$ 和 $\omega^{-1/2}$ 拟合曲线斜率可以定量计算三种电极的 Warburg 系数（σ），用以评估三种电极中 Li^+的扩散阻抗。经计算，G-S、SVE（1∶9）和 SVE（1∶1）电极的σ值分别为 2.66Ω · cm^2 · $s^{-0.5}$、4.15Ω · cm^2 · $s^{-0.5}$ 和 5.47Ω · cm^2 · $s^{-0.5}$，表明 SVE（1∶1）电极中的 Li^+传输效率最高。EIS

测试结果表明，SVE 电极具有更小的电解液内阻、电荷转移电阻和 Li^+扩散阻抗，在电子、离子传输和反应动力学等方面有明显优势。

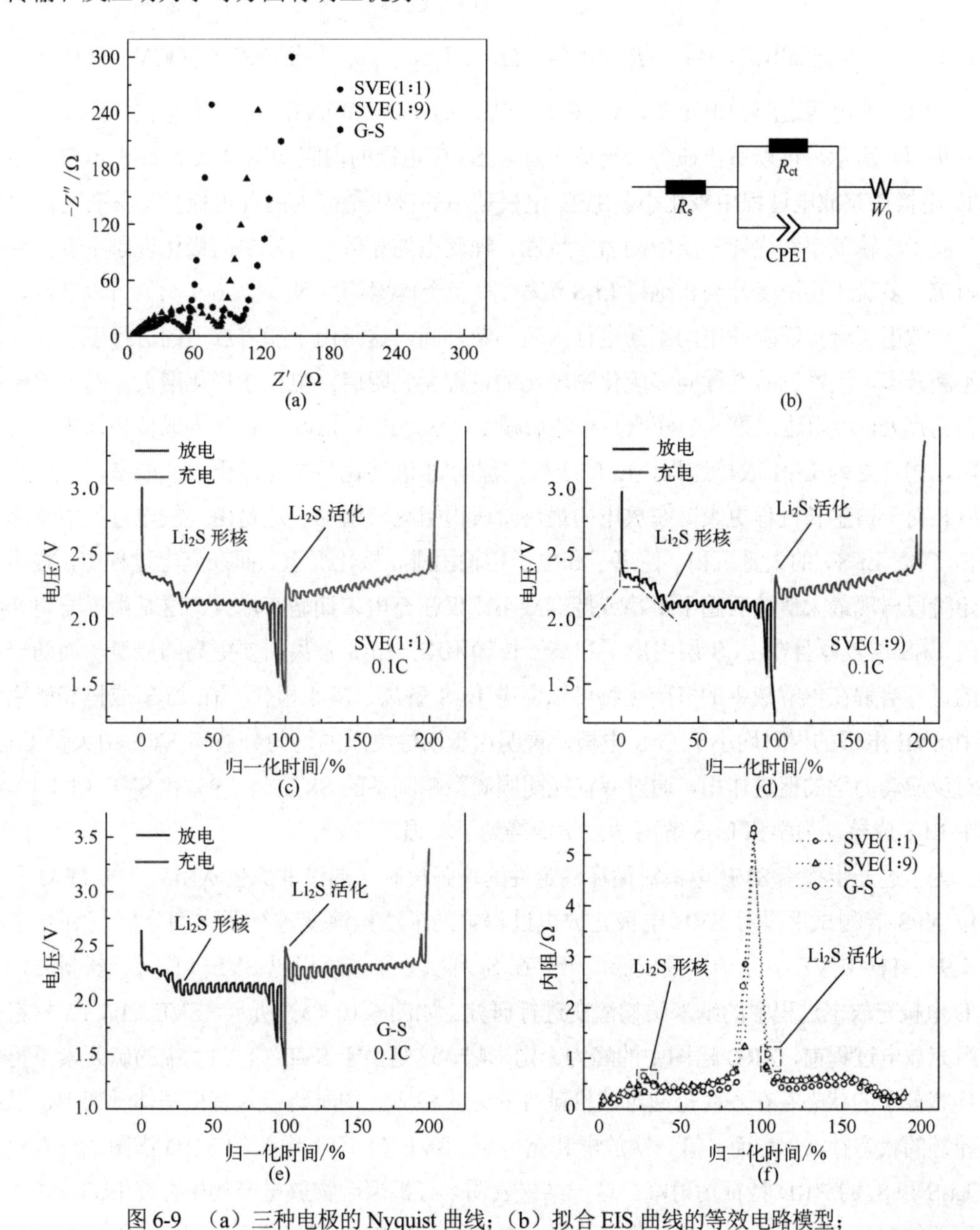

图 6-9 （a）三种电极的 Nyquist 曲线；（b）拟合 EIS 曲线的等效电路模型；
（c）SVE（1∶9）电极的 GITT 曲线；（d）SVE（1∶1）电极的 GITT 曲线；
（e）G-S 电极的 GITT 曲线；（f）SVE（1∶9）、SVE（1∶1）
和 G-S 电极充放电过程中内阻的变化

快速的电子、离子传输和氧化反应动力学可以有效减小充放电过程中的极化。如图 6-9（c）～图 6-9（e）所示，GITT 测试是一个脉冲-恒电流-弛豫的过程，在放电过程中弛豫阶段的电压上升和充电过程中弛豫阶段的电压下降是氧化还原过程中的极化导致的。在 GITT 测试中，

电化学反应过程中极化的大小可以通过充放电过程中的内阻来量化，具体算法如下：

$$i\Delta R=|\Delta V_{\mathrm{QOCV-CCV}}| \tag{6-1}$$

式中，i 为施加电流，A；ΔR 为内阻，Ω；$\Delta V_{\mathrm{QOCV-CCV}}$ 为准开路（QOCV）电压与闭合电路（CCV）电压之间的电压差，V。G-S、SVE（1∶9）和 SVE（1∶1）电极的内阻变化如图 6-9（f）所示，可以看出在各个充放电阶段 SVE 电极的内阻均明显低于 G-S 电极，说明 SVE 电极在充放电过程中极化小。SVE 电极较小的极化是因为两种电极材料具有更高的电子、离子传输效率和优异的反应动力学特性。锂硫电池充放电过程中的极化现象主要受到欧姆阻抗、多硫化物浓度升高和绝缘 Li_2S 沉积等三个因素影响。观察图 6-9（f）可以发现，在第一个放电平台，随着放电的不断进行内阻不断升高，这是由于随着放电的进行多硫化物浓度不断升高，活性物质继续向多硫化物转化的过程受到阻碍，电化学极化增大。随着放电进行至拐点处，内阻达到第一个峰值并在随后减小，这是由于 Li_2S 沉积分为成核和核生长两个阶段，拐点处为 Li_2S 成核过程，Li_2S 成核过程的固-液转化需要克服更大的能垒，因此极化程度相对于核生长过程更大。在放电的最后阶段内阻显著增加，这是由于放电过程中绝缘性固相产物（Li_2S）的大量沉积，使离子和电子传输困难，极化严重。而在充电过程中，内阻在开始阶段出现最大值随后趋于平稳或持续减小，仅在充电末期略有增大。这是由于充电初始阶段 Li_2S 层较厚且在 Li_2S 层中电子和离子传输困难，Li_2S 解离需要更高的能量，而随着反应的进行溶解在电解液中的多硫化物可以促进 Li_2S 解离，减小极化。在 Li_2S 成核和解离过程中 SVE 电极的内阻均小于 G-S 电极，说明由于活性物质的均匀分散和 SVE 中大量 C—S 键对反应动力学的促进作用，通过双官能团固硫策略制备的 SVE（1∶9）和 SVE（1∶1）电极中 Li_2S 成核动力学和 Li_2S 解离动力学均得到了增强。

为了进一步探索 SVE 电极对循环稳定性的增强机制，通过非原位 XRD、HR-TEM 和非原位 XPS 等测试手段对 SVE 电极充放电过程中纳米结构演变进行了详细分析。由于 SVE（1∶9）材料中 VE 小分子含量较低，仍存在 S_8 环状分子，所以以 SVE（1∶1）材料为例对 SVE 电极充放电过程中的纳米结构演变进行研究。如图 6-10（a）所示，SVE（1∶1）材料在未经充放电过程前，XRD 谱图中的峰为无定形峰，这是由于 SVE（1∶1）中的硫元素不再以 S_8 环状分子的状态存在，而是通过共价键合的方式将活性物质硫嵌入有机基体骨架中，以线性硫链的状态存在。然而，第一次放电和充电后，SVE（1∶1）电极的 XRD 谱图中分别出现了 Li_2S 和 S_8 的 XRD 特征衍射峰。这一结果表明，有机聚合物放电产物中存在 Li_2S，并且充电后不能完全可逆转化为有机硫聚合物，充电产物中存在 S_8 环状分子。观察 SVE（1∶1）材料和充电后的 SVE（1∶1）电极的 HR-TEM 测试图可以发现，SVE（1∶1）材料中有机硫聚合物均匀分布在石墨烯表面，无明显聚集，而充电后的 SVE（1∶1）电极能观察到 G 表面明显有新相的形成，而不是单一的硫聚物均匀分布，这一点进一步证明了 S_8 的形成［图 6-10（b）和图 6-10（c）］。在有机硫聚合物循环过程中，活性物质会嵌入到有机硫聚合物的有机骨架结构中，减少放电过程中多硫化物溶解与扩散造成的容量损失。采用 TEM 元素分析技术来分析充电后的 SVE（1∶1）电极的表面元素分布，如图 6-10（d）所示，C、O、S 原子均匀分布于材料表面，循环过程中S原子的均匀分布是活性物质高效利用的关键。为了阐明SVE充放电过程中C—S键的稳定性，在首次循环中对完全放电和完全充电状态的SVE（1∶1）电极进行了非原位XPS分析。观察两种状态下C 1s的XPS分峰谱图可以发现，材料表面C元素化学状态均可以分为C—C、C—S、C—O、C—O-Li和C—F五种类型，分别对应284.7eV、285.5eV、286.7eV、288.5eV和290.7eV处的峰。这一结果说明，在充放电过程中C—S键在有机硫聚合物正极中始终稳定存在［图6-10（e）］。观察完全放电状态下SVE（1∶1）电极的S 2p XPS分峰谱图可以发现，160.0eV和161.3eV处有明显Li_2S/Li_2S_2特征峰的存在，进一步证明了放电过程中Li_2S的形成。而在完全充电状态下，可以观察到硫长链的C—S/S—S键的特征峰。以上表明充放电过程中C—S键始终稳定存在。除此之外，在完全放电和充电状态下，S 2p XPS分峰谱图中均可以观察到四个新峰，分别为硫代硫酸盐（166.5eV和167.28eV）

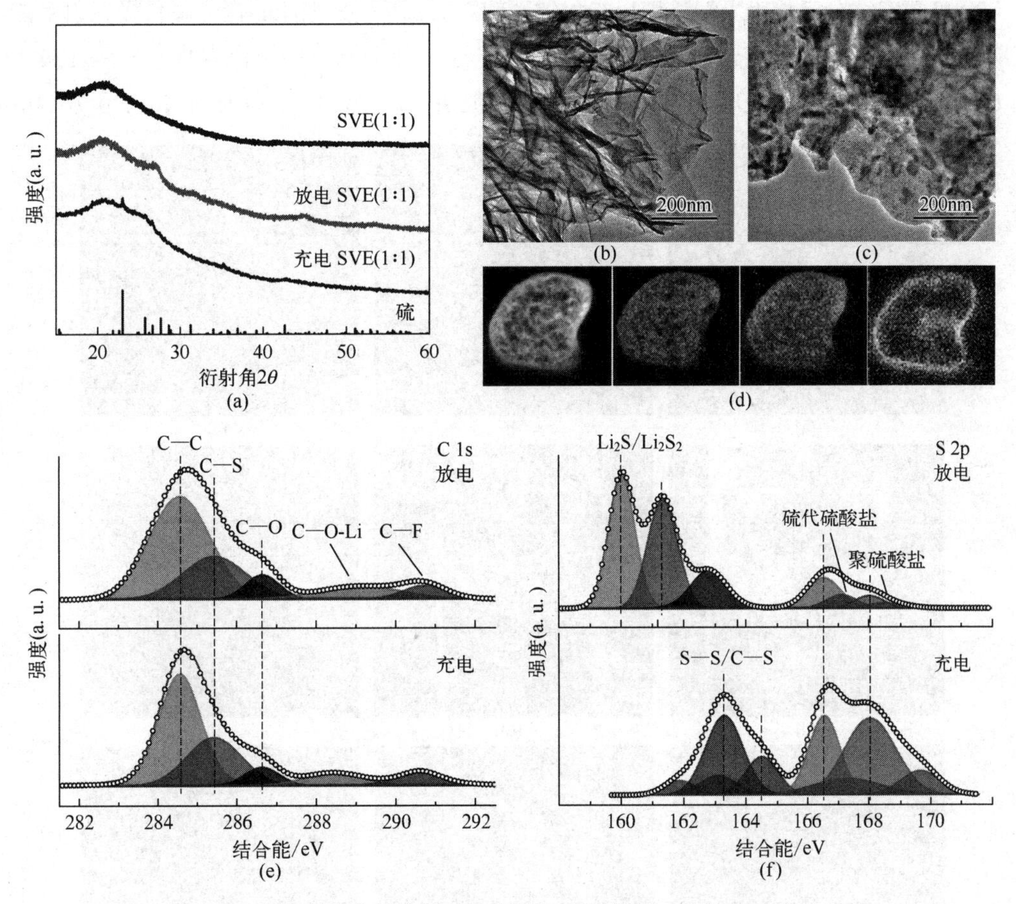

图6-10 （a）首次充放电循环的非原位XRD谱图；（b）SVE（1∶1）材料的HR-TEM测试图；（c）首次循环中充电状态SVE（1∶1）电极的HR-TEM测试图；（d）首次循环中充电状态SVE（1∶1）电极的TEM元素分析图；（e）首次循环中充放电状态SVE（1∶1）电极的C 1s分峰谱图；（f）首次循环中充放电状态SVE（1∶1）电极的S 2p分峰谱图

和聚硫酸盐（168.04eV 和 169.65eV）的特征峰［图 6-10（f）］。SVE（1∶1）电极表面硫代硫酸盐（$S_2O_3^{2-}$）和聚硫酸盐［$O_3S_2—(S)_{x-2}—S_2O_3$］通过多硫化物与 SVE 末端羟基之间的氧化还原反应形成。在氧化还原过程中，多硫化物被氧化，形成硫代硫酸盐和聚硫酸盐。这种硫代硫酸盐和聚硫酸盐可以在电极表面形成致密的保护层，从而抑制多硫化物穿梭，提高 SVE 电极的循环稳定性[10-11]。综上所述，在第一个循环中，均相的 SVE（1∶1）活性物质转变为有机聚合物和 Li_2S/S_8 共存的状态，并在之后的循环中活性物质以二者共存的状态参与循环。在充放电过程中，SVE 电极中稳定 C—S 共价键和表面致密的硫代硫酸盐/聚硫酸盐保护层能有效抑制多硫化物穿梭，提高电池循环稳定性。

为了验证 SVE（1∶1）电极中穿梭效应的减弱，利用 SEM 对 50 次循环后的锂金属负极的表面和截面进行了观察。如图 6-11（a）～图 6-11（c）所示，循环后 SVE（1∶9）和 SVE（1∶1）电池的锂金属负极仍然呈现出平坦致密的表面，而 G-S 电池的锂金属负极表面粗糙，有明显的不均匀沉积和枝晶。从截面观察三种电池的锂金属负极可以发现［图 6-11（d）～图 6-11（f）］，SVE（1∶9）和 SVE（1∶1）电池负极腐蚀深度分别为 80.4μm 和 61.4μm，

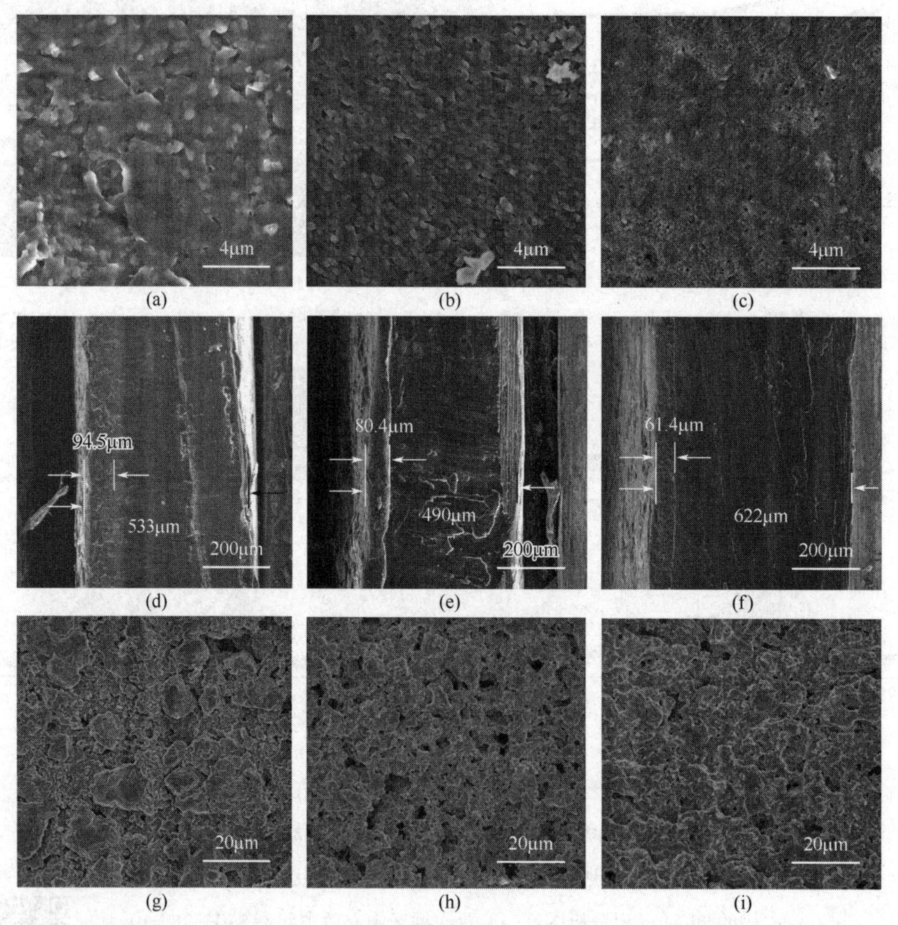

图 6-11　循环后 G-S（a）、SVE（1∶9）（b）和 SVE（1∶1）（c）电池中 Li 负极的表面状态，循环后 G-S（d）、SVE（1∶9）（e）和 SVE（1∶1）（f）电池中 Li 负极的截面状态，以及循环后 G-S（g）、SVE（1∶9）（h）和 SVE（1∶1）（i）电极的 SEM 测试图

低于 G-S 电池的 94.5μm，这一结果说明 G-S 电池中更多的可溶性多硫化物溶解到电解液中，因浓度差扩散到负极，对锂金属表面造成了更为严重的腐蚀。此外，G-S、SVE（1∶9）和 SVE（1∶1）电极循环后的表面形貌如图 6-11（g）～图 6-11（i）所示，循环后的 SVE（1∶9）和 SVE（1∶1）电极表面比 G-S 电极表面更完整、更均匀（无裂纹），说明 SVE 电极在循环过程中结构稳定性更好。以上结果表明，活性物质均匀分布的 SVE 电极循环过程中活性物质体积膨胀和收缩产生的应力小，正极结构稳定性好。循环过程中 SVE 电极中的 C—S 共价键终保持稳定，并与硫代硫酸盐/聚硫酸盐层产生协同作用从而抑制多硫化物穿梭，减少多硫化物对锂金属的腐蚀。以上结果说明，基于双官能团固硫策略所制得的 SVE 正极材料结构稳定性好，循环过程中可以有效缓解穿梭效应保护电池的锂金属负极，从而能够显著提高锂硫电池的循环稳定性。

6.1.6 小结

6.1 节提出了乙烯基/环氧双官能团共价固硫的新策略，以低成本的石油裂解副产物（VE）作为交联剂，通过“逆硫化”的方法制备了高稳定性有机硫聚合物电极（SVE）。通过实验验证和理论计算系统地研究了 SVE 电极在充放电过程中的纳米结构演变和 SVE 电极对电化学性能的增强机制。得到如下结论：

① 通过硫自由基引发的双键交联反应和环氧基团与巯基之间的开环反应使受热开环的线性硫与含乙烯基和环氧基团的单体共聚，即可实现乙烯基/环氧双官能团共价固硫。基于乙烯基/环氧双官能团共价固硫策略所制备的SVE有机硫聚合物具有优异的电化学性能，包括：在 0.1C 电流密度下 SVE（1∶1）电极的放电容量可达 $1248mA \cdot h \cdot g^{-1}$。0.5C 电流密度下，即使在 $6mg \cdot cm^{-2}$ 的高硫面载量（$E/S = 12\mu L \cdot mg^{-1}$）条件下，SVE（1∶9）电极仍具有 $6.36mA \cdot h \cdot cm^{-2}$ 的高面容量，经循环 50 次后循环保持率为 89%。

② SVE（1∶1）电极在充放电过程中的纳米结构演变过程如下：在有机硫聚合物构筑过程中，受热开环线性硫嵌入到有机基体骨架中，XRD 谱图中表现为无定形态。在第一次放电后，有机硫聚合物的放电产物为共存的 Li_2S 和锂化有机硫聚合物，且在随后的充电过程中不能完全可逆转化为有机聚合物，而是表现为有机硫聚合物和 S_8 共存的充电产物。在随后的循环中，活性物质以有机硫聚合物和 Li_2S/S_8 共存的状态参与循环。

③ SVE 电极对锂硫电池电化学性能的增强主要可以分为以下两个方面。首先，在有机硫聚合物构筑过程中，VE 作为交联剂能够有效改善活性物质分布的均匀性并通过共价键合的方式将线性硫嵌入到有机硫聚合物骨架中，显著提高了活性物质利用率，缓解了多硫化物的溶解与穿梭。其次，环氧开环产生的大量羟基官能团可以与多硫化物反应形成致密的硫酸盐保护层，抑制多硫化物穿梭。得益于以上两点，基于双官能团固硫策略制备的 SVE 共聚物正极能显著提高电池的放电容量、倍率性能以及循环稳定性。

6.2 活性位点集成化有机硫聚合物正极材料研究

6.2.1 活性位点集成化有机硫聚合物设计思想概述

有机硫聚合物作为一种新颖的活性材料，因其具有含硫量高、成本低、环境友好、活性物质分布均匀等优势，被认为是最具应用潜力的锂硫电池正极材料之一。在上一节内容中，我们提出了乙烯基/环氧双官能团共价固硫策略，基于这一策略所制备的 SVE 有机硫聚合物正极大幅度地提升了锂硫电池的循环稳定性。然而，其合成方法与烯烃/炔和硫醇类有机硫聚合物相似，即以小分子有机结构单元（含不饱和烃、硫醇或烯丙基/环氧）作为交联剂，交联受热开环的线性硫链，合成有机硫聚合物[2, 12-13]。此类小分子有机硫聚合物虽然可有效改善正极电化学性能，但仍存在以下问题：①电子电导率差。有机硫聚合物始终存在电子电导率低、离子扩散动力学差等问题，导致其高倍率、高硫负载和低 E/S 值条件下的电性能显著下降，需要与导电基底配合使用。②加剧穿梭效应。作为中间体和放电产物的锂化有机小分子交联剂，甚至富硫低聚物都有一定的可溶性，会伴随着可溶性多硫化物不可逆地扩散到锂金属负极侧，加剧穿梭效应[14-15]。③吸附能力有限。在充放电过程中（第一次完全放电后）体系中仍存在可溶性多硫化物，聚合物骨架仅依靠极性 C—S 键锚定多硫化物，锚定能力有限，导致在循环过程中容量逐渐降低[16-17]。

针对上述问题，常规的解决方法是通过物理或化学相互作用将有机硫聚合物与还原氧化石墨烯、碳纳米管和导电聚合物等导电材料复合，以改善其电子导电性和穿梭效应[18-20]。然而仅依靠物理相互作用难以抑制锂化有机硫聚合物溶解，并且有机硫聚合物与导电材料界面相容性较差也会造成电子传导效率降低［图 6-12（a）］。而通过化学作用将带有“逆硫化”活性位点的小分子有机结构单元接枝于导电材料表面时，有限的活性位点只能共价键合少量活性物质，难以确保电池的稳定循环［图 6-12（b）］。鉴于此，将大量“逆硫化”活性位点集成到导电基底上是提高有机硫聚合物正极电化学性能的合理策略。

因此，在本章中，我们提出了“活性位点集成化”的有机硫聚合物正极设计策略［图 6-12（c）］，即将大量的“逆硫化”活性位点集成于超支化聚合物分子（PEI），再化学接枝到导电基底表面，以构建具有丰富共价活性位点的半固定化有机硫聚合物骨架（A-PEI-EGO）。这一设计策略具有以下优势：①A-PEI 集成式负载烯丙基活性官能团可赋予导电基底更多的活性位点，与受热开环的硫长链共聚，通过共价键合的方式将线性硫嵌入到 A-PEI-EGO 骨架中。②在化学接枝过程中，导电基底和聚合物骨架功能性增强。在半固定化的化学接枝过程中，EGO 被还原，进一步提高了其电子传导能力，同时超支化聚合物上的氨基基团被氧化获得 NR_4^+ 阳离子。NR_4^+ 阳离子能通过静电耦合作用抑制多硫化物穿梭。③通过共价键合方式连接超分子聚合物骨架和导电基底，可有效避免锂化有机分子与富硫低聚物的溶解和穿梭。基于以上优势，创制的半固定化有机硫聚合物正极（A-PEI-EGO-S）0.1C 电流密度下具有 1338mA·h·g^{-1} 的高可逆容量和优异的循环稳定性能（600 次循环容量衰减率仅为 0.046%）。0.1C 电流密度下，即使在 6.2mg·cm^{-2} 的高负载和 6μL·mg^{-1} 的贫电解液条件下，仍保持 886mA·h·g^{-1} 的。

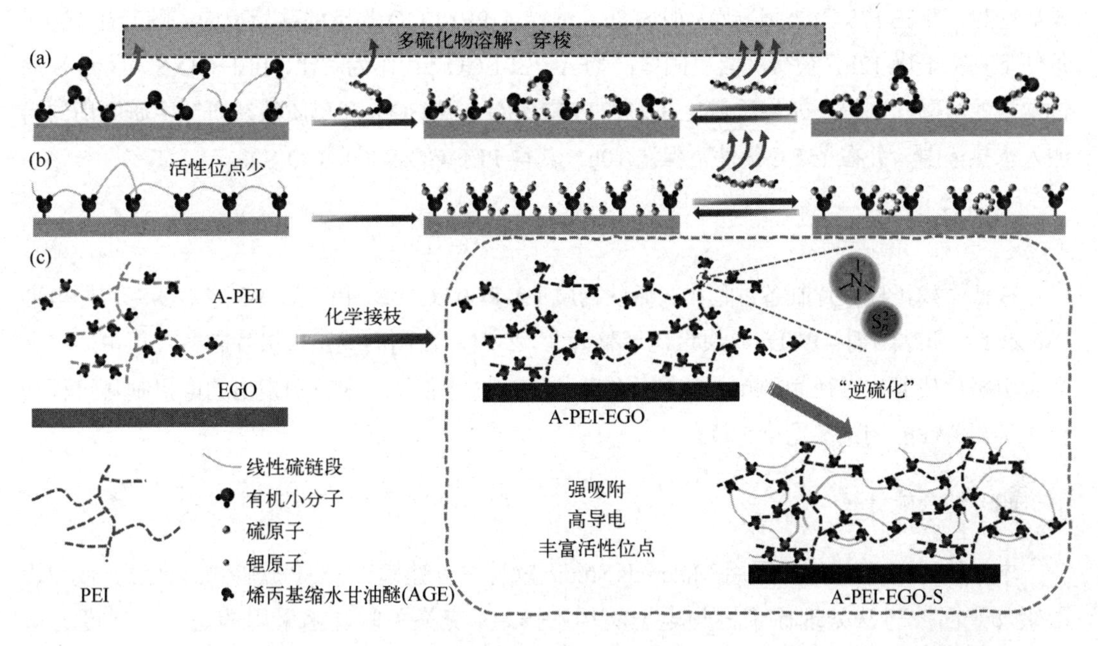

图 6-12　（a）有机硫聚合物与导电基底物理复合示意图；
（b）有机硫聚合物与导电基底共价键合示意图；
（c）A-PEI-EGO 和 A-PEI-EGO-S 的制备流程图

6.2.2　活性位点集成化有机硫聚合物材料合成、电极制备及结合能计算

（1）材料合成

半固定化有机硫聚合物骨架（A-PEI-EGO）制备：将 1g 的氧化石墨烯（GO）加入到 500mL 去离子水中，超声 30min 制得黄棕色分散液。用 10%的 NaOH 溶液调节所得分散液的 pH 值至 9.5。随后将 120mL 环氧氯丙烷（EDC）缓慢加入，并在 60℃条件下搅拌 6h。离心得到棕黄色沉淀物，沉淀物经多次离心水洗（转速为 10000r/min，每次 5min）后冷冻干燥，获得环氧化石墨烯（EGO）。将 1g 的聚乙烯亚胺（PEI）溶解于 5mL 异丙醇中。随后将 3.3g（28.9mmol）烯丙基缩水甘油醚加入，60℃条件下搅拌 48h。所得淡黄色溶液在 50℃条件下真空干燥 48h 后可获得黄色油状产物烯丙基封端聚乙烯亚胺（A-PEI）。将 A-PEI（2g）、三乙基苄基氯化铵（20mg）和 EGO（300mg）加入到 80mL DMF 中，并在 100℃条件下搅拌 8h，产物经 DMF、去离子水和乙醇多次洗涤后收集，冷冻干燥后获得固体 A-PEI-EGO 材料［材料 PEI+GO 通过相同

的合成方法制得，仅将加入原料改变为 PEI（2g）、三乙基苄基氯化铵（20mg）和 GO（300mg）]。

正极活性材料的合成方法：将 250mg A-PEI-EGO、750mg 单质硫、2mL 乙醇和 2mL CS_2 加入到玻璃小瓶中。小瓶密封超声 40min 后，打开瓶盖在 60℃下加热搅拌去除 CS_2。完全干燥后密封，并在 175℃的油浴锅中加热 8h，进行 A-PEI-EGO 与硫的共聚反应。随后在 100℃条件下真空干燥 12h，获得灰黑色固体产物 A-PEI-EGO-S。作为对比，PEI+GO-S 和 GO-S 通过常规的熔融法制得，即将质量比 3∶7 的 PEI+GO（或 GO）和单质硫在研钵中研磨均匀后加入水热釜中，并在 155℃条件下保温 10h，获得 PEI+GO-S（或 GO-S）。

（2）电极制备

在低面载正极极片制备过程中，活性物质（A-PEI-EGO-S、PEI+GO-S 或 GO-S）、导电剂（Super P）和黏结剂（PVDF）质量比调整为 7∶2∶1。在高面载正极极片制备过程中，将高面载电极片裁剪成直径为 14mm 的圆片作为电池的正极使用。未特别指出的电极制备过程和电化学相关性能测试参见第 5 章。

（3）结合能计算

本章的 DFT 理论计算采用 Materials Studio 软件进行建模、VASP 软件进行计算，使用投影缀加平面波方法处理原子核与电子间相互作用。交换关联泛函采用的是广义梯度近似（GGA）下的 Perdew-Burke-Ernzerhof 泛函。平面波截断能设置为 450eV，采用 DFT-D3 色散校正方法校正范德瓦耳斯力。结构优化时，力的收敛判据为 0.05eV·$Å^{-1}$。布里渊区由 Monkhorst-Pack 构建的 k 点网格表示，其网格设置为 1×1×1。吸附能（E_b）的计算公式如下：

$$E_b = E_{total} - E_{fra} - E_s \tag{6-2}$$

式中，E_{total}、E_{fra} 和 E_s 分别表示吸附多硫化物后整体结构、吸附前基底和多硫化物的能量。

6.2.3 活性位点集成化有机硫聚合物骨架结构分析

半固定化有机硫聚合物骨架的合成过程如图 6-12（c）所示。首先带有烯丙基共价活性位点的烯丙基缩水甘油醚通过氨基活泼氢与环氧基团的加成反应集成于超支化 PEI 分子，得到烯丙基封端的超支化聚（乙烯亚胺）聚合物骨架（A-PEI）。随后，通过 A-PEI 的羟基与 EGO 的环氧基团的开环反应获得具有丰富烯丙基活性位点的半固定化有机硫聚合物骨架（A-PEI-EGO）。首先，FT-IR、XPS、XRD 和 Raman 等测试被用于表征 A-PEI-EGO 材料的结构和表面化学状态。如图 6-13（a）的 FT-IR 光谱所示，EGO 基底在 828cm^{-1}、943cm^{-1} 和 1022cm^{-1} 处出现环氧基团的特征吸收峰，在 1731cm^{-1} 处出现 C═O 拉伸振动峰，表明 EGO 材料中存在大量环氧官能团。与 PEI 样品相比，A-PEI 和 A-PEI-EGO 材料在 1645cm^{-1}、988cm^{-1} 和

916cm^{-1} 处出现了新的 C═C 拉伸振动和烯烃平面外弯曲振动吸收峰，并且在 1570cm^{-1} 和 3273cm^{-1} 处的 N—H 拉伸振动吸收峰和弯曲振动吸收峰的强度明显降低。这一结果表明，通过烯丙基缩水甘油醚环氧基团与 PEI 氨基活泼氢之间的加成反应，成功制备了具有丰富烯丙基活性位点的 A-PEI，并将其引入到了 EGO 基底上。A-PEI-EGO 材料在 1731cm^{-1} 处的特征峰为 C═O 拉伸振动峰，来自于 EGO 基底。C═O 已被证明对多硫化物有强吸附能力。EGO 和 A-PEI-EGO 材料的 XPS 测试分析表明，A-PEI 接枝后 XPS 谱图中出现了新的 N 原子的特征峰［图 6-13（b）］。A-PEI-EGO 材料中 N 含量为 8.33%，强电负性 N 原子的引入能显著增强电极材料对多硫化物的吸附能力。在 N 1s XPS 分峰谱图［图 6-13（b）插图］中，398.1eV、399.0eV 和 401.3eV 处有三个明显的信号峰，分别对应仲胺、叔胺和季铵阳离子（NR_4^+）。其中仲胺和叔胺主要来自于 A-PEI 聚合物，而出现在更高结合能处 NR_4^+ 的形成则是由于高还原性的 A-PEI 聚合物和高氧化性的 EGO 基底在接枝反应过程中发生了氧化还原反应，电子从 A-PEI 聚合物向 EGO 基底转移。这一结果表明，半固定化过程中接枝聚合物和基底发生强相互作用，A-PEI 聚合物骨架的氨基官能团被氧化为 R_4N^+基团。带有正电的 R_4N^+基团可以通过静电耦合相互作用增强对多硫化物的锚定能力[21-22]。

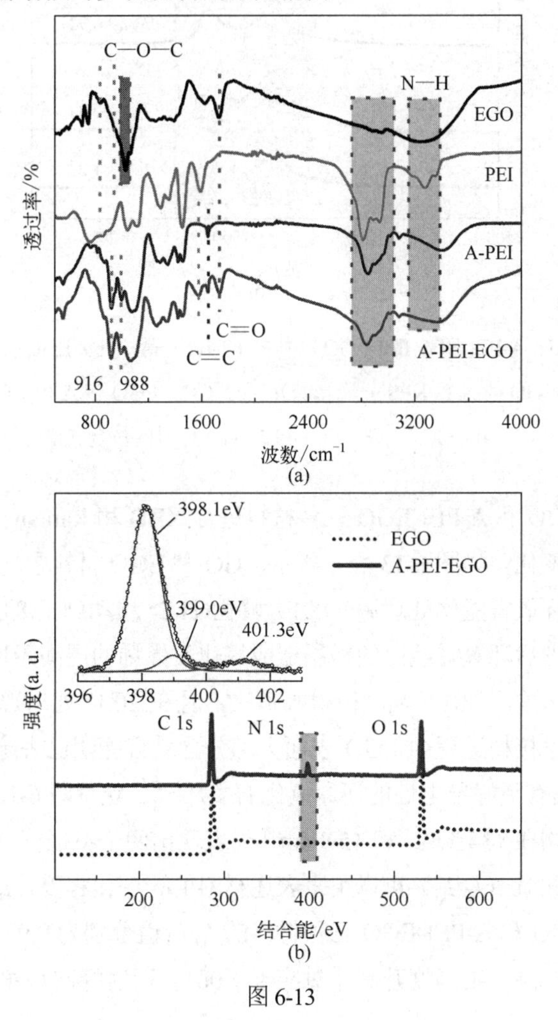

图 6-13

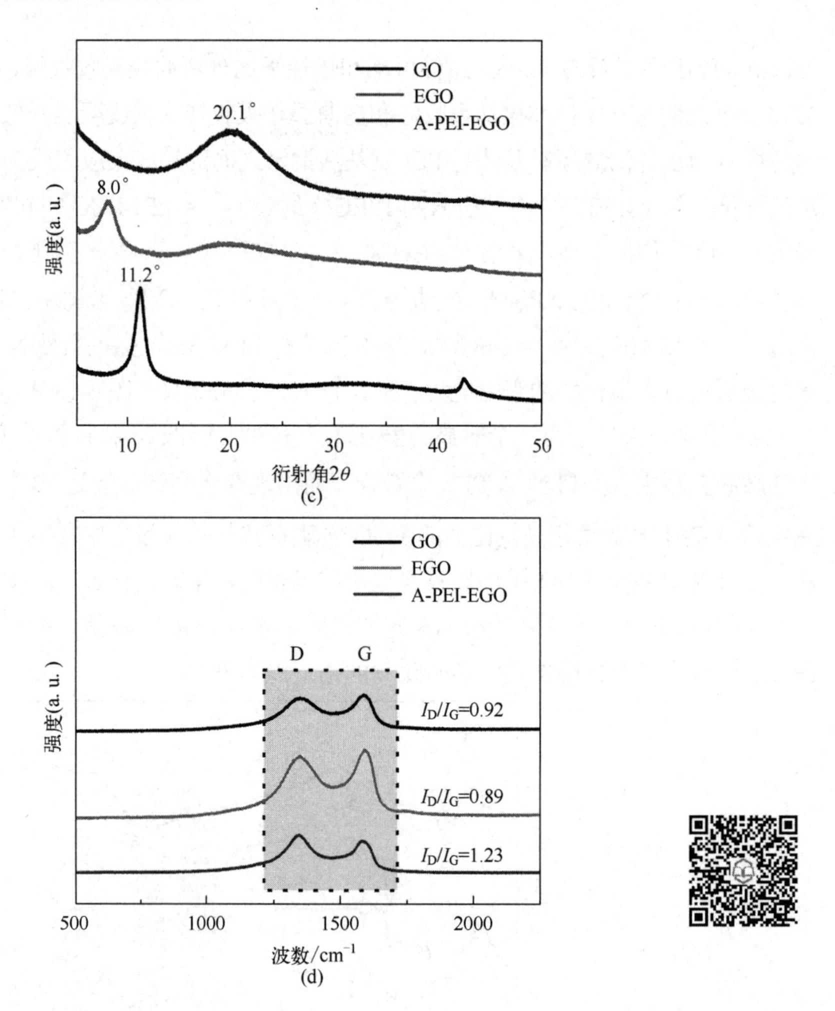

图 6-13 （a）EGO、PEI、A-PEI 和 A-PEI-EGO 材料的 FT-IR 光谱；（b）EGO 和 A-PEI-EGO 材料的 XPS 谱图（插图为 A-PEI-EGO 的 N 1s XPS 分峰光谱）；（c）GO、EGO 和 A-PEI-EGO 材料的 XRD 图；（d）GO、EGO 和 A-PEI-EGO 材料的拉曼光谱

随后，对 GO、EGO 和 A-PEI-EGO 三种材料进行 XRD 和 Raman 光谱测试，以进一步分析其导电基底的结构变化。如图 6-13（c）所示，GO 和 EGO 材料中均出现了（001）晶面衍射峰，并且在 GO 被环氧官能化处理后（001）峰由 11.2° 移动到了 8.0°，（001）峰向左移动是因为环氧官能化处理后环氧官能团的插层造成氧化石墨烯的层间距增大[23]。与 GO 和 EGO 相比，A-PEI-EGO 材料的（001）晶面衍射峰消失，且在 20.1° 处出现了石墨的（002）晶面的宽峰，这表明在化学接枝过程中 EGO 表面大部分含氧官能团已去除，A-PEI-EGO 的导电基底从 EGO 转变为具有更好导电性的还原氧化石墨烯[24]。观察图 6-13（d）中样品的 Raman 光谱可见，三种样品均在 1348cm^{-1} 和 1590cm^{-1} 处表现出两个特征峰，分别对应于 D 峰和 G 峰。D 峰与 G 峰的强度比（I_D/I_G）可以用来表述材料的无序化程度，I_D/I_G 越大，材料的无序化程度越高。GO、EGO 和 A-PEI-EGO 三种材料的 I_D/I_G 值分别为 0.92、0.89 和 1.23，表明环氧基功能化后氧含量升高，结晶度升高［对应于（001）衍射峰向小角度移动］，无序化程度

降低，化学接枝过程中含氧官能团减少，结晶度降低（对应于XRD谱图中20.1°的无定形峰出现），无序化程度显著升高。XRD和Raman光谱测试结果表明，半固定化的化学接枝过程中导电基底（EGO）被A-PEI还原，还原后的导电基底电子导电性有望大幅提高。四探针电导率试验确认了基底电子导电率的提升，GO和A-PEI-EGO在3MPa压力下的电子电导率分别为$1.2\times10^{-3}S\cdot m^{-1}$和$2.2\times10^{-2}S\cdot cm^{-1}$，电子电导率提升了17倍。结合XPS测试结果，我们发现半固定化的接枝过程有效地增强了聚合物骨架和导电基底的功能性，即化学接枝过程中，EGO被还原，进一步提高了其电子传导能力，而A-PEI骨架的氨基被氧化获得NR_4^+阳离子，可以增强对多硫化物的锚定能力。

6.2.4　活性位点集成化有机硫聚合物材料结构分析

半固定化有机硫聚合物A-PEI-EGO-S通过带有集成式有烯丙基活性官能团的A-PEI-EGO和受热开环的线性硫长链共聚制得。作为对比，通过常规的熔融法分别将硫负载于GO和PEI+GO材料表面得到GO-S和PEI+GO-S复合材料。TGA测试结果（图6-14）表明，GO-S、PEI+GO-S和A-PEI-EGO-S材料的含硫量分别为70%、69%和73%。TGA谱图中可以观察到，相对于GO-S和PEI+GO-S材料，通过“逆硫化”获得的A-PEI-EGO-S材料热失重温度更高，这是由于硫状态的改变（从S_8环状分子到硫链），使得活性物质与A-PEI-EGO骨架有更强相互作用。随后，我们利用XRD测试对GO-S和A-PEI-EGO-S材料表面的硫分布情况进行进一步确认，从图6-15（a）可以看出，相对于A-PEI-EGO-S材料，GO-S材料表现出更高强度的S_8环状分子的特征衍射峰，这是由于在A-PEI-EGO-S材料中部分受热开环的单质硫与A-PEI-EGO共价键合后以线性硫的状态均匀分布于共聚物骨架中。经Scherrer公式计算，GO-S和A-PEI-EGO-S材料的硫晶粒平均尺寸分别为88.7nm和58.4nm，这一结果证实了在A-PEI-EGO-S材料中活性物质的分布更为均匀，团聚现象更少。

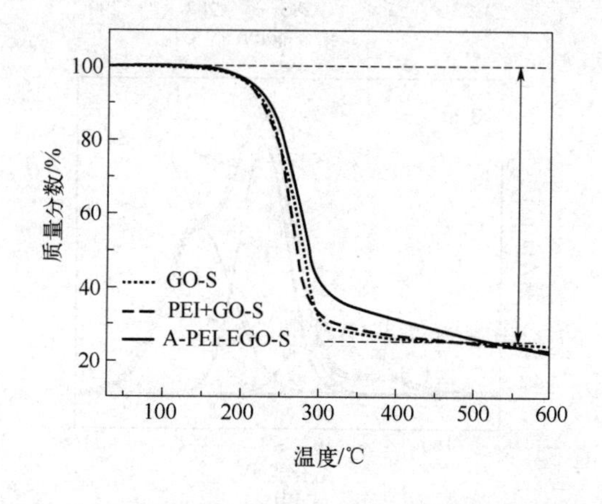

图6-14　GO-S、PEI+GO-S和A-PEI-EGO-S材料的TGA曲线

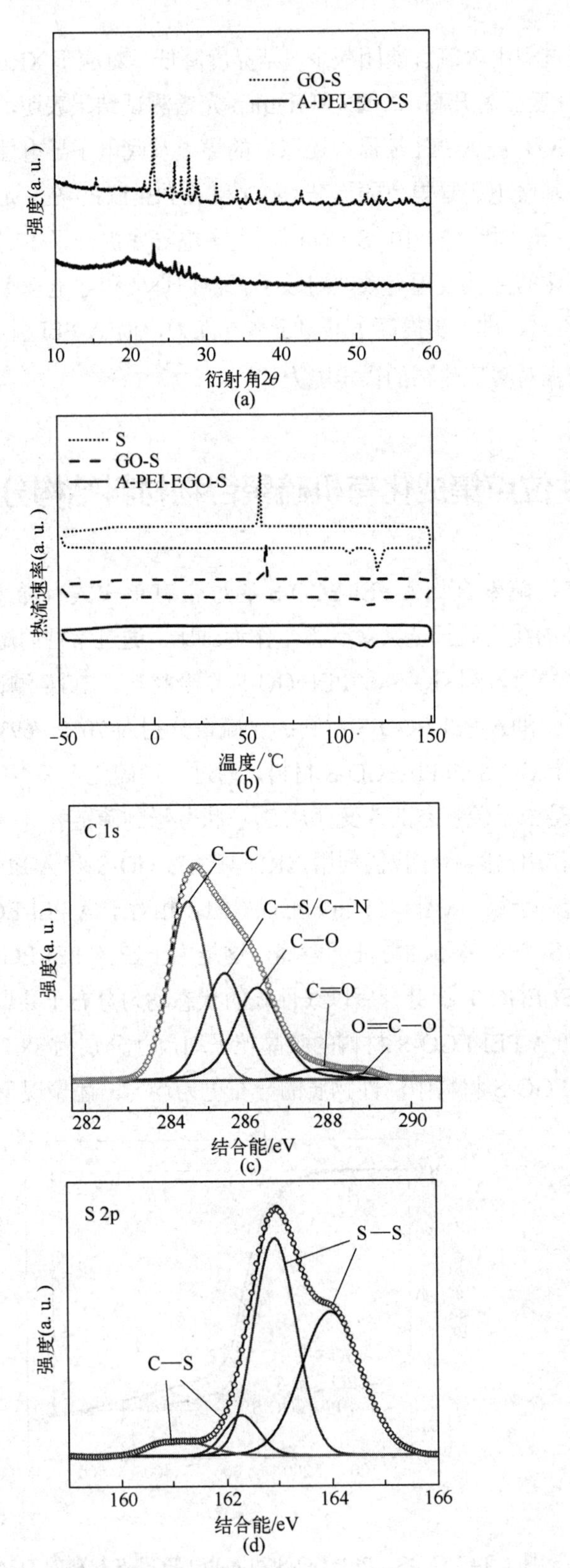

图 6-15 （a）GO-S 和 A-PEI-EGO-S 的 XRD 谱图；（b）S、GO-S 和 A-PEI-EGO-S 的 DSC 测试图；（c）A-PEI-EGO-S 的 C 1s XPS 分峰谱图；（d）A-PEI-EGO-S 的 S 2p XPS 分峰谱图

A-PEI-EGO和S之间的共聚反应可以通过DSC和XPS测试进一步确认。观察图6-15（b）中三种材料的DSC测试图可以发现，单质硫和GO-S材料在降温和升温过程中有明显的结晶放热峰（向上）和熔融吸热峰（向下）。相比之下，A-PEI-EGO-S材料的DSC曲线中熔融吸热峰有明显减小，结晶放热峰消失，这说明一部分硫元素与A-PEI-GO发生了“逆硫化”反应，交联后的线性硫长链不再发生结晶。值得注意的是，DSC谱图中结晶放热峰的消失不意味着S_8环状分子完全转化为链状结构，因为在结晶过程中需要成核再生长，过程缓慢，S_8环状分子含量较低时放热结晶峰也可能消失。如图6-15（a）所示，A-PEI-EGO-S材料的XRD谱图中仍存在部分S_8环状分子特征衍射峰。随后，XPS测试分析被用于进一步表征A-PEI-EGO-S材料表面化学状态。图6-15（c）为A-PEI-EGO-S材料的C 1s XPS分峰谱图，A-PEI-EGO-S材料表面C原子的成键状态主要可以分为284.6eV、285.5eV、286.3eV、287.8eV和288.9eV处的C—C、C—S/C—N、C—O、C═O、O—C═O键等五种类型，丰富的N、O极性官能团能有效吸附多硫化物。S 2p的XPS分峰谱图中可以观察到四个特征峰[图6-15(d)]，分别位于161.0eV、162.3eV、163.0eV和164.0eV。其中，163.0eV（S $2p^{3/2}$）和164.0eV（S $2p^{1/2}$）处的两个峰为S—S键的特征峰，161.0eV和162.3eV处的两个峰为C—S键的特征峰。DSC和XPS测试结果表明，A-PEI-EGO能够与硫在高温下发生共聚反应，受热开环的线性硫长链与A-PEI-EGO表面烯丙基官能团共价键合，形成C—S共价键。

6.2.5　活性位点集成化有机硫聚合物电化学性能分析

综上所述，A-PEI-EGO有机硫聚合物骨架在化学接枝过程中显著增强了其对多硫化物的吸附能力和自身的电子传导能力，并利用A-PEI超支化结构为“逆硫化”反应提供了集成式的活性位点。A-PEI-EGO-S材料既有有机硫聚合物的结构特点（活性物质分布均匀）和化学特性（C—S键共价键合线性硫链），又兼具多硫化物吸附能力和电子传输能力，是一种有潜力且具备优异性能的锂硫电池电极材料。

以A-PEI-EGO-S为活性物质组装扣式电池，并对组装好的电池进行各项电化学性能测试，探究其在锂硫电池中的应用潜力。GO-S和PEI+GO-S采用同样方式组装，作为对比样品。首先对GO、PEI+GO-S和A-PEI-EGO-S三种电极进行了CV测试，如图6-16（a）所示，在0.1mV•s^{-1}扫速下，三种电极的循环伏安扫描过程中均出现两个放电还原峰（I_{c1}和I_{c2}）和一个氧化峰（I_{a1}）。可以观察到，A-PEI-EGO-S电极在I_{a1}处氧化峰峰位低于GO-S和PEI+GO-S电极，同时在I_{c1}和I_{c2}处的还原峰峰位均高于GO-S和PEI+GO-S电极，说明A-PEI-EGO-S电极在充放电过程中具有最小的极化电压。

随后，对GO、PEI+GO-S和A-PEI-EGO-S电极进行了EIS测试，三种电极的Nyquist曲线主要由高频区的半圆部分和低频区的斜线部分组成，二者分别反映了电极反应动力学控制的阻抗（电荷转移电阻，R_{ct}）和Li^+扩散阻抗（Warburg阻抗）。由图6-16（b）可见，A-PEI-EGO-S电极在高频区表现出最小的半圆直径，且在低频区有最大的曲线斜率，表明其具有最

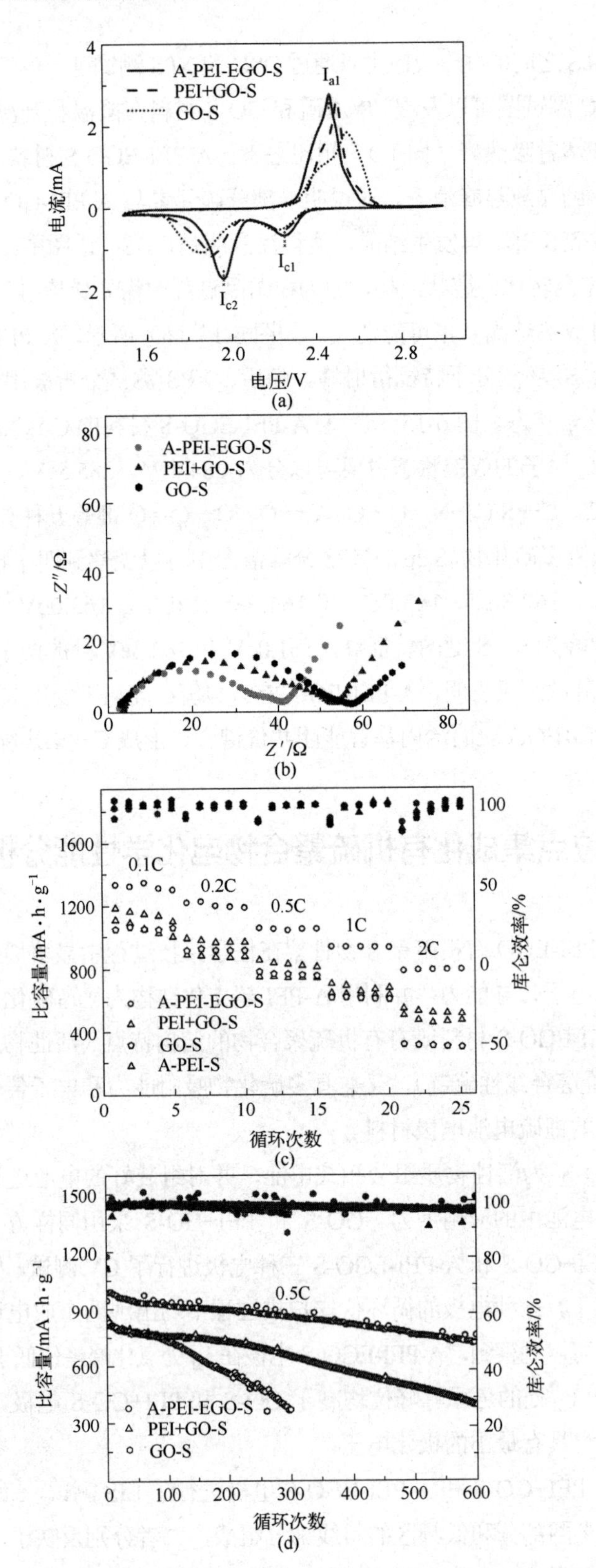

图 6-16 （a）在 Li-S 电池中，三种电极在 0.1mV · s^{-1} 扫速下的 CV 曲线；（b）三种电极的 Nyquist 图；（c）四种电极的倍率性能对比；（d）三种电极的循环稳定性能测试图

小的电荷转移电阻和Li^+扩散阻抗。相较于GO-S和PEI+GO-S电极，A-PEI-EGO-S电极在电子、离子传输和反应动力学等方面有明显优势，有利于倍率性能的提升。图6-16（c）为A-PEI-EGO-S、PEI+GO-S、A-PEI-S和GO-S四种电极的倍率性能对比，在0.1C电流密度下，四种电极的初始放电容量分别为1338mA·h·g^{-1}、1189mA·h·g^{-1}、1116mA·h·g^{-1}和1056mA·h·g^{-1}，当电流密度升高至2C时，四种电极的放电比容量分别为797mA·h·g^{-1}、554mA·h·g^{-1}、510mA·h·g^{-1}和325mA·h·g^{-1}。A-PEI-EGO-S电极在放电倍率从0.1C变化到2C的过程中，放电容量损失仅为40%，为四种电极中的最小值，这得益于A-PEI-EGO-S电极表面活性物质的均匀分布、A-PEI骨架对多硫化物的强吸附能力以及基底的高电子电导率。图6-16（d）为GO、PEI+GO-S和A-PEI-EGO-S电极的循环稳定性能测试图，A-PEI-EGO-S电极在0.5C电流密度下的初始比容量为945mA·h·g^{-1}，经600次循环后，该电极容量仍为719mA·h·g^{-1}，容量衰减率仅为23.9%，具有优异的循环性能。作为对比，GO-S和PEI+GO-S电极的初始比容量分别为848mA·h·g^{-1}和855mA·h·g^{-1}，分别经300次和600次循环后，电极容量低至375mA·h·g^{-1}和391mA·h·g^{-1}，容量衰减率可达55.8%和54.2%。A-PEI-EGO-S电极优异的循环稳定性，一方面由于线性硫嵌入有机硫聚合物骨架中能够缓解多硫化物的溶解与穿梭，另一方面得益于极性官能团对多硫化物吸附作用以及NR_4^+基团与多硫化物的静电耦合作用。上述结果表明，基于活性位点集成化策略所构建的半固定化有机硫聚合物正极能够显著改善锂硫电池的放电容量、倍率性能和循环稳定性。

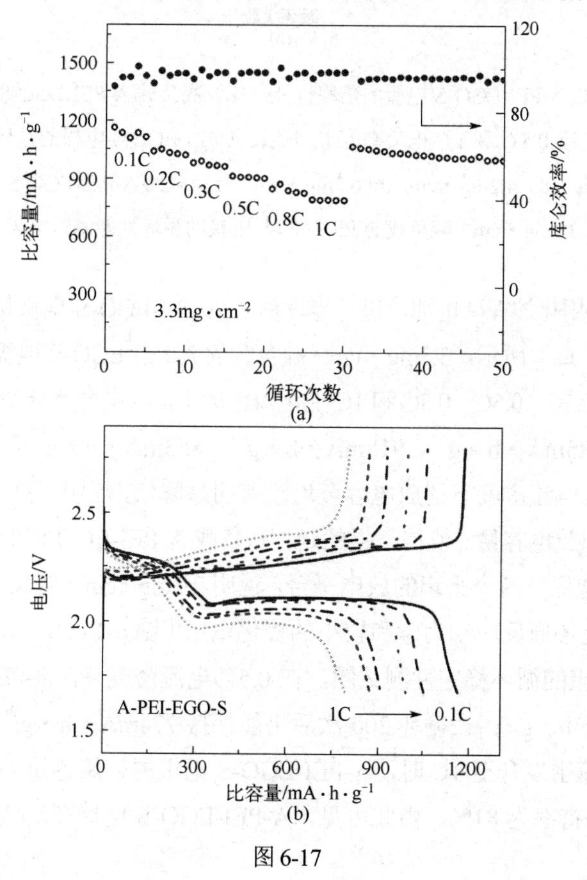

图6-17

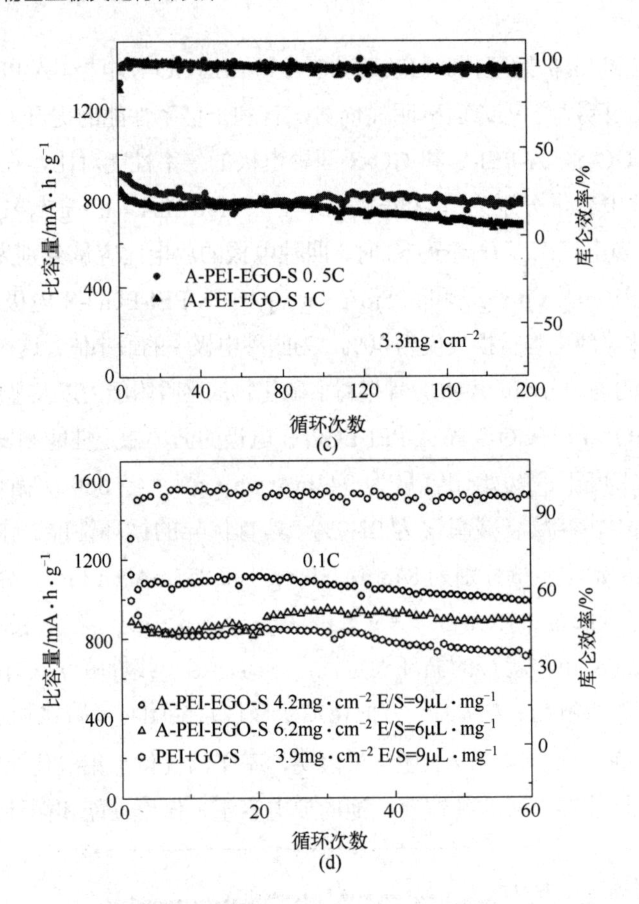

图 6-17 （a）高负载 A-PEI-EGO-S 电极的倍率性能；（b）高负载 A-PEI-EGO-S 电极的恒流充放电曲线；（c）0.5 C 和 1 C 电流密度下高负载 A-PEI-EGO-S 电极的循环稳定性测试图；（d）4.2mg • cm^{-2} 和 6.2mg • cm^{-2} 硫负载的 A-PEI-EGO-S 电极和 3.9mg • cm^{-2} 硫负载的 PEI+GO-S 电极的循环性能测试结果

为了构建面向实用化的锂硫电池，进一步评估了 A-PEI-EGO-S 电极材料在高硫负载下的电化学性能。如图 6-17（a）所示，3.3mg • cm^{-2} 硫负载的 A-PEI-EGO-S 电极仍具有优异的倍率性能，在 0.1C、0.2C、0.3C、0.5C、0.8C 和 1C 的电流密度下，放电容量分别为 1168mA • h • g^{-1}、1045mA • h • g^{-1}、985mA • h • g^{-1}、918mA • h • g^{-1}、853mA • h • g^{-1} 和 798mA • h • g^{-1}，与低面载电极相比各个电流密度下的放电容量均没有明显降低，证明了高负载 A-PEI-EGO-S 电极优异的倍率性能和放电容量。值得一提的是，高负载 A-PEI-EGO-S 电极在各个电流密度下（从 0.1C 到 1C）都能保持两个平坦的放电平台，说明 3.3mg • cm^{-2} 硫负载的 A-PEI-EGO-S 电极仍具有优异的氧化还原反应动力学和较小的极化电压［图 6-17（b）］。如图 6-17（c）为高负载 A-PEI-EGO-S 电极的循环稳定性测试图，在 0.5C 电流密度下，A-PEI-EGO-S 电极的初始放电容量为 910mA • h • g^{-1}，在循环 200 次后仍能保持 774mA • h • g^{-1} 的放电容量，容量保持率为 85%。当电流密度升至 1C 时，A-PEI-EGO-S 电极的初始容量为 833mA • h • g^{-1}，经 200 次循环后容量保持率为 81%。由此可见，A-PEI-EGO-S 电极在高负载条件下仍具有优异的电化学稳定性。此外，经历了前几圈的电极活化后，整个循环中 A-PEI-EGO-S 电极的库仑效率（CE）始终大于 96%，说明在高负载条件下，电极仍能有效缓解电池循环过程中的穿梭效应和锂负极的副反应，提高电池库仑效率。除了低含硫量和低面载量两个因素以外，高 E/S 值也是制约电池能量密度进一步提升的重要原因之一。因此，对贫电解液（低 E/S 值）情况下高负载 A-PEI-EGO-S 电极的电化学性能进行了评估。如图 6-17（d）所示，A-PEI-EGO-S 电极在 4.2mg・cm^{-2} 硫负载和 9μL・mg^{-1} 的较低 E/S 值条件下仍具有 1123mA・h・g^{-1} 的高放电容量，并且在 60 次循环后，容量保持率为 87%。即使活性物质面载量升高至 6.2mg・cm^{-2}，E/S 值降低至 6μL・mg^{-1}，A-PEI-EGO-S 电极仍具有 886mA・h・g^{-1} 的放电容量和 98%的容量保持率（60 次循环后）。相比之下，PEI+GO-S 电极在硫负载为 3.9mg・cm^{-2}（E/S = 9μL・mg^{-1}）条件下，初始容量仅为 992mA・h・g^{-1}，60 次循环后的容量保持率为 72%。上述结果有力地证明了 A-PEI-EGO-S 电极在高能量密度锂硫电池中的应用前景。

6.2.6　活性位点集成化有机硫聚合物电化学性能增效机制研究

随后，我们从多硫化物锚定和反应动力学改善两个方面进一步探究了 A-PEI-EGO 电极电化学性能的增强机制。首先，通过 DFT 方法计算了多硫化物（Li_2S_4 和 Li_2S_6）与 GO、A-PEI 和 A-PEI-EGO 材料之间的相互作用强度，采用的理论吸附模型如图 6-18（a）所示。计算结果表明，在最稳定构型下，Li_2S_4 和 Li_2S_6 与 A-PEI-EGO 材料的结合能最强，分别为−2.54eV 和−1.60eV，明显高于 GO（−1.08eV 和−1.15eV）和 A-PEI（−1.35eV 和−1.24eV）两种材料与 Li_2S_4 和 Li_2S_6 的结合能［图 6-18（b）］。三种材料中，A-PEI-EGO 材料具有最强的多硫化物吸附能力，能有效抑制多硫化物穿梭，提高电池循环稳定性和库仑效率。

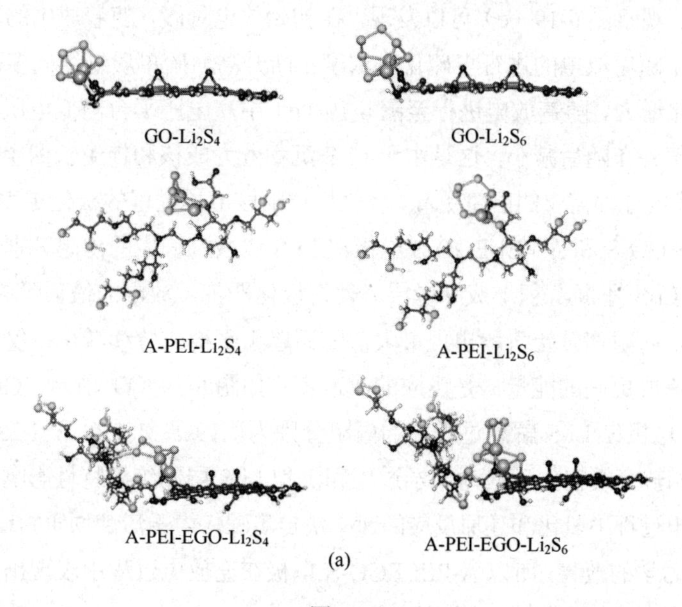

图 6-18

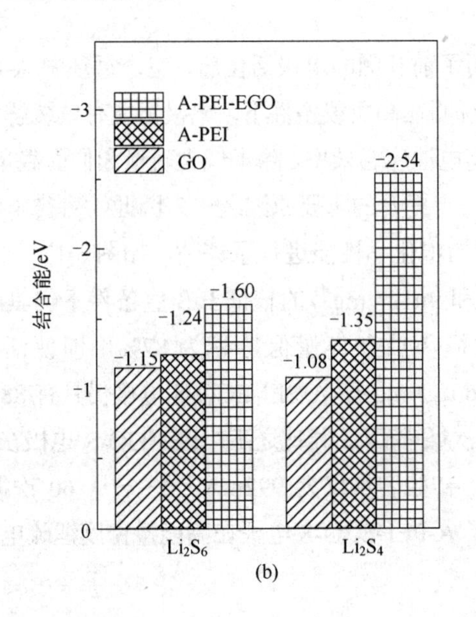

图 6-18 多硫化物（Li_2S_4 和 Li_2S_6）在 GO、A-PEI 和 A-PEI-EGO 附近的理论吸附模型（a）和它们之间的结合能（b）

为了探究 A-PEI-EGO-S 电极对电池氧化还原反应动力学特性的影响，通过 GITT 和 PITT 测试对三种电极进行了分析。如图 6-19（a）～图 6-19（c）所示，GITT 测试是一个脉冲-恒电流-弛豫的过程，在放电过程中弛豫阶段的电压上升和充电过程中弛豫阶段的电压下降与氧化和还原过程中的极化有关。如第 3 章所述，在 GITT 测试中，电化学反应过程中极化的大小可以通过充放电过程中的内阻来量化。GO-S、PEI+GO-S 和 A-PEI-EGO-S 电极的内阻如图 6-19（e）～图 6-19（f）所示，A-PEI-EGO-S 电极在各个充放电阶段的内阻均明显低于 PEI+GO-S 和 GO-S 电极，说明 A-PEI-EGO-S 电极在充放电过程中极化更小，氧化还原反应动力学过程更快。观察图 6-19（e）可以发现，在初始放电阶段，随着放电的不断进行内阻不断升高，这是由于随着放电的进行多硫化物浓度不断升高，硫单质继续向多硫化物转化受到阻碍，电化学极化增大。随着放电进行至图 6-19（e）中高电压平台与低电压平台拐点处，内阻达到第一个峰值并在随后减小，这是由于 Li_2S 沉积分为成核和核生长两个阶段，拐点处为 Li_2S 成核过程，成核过程需要的能量更高，极化相对于核生长过程的极化更大。如图 6-19（e）所示，GO-S、PEI+GO-S 和 A-PEI-EGO-S 电极在 Li_2S 成核过程中的内阻分别为 0.35Ω、0.32Ω 和 0.29Ω，由于 Li_2S 不断沉积形成绝缘层，使得极化严重，放电的最后阶段内阻显著增加。而在充电过程中，内阻在开始阶段出现最大值随后趋于平稳或持续减小，仅在充电末期略有增加；Li_2S 解离需要更高的能量，是反应的决速步。如图 6-19（f）所示，GO-S、PEI+GO-S 和 A-PEI-EGO-S 电极在 Li_2S 解离过程中的内阻分别为 1.79Ω、1.43Ω 和 1.23Ω。以上结果表明，受到固、液相转变缓慢的反应动力学过程和沉积 Li_2S 层的绝缘特性影响，Li_2S 的成核和解离分别是放充电过程中氧化和还原反应的速率决定步骤。由于活性物质的均匀分布和 C—S 键对氧化还原动力学的改善，所以 A-PEI-EGO-S 电极在充放电过程中表现出最小的极化电压和优异的 Li_2S 成核与 Li_2S 解离动力学特性。

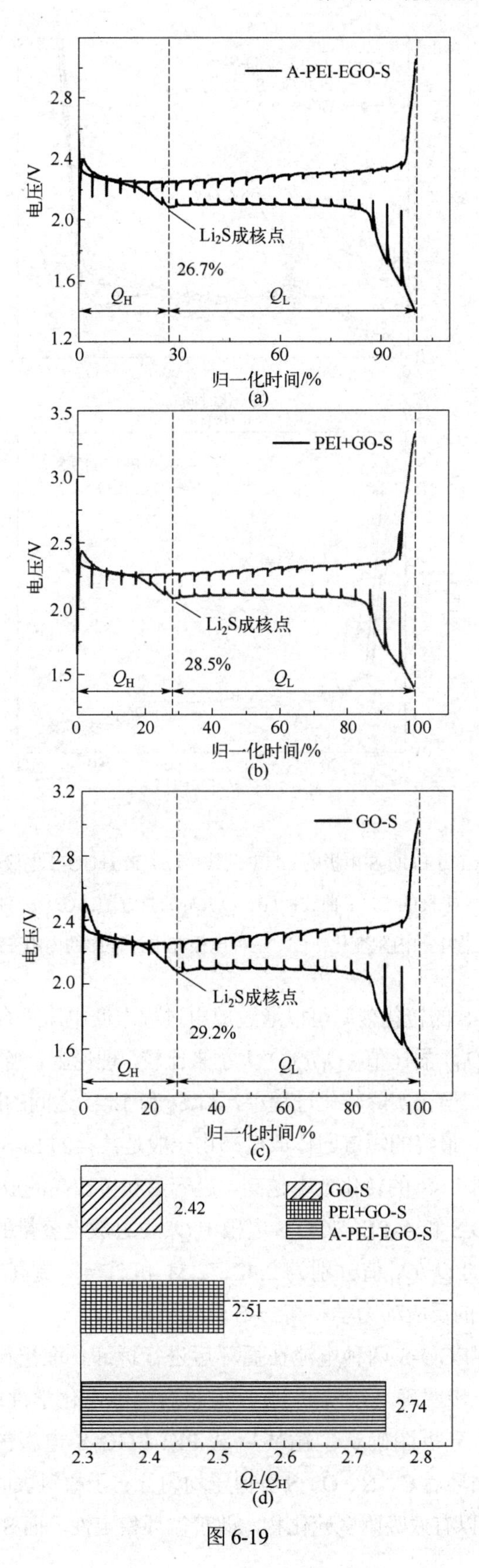
A-PEI-EGO-S
电压/V
Li2S成核点
26.7%
QH
QL
归一化时间/%
(a)
PEI+GO-S
28.5%
(b)
GO-S
29.2%
(c)
GO-S
PEI+GO-S
A-PEI-EGO-S
2.42
2.51
2.74
QL/QH
(d)

图 6-19

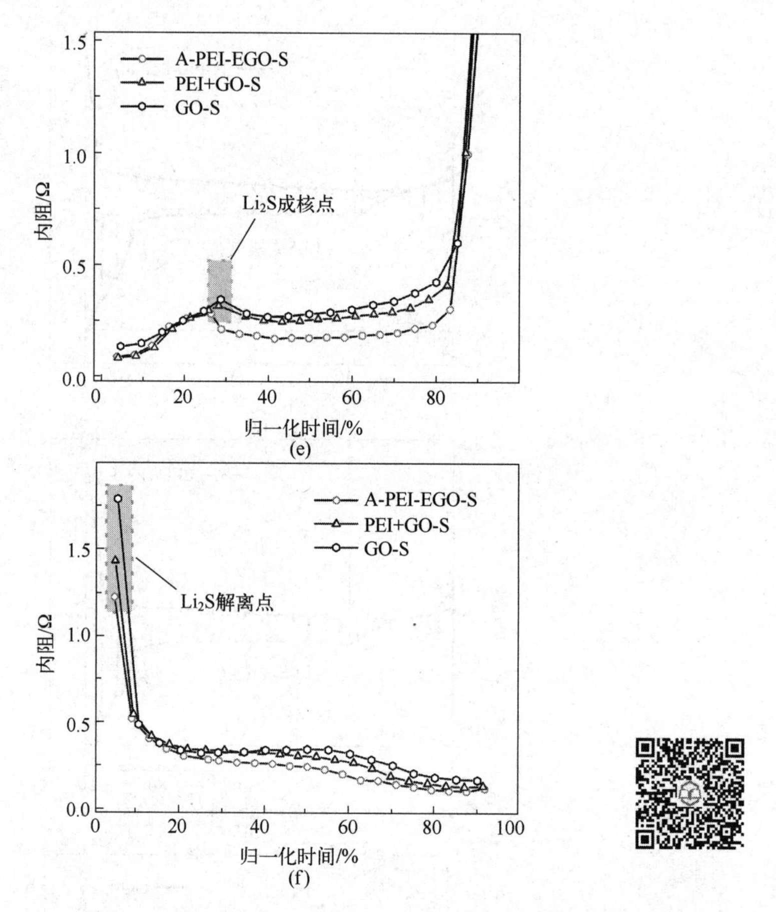

图 6-19 （a）A-PEI-EGO-S 电极的 GITT 曲线；（b）PEI+GO-S 电极的 GITT 曲线；（c）GO-S 电极的 GITT 曲线；（d）Q_L/Q_H 的直方图；（e）三种电极放电过程中的内阻变化；（f）三种电极充电过程中的内阻变化

此外，不同电极 Li_2S 的转化效率可以通过放电过程中低电压平台区放电容量（Q_L）和高电压平台区放电容量（Q_H）的比值（Q_L/Q_H）大小来比较。理论上，当 S_8 分子完全转化为 Li_2S 时，Q_L/Q_H 的值应为 3。但在实际转化过程中，Li_2S_2 和 Li_2S 之间的固-固转化反应动力学较差，通常不能完全转化，最终的短链固体放电产物一般是共存的 Li_2S_2 和 Li_2S，Q_L/Q_H 值小于 3。Q_L/Q_H 的值越大说明 Li_2S 的转化效率越高，越容易获得较高的放电容量[25-26]。如图 6-19（d）所示，GO-S、PEI+GO-S 和 A-PEI-EGO-S 电极中 Q_H 占总放电容量的百分比分别为 29.2%、28.5%和 26.7%，对应的 Q_L/Q_H 值分别为 2.42、2.51 和 2.74，更高 Q_L/Q_H 值进一步证明了 A-PEI-EGO-S 电极良好的反应动力学和高 Li_2S 转化效率。

将 GO-S 和 A-PEI-EGO-S 两种电池在循环后进行拆卸，取出循环后的正极和 Li 金属负极进行研究，以进一步明确 A-PEI-EGO-S 电极对电池电化学性能的增强机制。首先，通过 TEM 图像和元素分析图确认了循环后 A-PEI-EGO-S 电极的表面元素分布情况。如图 6-20（a）所示，循环后 C、N、O、S 等原子均匀分布于材料表面，均匀分布的 N、O 异质原子作为活性位点可以有效吸附多硫化物，改善循环稳定性。而 S 的均匀分布则有利于活性物质的高效利用和 Li^+的快速转移，可以改善电极容量和倍率性能。如图 6-20（b）所示，通过电子探针（EPMA）可以进一步研究电极表面 S 元素的分布状态。与 A-PEI-EGO-S 电极相比，循环后的 GO-S 电极表面硫元素呈不均匀分布且强度更高，这意味着 GO-S 电极中的多硫化物在放电过程中更容易溶解、扩散出正极，并于充电过程中在电极表面不均匀沉积。A-PEI-EGO-S 电极表面均匀的硫分布得益于 A-PEI-EGO 骨架对硫的分散作用以及强吸附作用，使多硫化物不易溶出和聚集。电极表面固体活性物质（S_8、Li_2S_2 和 Li_2S）的不均匀沉积和聚集会导致界面的电荷转移电阻增加，更高的电荷转移电阻会使反应动力学过程变慢。

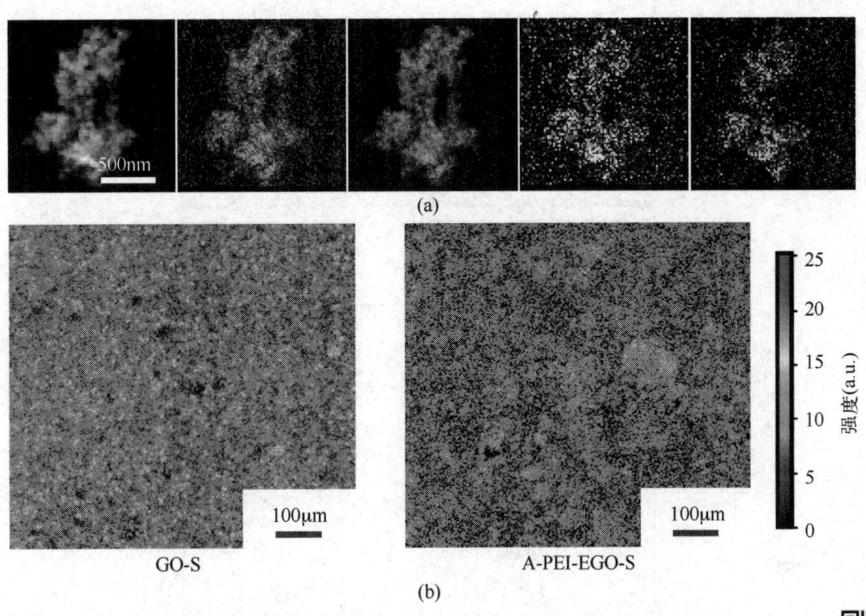

图 6-20　（a）50 次循环后 A-PEI-EGO-S 电极的 TEM 元素分析图；（b）循环后 GO-S 和 A-PEI-EGO-S 电极的 S 元素面扫图

为了分析 GO-S 和 A-PEI-EGO-S 电极表面 S 元素的化学状态，对两种电极进行了非原位 XPS 测试。如图 6-21 所示，循环后完全充电的 GO-S 和 A-PEI-EGO-S 电极的 XPS S 2p 分峰谱图中仍存在 Li_2S（161.1eV）的特征峰，说明部分 Li_2S 失活，在充电过程中不再参与反应。A-PEI-EGO-S 电极表现出相对较弱的 Li_2S 特征峰，表明该电极在放电过程中 Li_2S 沉积更为均匀，充电过程中活性物质利用率高（失活的 Li_2S 量较少）。除此之外，在两种电极的 S 2p XPS 分峰谱图中均可以观察到位于 166.1eV、166.9eV、168.1eV 和 169.4eV 的四个特征峰，为聚硫酸盐（166.1eV 和 166.9eV）和硫代硫酸盐（168.1eV 和 169.4eV）的特征峰。两种电极表面硫代硫酸盐和聚硫酸盐源自于多硫化物与电极含氧官能团之间的氧化还原反应，在充放电过程中多硫化物被氧化，形成硫代硫酸盐和聚硫酸盐。从图 6-21 中可以看出，A-PEI-EGO-S 电极表面的硫代硫酸盐和聚硫酸盐特征峰强度明显弱于 GO-S 电极。这是由于在化学接枝过程中，基底的大量含氧官能团被还原。值得注意的是，在上一节我们提到硫代硫酸盐和聚硫酸盐可以在电极表面形成致密的保护层，从而抑制多硫化物穿梭。但是在本节中由于 GO-S 电极电子电导率差从而导致多硫化物氧化还原动力学过程缓慢，更多的 Li_2S 沉积在表面，沉积的 Li_2S 又与硫代硫酸盐和聚硫酸盐共同增加电荷转移电阻，使反应动力学过程持续减慢，容量不断衰退。

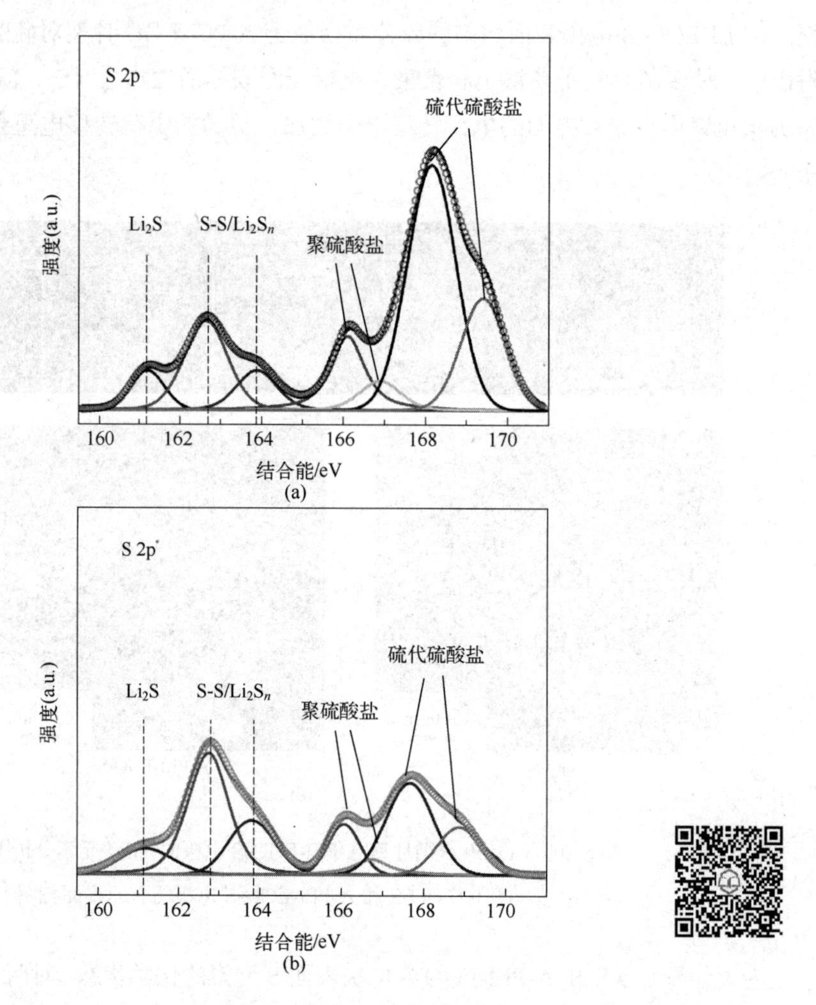

图 6-21 循环后 GO-S（a）和 A-PEI-EGO-S 电极（b）的 S 2p XPS 分峰谱图

综上所述，A-PEI-EGO-S 电极优异的电性能可以归因于以下三点：①A-PEI-EGO 材料的含 N、O 官能团能够作为活性位点吸附多硫化物，减少多硫化物在放电过程中的溶解、穿梭以及再次充电过程中的不均匀沉积。②均匀分布的活性物质和基底良好的导电性，能使 Li_2S 沉积更为均匀，活性物质利用率高。③A-PEI-EGO-S 电极均匀的 Li_2S 沉积和较少硫酸盐层形成使其具有更小的电荷转移电阻和快速的反应动力学。随后对两种电池负极表面状态进行了观察以确认两种电池中多硫化物的穿梭情况，得益于 A-PEI-EGO-S 电极对多硫化物穿梭的有效抑制，循环后 A-PEI-EGO-S 电池的锂金属负极仍然呈现出平坦致密的表面，而 GO-S 电池的锂金属负极表面粗糙，呈针状树枝状（图 6-22）。

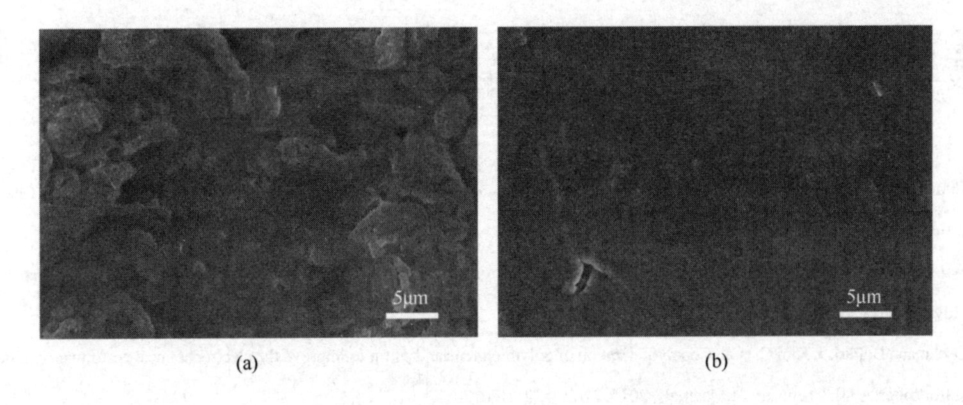

图6-22　循环后GO-S（a）和A-PEI-EGO-S电池负极（b）的SEM图

6.2.7　小结

在6.2节中，我们提出了“活性位点集成化”的有机硫聚合物正极设计策略，并基于这一设计策略，创制了具有丰富“逆硫化”活性位点的半固定化有机硫聚合物骨架，有效地解决了有机硫聚合物的可溶解、电子电导率低和活性位点少等固有问题。此外，通过实验验证和理论计算系统地阐明了半固定化有机硫聚合物正极的结构优越性和电化学性能的增强机制。得到如下结论：

① 半固定化有机硫聚合物正极的结构优越性。通过活性位点集成化策略可以将大量烯丙基活性位点集成于石墨烯导电基底。在半固定化的化学接枝过程中，A-PEI聚合物骨架和EGO导电基底的功能性均得到了显著增强，即导电基底大部分含氧官能团被去除，电子传导能力提升，而A-PEI的氨基基团被氧化形成NR_4^+阳离子，NR_4^+阳离子可以通过静电耦合增强对多硫化物的锚定能力。

② 电化学性能的增强机制。一方面，半固定化有机硫聚合物正极A-PEI-EGO-S延续了有机硫聚合物的结构优势。通过共价键合的方式将活性物质硫均匀嵌入有机基体骨架中，有效地提升了活性物质利用率和硫正极的氧化还原反应动力学特性。另一方面，A-PEI-EGO-S具备A-PEI聚合物骨架和EGO导电基底的功能性。A-PEI聚合物骨架通过分子间相互作用（极性官能团）和静电作用（NR_4^+阳离子）有效抑制了多硫化物穿梭，减少了电极表面固体活性物质（S_8、Li_2S_2和Li_2S）的不均匀沉积和聚集，以及Li_2S的失活。EGO导电基底增强了有机硫聚合物的电子传导能力。基于以上优势，A-PEI-EGO-S电极表现出优异的电化学性能，包括：0.1C电流密度下1338mA·h·g^{-1}的高初始放电容量和0.5C电流密度下优异的循环稳定性能。0.1C电流密度下，即使活性物质面载量升高至6.2mg·cm^{-2}、E/S值降低至6μL·mg^{-1}，A-PEI-EGO-S电极仍具有886mA·h·g^{-1}的放电容量和60次循环后98%的容量保持率。

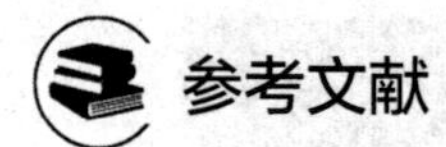

参考文献

[1] Chung W J, Griebel J J, Kim E T, et al. The use of elemental sulfur as an alternative feedstock for polymeric materials [J]. Nature Chemistry, 2013, 5(6): 518-524.

[2] Wu F X, Chen S Q, Srot V, et al. A sulfur-limonene-based electrode for lithium-sulfur batteries: high-performance by self-protection [J]. Advanced Materials, 2018, 30(13): 1706643.

[3] Oschmann B, Park J, Kim C, et al. Copolymerization of polythiophene and sulfur to improve the electrochemical performance in lithium-sulfur batteries [J]. Chemistry of Materials, 2015, 27(20): 7011-7017.

[4] Zhang X Y, Chen K, Sun Z H, et al. Structure-related electrochemical performance of organosulfur compounds for lithium-sulfur batteries [J]. Energy & Environmental Science, 2020, 13(4): 1076-1095.

[5] Zhao M, Li B Q, Chen X, et al. Redox comediation with organopolysulfides in working lithium-sulfur batteries [J]. Chem, 2021, 6(12): 3297-3311.

[6] Chen Q L, Li L H, Wang W M, et al. Thiuram monosulfide with ultrahigh redox activity triggered by electrochemical oxidation [J]. Journal of the American Chemical Society, 2022, 144(41): 18918-18926.

[7] Li X, Yuan L X, Liu D Z, et al. High sulfur-containing organosulfur polymer composite cathode embedded by monoclinic S for lithium sulfur batteries [J]. Energy Storage Materials, 2020, 26: 570-576.

[8] Lian Q S, Li Y, Yang T, et al. Study on the dual-curing mechanism of epoxy/allyl compound/sulfur system [J]. Journal of Materials Science, 2016, 51(17): 7887-7898.

[9] Lian Q S, Li Y, Li K, et al. Insights into the vulcanization mechanism through a simple and facile approach to the sulfur cleavage behavior [J]. Macromolecules, 2017, 50(3): 803-810.

[10] Liang X, Rangom Y, Kwok C Y, et al. Interwoven MXene nanosheet/carbon-nanotube composites as Li-S cathode hosts [J]. Advanced Materials, 2017, 29(3): 1603040.

[11] Xiao Z B, Yang Z, Li Z L, et al. Synchronous gains of areal and volumetric capacities in lithium-sulfur batteries promised by flower-like porous $Ti_3C_2T_x$ matrix [J]. ACS Nano, 2019, 13(3): 3404-3412.

[12] Liu X, Lu Y, Zeng Q H, et al. Trapping of polysulfides with sulfur-rich poly ionic liquid cathode materials for ultralong-life lithium-sulfur batteries [J]. ChemSusChem, 2020, 13(4): 715-723.

[13] Je S H, Hwang T H, Talapaneni S N, et al. Rational sulfur cathode design for lithium-sulfur batteries: Sulfur-embedded benzoxazine polymers [J]. ACS Energy Letters, 2016, 1(3): 566-572.

[14] Wang Z K, Shen X W, Li S J, et al. Low-temperature Li-S batteries enabled by all amorphous conversion process of organosulfur cathode [J]. Journal of Energy Chemistry, 2022, 64: 496-502.

[15] Pan Z Y, Brett D J L, He G J, et al. Progress and perspectives of organosulfur for lithium-sulfur batteries [J]. Advanced Energy Materials, 2022, 12(8): 2103483.

[16] Hoefling A, Nguyen D T, Lee Y J, et al. A sulfur-eugenol allyl ether copolymer: a material synthesized via inverse vulcanization from renewable resources and its application in Li-S batteries [J]. Materials Chemistry Frontiers, 2017, 1(9): 1818-1822.

[17] Choudhury S, Srimuk P, Raju K, et al. Carbon onion/sulfur hybrid cathodes via inverse vulcanization for lithium-sulfur batteries [J]. Sustainable Energy & Fuels, 2018, 2(1): 133-146.

[18] Hu G J, Sun Z H, Shi C, et al. A sulfur-rich copolymer@CNT hybrid cathode with dual-confinement of polysulfides for high-performance lithium-sulfur batteries [J]. Advanced Materials, 2017, 29(11): 1603835.

[19] Park J, Kim E T, Kim C, et al. The importance of confined sulfur nanodomains and adjoining electron conductive pathways in subreaction

regimes of Li-S batteries [J]. Advanced Energy Materials, 2017, 7(19): 1700074.

[20] Chang C H, Manthiram A. Covalently grafted polysulfur-graphene nanocomposites for ultrahigh sulfur-loading [J]. ACS Energy Letters, 2018, 3(1): 72-77.

[21] Wang H L, Ling M, Bai Y, et al. Cationic polymer binder inhibit shuttle effects through electrostatic confinement in lithium sulfur batteries [J]. Journal of Materials Chemistry A, 2018, 6(16): 6959-6966.

[22] Yang Y J, Qiu J C, Cai L, et al. Water-soluble trifunctional binder for sulfur cathodes for lithium-sulfur battery [J]. ACS Applied Materials & Interfaces, 2021, 13(28): 33066-33074.

[23] Yuan H, Ye J L, Ye C R, et al. Highly efficient preparation of graphite oxide without water enhanced oxidation [J]. Chemistry of Materials, 2021, 33(5): 1731-1739.

[24] Tripathy A R, Chang C, Gupta S, et al. Polyethylenimine/nitrogen-doped reduced graphene oxide/ZnO nanorod layered composites for carbon dioxide sensing at room temperature [J]. ACS Applied Nano Materials, 2022, 5(5): 6543-6554.

[25] Gao R H, Zhang Q, Zhao Y, et al. Regulating polysulfide redox kinetics on a self-healing electrode for high-performance flexible lithium-sulfur batteries [J]. Advanced Functional Materials, 2022, 32(15): 2110313.

[26] Xu J, Yang L K, Cao S F, et al. Sandwiched cathodes assembled from CoS_2-modified carbon clothes for high-performance lithium-sulfur batteries [J]. Advanced Science, 2021, 8(16): 2101019.

第7章 新型多功能黏结剂研究

锂硫电池一直以来都存在硫及其放电产物导电性差、放电过程中体积膨胀以及多硫化物穿梭等问题。一般来说，低硫负载电极在充放电过程中膨胀阻力小，总的电极厚度变化微弱，纵向应力小，电极结构相对稳定。低负载电极本身电极体相中 Li^+需要传递的路径短，对 Li^+传输效率的需求也较低。因此，如何提升正极材料电子电导率和对多硫化物的锚定能力，是提高低负载硫正极容量和稳定性需要解决的关键问题。基于以上考虑，在前面两章中我们分别通过结构单元设计、乙烯基/环氧双官能团共价固硫和活性位点集成化策略，创制了 N、O 共掺杂共价三嗪聚合物网络材料、双共价活性位点有机硫聚合物和半固定化有机硫聚合物三种正极。通过物理吸附、化学吸附、共价键合和静电耦合作用有效地锚定了多硫化物，缓解了穿梭效应，使电池的初始比容量、循环稳定性和循环寿命均有显著改善。但对于高硫负载、贫电解液的电池体系来说，能够缓冲体积膨胀的机械性能和通畅的离子传输路径显得尤为关键，甚至是提升高负载电极循环寿命和放电容量的核心要素[1-2]。

黏结剂作为决定整个电极力学性能和电极整体结构的主要组分，在以往的研究中并没有得到足够多的重视。目前，锂硫电池中应用最为广泛的黏结剂仍为 PVDF 黏结剂。PVDF 黏结剂是一种线型聚合物，具有良好的电化学稳定性和物理黏附性，能使正极材料、导电剂和集流体紧密结合[3]。然而，PVDF 黏结剂在使用过程中始终存在一定的缺陷[4-5]：①PVDF 链间仅依靠范德瓦耳斯力相互作用，相互作用力较弱，导致在循环过程中正极结构稳定性差。②PVDF 只溶于 NMP、DMF 等昂贵、有毒和易燃的有机溶剂，不仅使材料回收和循环利用成本增加，还会造成环境污染。③PVDF 的链段结构对极性多硫化物中间体的吸附效果较差，导致穿梭效应加剧，容量迅速衰减。本章主要针对传统 PVDF 功能性不足的问题，通过三维共价交联和主客体识别等方法设计制备高性能多功能聚合物黏结剂，实现对维持正极结构稳定性、抑制穿梭效应、提升多硫化物氧化还原反应速率和提高安全性等功能的全方位设计。研究内容如下：

① 利用简单、高效的环氧和氨基的开环反应，在无催化剂、无有毒溶剂的温和条件下设计一种易于制备、环境友好且具有强大功能性的新型多功能水性黏结剂（PEI-TIC），并在电极制备过程中通过原位热交联的方法在正极构建共价交联的三维网络结构。通过剥离实验、

纳米压痕等力学性能测试，研究基于 PEI-TIC 黏结剂所制备的硫正极的结构稳定性。结合 DFT 理论计算和实验验证，分析 PEI-TIC 黏结剂对多硫化物吸附能力以及 Li_2S 沉积与解离动力学特性的影响。最后，研究其在常规/高硫面载量时的电化学性能，确认该环境友好的多功能黏结剂的应用潜力。

② 通过 β-环糊精和金刚烷结构的主客体识别作用创制一种集亲硫性、亲锂性、低交联密度和阻燃性于一体的动态交联两性离子聚合物黏结剂（β-CDp-Cg-2AD），实现对维持正极结构稳定性、抑制穿梭效应、增强氧化还原动力学和提高安全性等功能的全方位设计。结合理论计算和实验验证阐明两性离子与多硫化物的阴阳离子配对行为，以及阴阳离子配对行为和动态交联结构对多硫化物穿梭和氧化还原动力学过程缓慢等问题的协同调节作用。随后，研究 β-CDp-Cg-2AD 黏结剂在常规/高硫面载量时的电化学性能，以及聚合物的阻燃特性和阻燃机制，探究其在高能量、长寿命锂硫电池中的应用前景。

7.1 聚乙烯亚胺/多环氧杂环化合物共价交联黏结剂

7.1.1 共价交联 PEI-TIC 黏结剂设计思想概述

黏结剂作为决定整个电极的力学性能和电极整体结构的主要组分，对电池的整体性能和寿命有重要影响。目前广泛应用的线性 PVDF 黏结剂存在一些固有局限性，例如不溶于水、抗体积变化能力弱以及功能性相对不足等。针对上述问题，在前期的研究中羧甲基纤维素钠/柠檬酸（CMC/CA）[6]、聚丙烯酰胺（c-PAM）[7]、交联海藻酸-异山梨酸（c-Alg-IS）[8]和 Cu^+ 与海藻酸钠交联黏结剂（SA-Cu）[9]等许多具有极性化学键和三维交联网络结构的水性黏结剂被开发和应用。这些黏结剂不仅能够显著提高硫正极的力学性能，还能有效地吸附多硫化物，从而在反复的充放电过程中维持正极结构稳定并抑制多硫化物穿梭。尽管这些黏结剂的使用对电池电化学性能的提升有明显作用，但其复杂的制备过程、缓慢的多硫化物转化动力学以及对安全性的忽视仍阻碍了进一步实际应用。基于以上考虑，理想的黏结剂应具有易于制备、力学性能稳定、化学吸附能力强、能催化转化多硫化物和环境友好等特点，才能显著提高电池的电化学性能和应用潜力。

异氰尿酸三缩水甘油酯（TGIC）是一种具有三个环氧官能团的杂环化合物，易于与含氨基或羟基化合物发生高密度交联。经过交联后，固态交联产物不仅表现出优异的力学性能，还能继承 TGIC 优异的热稳定性和耐腐蚀性[10-11]。本节基于简单、快速的氨基活泼氢与环氧基团的开环反应（10min），制备了一种新型多功能水性黏结剂（PEI-TIC），反应具有高效、快速、无催化剂和无有毒溶剂等优势。该黏结剂在电极制备过程中通过原位热交联的方法即可在正极构建共价交联的三维网络结构。具有丰富极性官能团和三维交联网络的 PEI-TIC 黏结剂所制备的电极表现出优异的黏结能力和机械性能，能够有效提升正极结构稳定性。除此之外，PEI-TIC 黏结剂中丰富的 N、O 官能团（氨基、羧基、异氰尿酸酯基）还对多硫化物有显著的化学吸附作用和促进转化能力。

7.1.2 共价交联 PEI-TIC 黏结剂合成与电极制备

（1）材料合成

三维共价交联黏结剂由氨基活泼氢与环氧基团的开环反应制得。具体地，将 400mg 聚乙烯亚胺（PEI）和 200mg 异氰尿酸三缩水甘油酯（TGIC）加入到 9mL 去离子水中，在 70℃条件下搅拌 10min。过滤后收集 PEI-TIC 水溶液作为水系黏结剂使用（每 15μL 去离子水中含有 1mg 的 PEI-TIC）。

（2）Li_2S 沉积实验

Li_2S 沉积实验正极的制备：将黏结剂（PEI-TIC、PEI 或 PVDF）和导电剂（乙炔黑）按 4∶6 的质量比进行混合，并加入适量去离子水和乙醇一起研磨形成浆料。充分研磨后用刮刀均匀涂敷在涂碳铝箔上，并在 70℃条件下真空干燥 12h。随后，将电极裁剪成直径为 11mm 的圆片作为正极使用。

按照正极壳、正极极片、隔膜、锂片（Φ= 16mm）、垫片、弹片、负极壳的顺序依次组装，最终装配成 2032 型扣式电池。其中隔膜为 PP（聚丙烯）隔膜，正极侧电解液为 20μL Li_2S_8 溶液（0.5mol·L^{-1}），负极侧电解液为 20μL 的 DME∶DOL 体积比为 1∶1 的溶液。测试电池在 0.1C 的电流密度下放电至 2.09V，再在 2.08V 电压下恒压放电直至电流为 0.03mA。

（3）电极制备

正极极片制备：将活性物质（G-S）、黏结剂（PEI-TIC 或 PEI）和导电剂按 7∶1.5∶1.5 的质量比进行混合，加入适量去离子水和乙醇研磨形成浆料。作为对比，G-S、PVDF 和导电剂按 7∶1.5∶1.5 的质量比进行混合，并加入适量 NMP 作为溶剂研磨形成浆料。充分研磨后用刮刀将所制浆料均匀涂敷于涂碳铝箔，并在 70℃条件下真空干燥 12h。随后，将涂有活性物质的涂碳铝箔裁剪成直径为 11mm 的圆片作为正极使用，面载量为 1.0～1.5mg·cm^{-2}，E/S 值为 15μL·mg^{-1}。

高硫负载电极片制备：将 G-S、黏结剂（PEI-TIC、PEI）和导电剂按 7∶1.5∶1.5 的质量比在小瓶混合，并加入适量去离子水和乙醇。混合物磁力搅拌 24h，使三者充分混合并形成浆料。随后，倒出部分浆料，充分研磨后用 250μm 刮刀均匀涂敷于涂碳铝箔，并真空干燥 12h。完全干燥后，再用 250μm 刮刀二次刮涂（可根据目标面载量重复此操作，进行反复刮涂）。最后，将高面载电极片裁剪成直径为 11mm 的圆片作为电池的正极使用，面载量分别为

4.0～4.3mg・cm^{-2}和 7.1mg・cm^{-2}，对应 E/S 分别为 12.2μL・mg^{-1}和 9μL・mg^{-1}。

（4）结合能计算

本章涉及的 DFT 计算均借助 Materials Studio 软件中的 DMol3 模块完成。交换关联泛函采用的是广义梯度近似（GGA）下的 Perdew-Burke-Ernzerhof 泛函，基组选用 DNP（double numerical basis sets plus the polarization），并采用 Grimme 的 DFT-D 方法对范德瓦耳斯相互作用进行校正。结构优化时，能量、力、位移的收敛判据分别为 1.0×10^{-5}Ha、0.001Ha・Å^{-1}和 0.001Å。采用（LST/QST）方法搜索 Li_2S 分解的过渡态，并由频率分析对过渡态结构进行检验。吸附能（E_b）用式（6-2）进行。

7.1.3 共价交联 PEI-TIC 黏结剂理化性质分析

氨基活泼氢与环氧基团的开环反应，反应速度快，并且可以在温和的条件下发生，无需使用催化剂[10,12]。PEI-TIC 黏结剂的合成过程如图 7-1 所示。先将不溶性 TGIC 和可溶性 PEI 加入去离子水中，带有三个高活性环氧基团的 TGIC 和 PEI 的氨基在低能耗条件下快速反应（70℃，10min），环氧开环生成大量亲水羟基，不溶性 TGIC 完全溶解，获得一种环境友好的水性黏结剂。水溶性黏结剂在电极的制备过程中进一步反应形成高度交联的三维网络结构，增强硫正极结构稳定性。这种原位热交联的方式不仅使黏结剂具有更强的附着力和机械强度，而且能有效提升高交联密度黏结剂的加工性能。首先，FT-IR 光谱被用于确认 PEI 和 TGIC

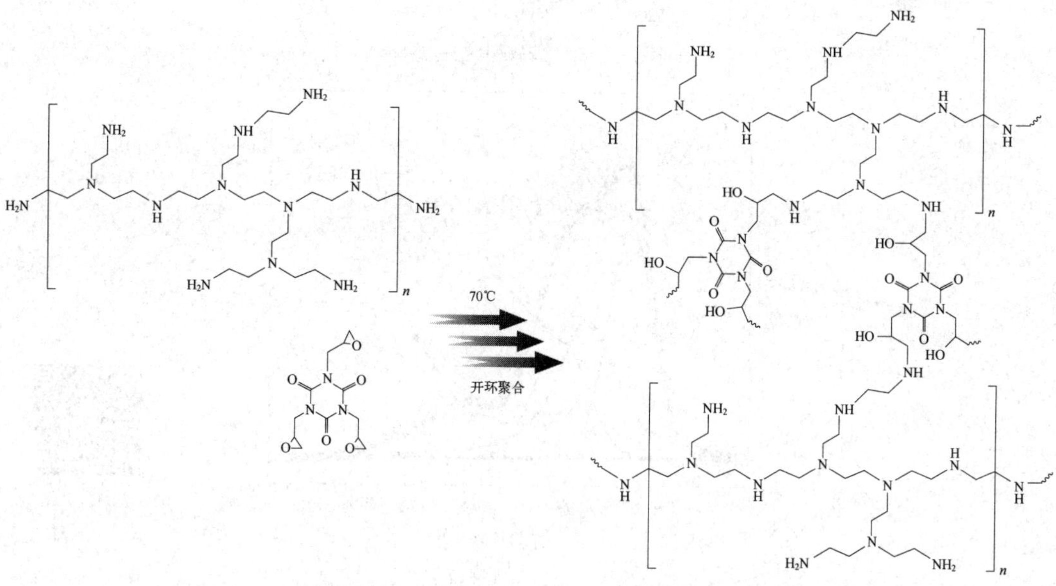

图 7-1 PEI-TIC 黏结剂的制备过程示意图

之间的共价交联反应。如图 7-2（a）所示，PEI 在 1598cm^{-1} 和 3274cm^{-1} 处的特征峰分别归属于 N—H 弯曲振动峰和拉伸振动峰。TGIC 在 1680cm^{-1} 和 926cm^{-1} 处的吸收峰分别对应于 C═O 拉伸振动峰和环氧官能团特征吸收峰。二者反应后，固态 PEI-TIC 共聚物中有较强的 C═O 拉伸振动峰存在，且环氧官能团特征峰、N—H 弯曲振动峰和拉伸振动峰强度显著下降。这一结果表明，TGIC 和 PEI 聚合物通过环氧和氨基的开环反应发生了共价交联。随后，利用 XPS 测试对 PEI-TIC 的表面化学状态进行了进一步确认。图 7-2（b）为 PEI-TIC 材料的 C 1s XPS 分峰谱图，观察可以发现，材料表面 C 元素的化学状态主要可以分为 284.7eV、285.5eV、286.1eV 和 287.9eV 处的 C—C、C—N、C—O 和 N—C═O 四种类型，说明 PEI-TIC 黏结剂交联后带有大量 N—C═O、C—N 和 C—O 等能与多硫化物发生强相互作用的极性官能团。上述结果表明，PEI-TIC 黏结剂具有易于制备、环境友好等特点，并且可以进一步交联形成高度交联的三维网络结构。

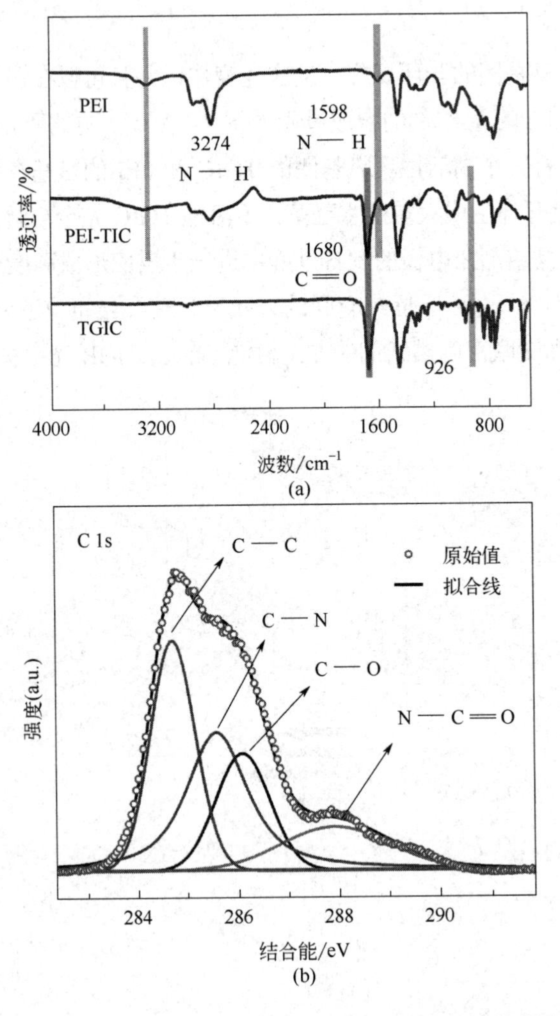

图 7-2 （a）PEI、TGIC 和固态 PEI-TIC 共聚物的红外谱图；
（b）固态 PEI-TIC 共聚物材料的 C 1s XPS 分峰谱图

7.1.4 共价交联 PEI-TIC 黏结剂的附着力与机械性能分析

聚合物黏结剂在硫正极结构构建的过程中发挥着不可或缺的作用，黏结剂的强黏附力和优异的机械性能是实现稳定的高性能电池的必要条件。强黏附力既能够确保活性物质和导电剂之间密切接触，还能将正极材料与集流体紧密结合，防止活性物质脱落。优异的机械性能可以缓冲充放电过程中巨大的体积变化，保持电极结构的完整性。特别是在正极具有高活性物质面载量的情况下，聚合物黏结剂在保持正极的结构稳定性方面的作用是至关重要的。为了探究 PEI-TIC 黏结剂的力学性能，首先将固态 PEI-TIC 共聚物切成圆片进行初步机械强度测试。测试结果如图 7-3（a）与图 7-3（b）所示，固态 PEI-TIC 共聚物不仅有良好的柔韧性，还可以承受 100g 砝码的重量而不发生断裂，说明 PEI-TIC 黏结剂共价交联后有良好的机械性能。将 15μL・mg^{-1} 的 PEI-TIC 水溶液滴加至 500g 砝码顶部，并在顶部放置一个载玻片，在 70℃热台上放置直到水分完全蒸发，进行附着力测试。从图 7-3（c）的附着力测试中可以清楚地看出 PEI-TIC 黏结剂具有较强的附着力，能够承受 500g 重量的砝码。

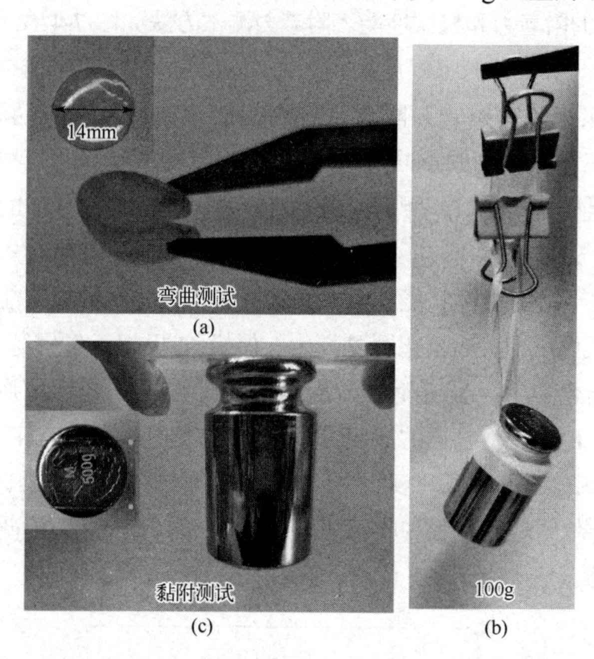

图 7-3 固态 PEI-TIC 共聚物的弯曲性能（a）、机械强度（b）和黏结性能（c）测试

为了评估 PEI-TIC 作为黏结剂的黏度和加工性，首先用锥形板流变仪分析了基于 PEI 和 PEI-TIC 黏结剂的正极浆料的流变行为。如图 7-4（a）所示，不同剪切速率下的黏度测量结果表明，基于 PEI 和 PEI-TIC 黏结剂的正极浆料表现出明显的剪切减稀行为，即随着剪切速率增加浆料黏度变低，这保证了浆料在高剪切速率下制备和电极膜的刮涂过程中有良好的加工性。此外，在各个剪切速率下，PEI-TIC 正极浆料与 PEI 相比都表现出更高的黏度。具体地，在剪切速率为 1.26s^{-1} 时二者黏度分别为 7.49Pa・s 和 3.36Pa・s。黏度增加的原因主要可以归结为以下两点：①在形成 PEI-TIC 溶液过程中，已经发生了部分氨基和环氧的开环反应，黏

结剂的平均分子量增大，黏度升高。②PEI-TIC 中丰富的含氧基团（C═O、C—OH、C—O—C）与正极其它组分（活性物质和导电剂）之间会产生强烈的相互作用，使浆料黏度增加。在此基础上通过振荡流变测量进一步分析了浆料的黏弹性。两种浆料的储能模量（G'，弹性部分）和损耗模量（G''，黏性部分）随剪切应变幅值的变化而变化，并且随着 G'和 G''相对大小的变化，整个测试过程被分为了两个区域［图 7-4（b）、图 7-4（c）］。在Ⅰ区域中，G'高于 G''，PEI 和 PEI-TIC 浆料内部形成凝胶网络结构，表现出弹性为主导的流变行为，有良好的形变回弹性。随着应变幅值增大至 G''大于 G'时，浆料的状态进入Ⅱ区，内部凝胶网络被破坏，表现出黏性流体为主导的流变行为。对比图 7-4（b）与图 7-4（c）可以发现，PEI-TIC 和 PEI 正极浆料由弹性为主导的流变行为向黏性为主导的流变行为转变的应变幅值分别为 157%和 228%，表明 PEI-TIC 黏结剂的正极浆料内部更容易形成强大的网络结构，在电极制备过程中不易发生开裂。以上结果说明，基于 PEI 和 PEI-TIC 黏结剂的正极浆料有良好加工性、黏附力和结构稳定性。

随后，通过 180°剥离测试和纳米压痕测试进一步研究了基于 PEI-TIC、PEI 和 PVDF 三种黏结剂所制备电极的附着力和机械性能。附着力测试方法如图 7-4（e）所示，首先将烘干的电极片裁剪成 3cm×1cm 的长条，用相同大小的双面胶固定在不锈钢片上，再用相同宽度 3M 压敏胶带与极片紧密结合。随后，使用万能试验机匀速拉动胶带，对基于 PEI-TIC、PEI、PVDF 三种黏结剂的不同电极片进行 180°剥离测试。三种电极的剥离强度随剥离距离变化的数据如图 7-4（f）所示，PEI-TIC 电极表现出 3.91N 的平均附着力，高于 PEI 和 PVDF 电极的 2.95N 和 0.97N。基于 PEI-TIC 黏结剂的电极对集流体强大的附着力与 TGIC 赋予聚合物丰富的极性官能团有关。这些含 N、O 原子的官能团能与涂碳铝箔集流体产生额外的相互作用力（如范德瓦耳斯力、偶极-偶极相互作用等），有效地增强了电极与集流体之间的结合力[13]。图 7-4（d）为纳米压痕测试的载荷-压痕深度曲线，可以发现，在相同压力下，PEI-TIC 电极的压痕深度低于 PEI 电极和 PVDF 电极，这表明 PEI-TIC 电极机械强度最高。三维共价交联 PEI-TIC 黏结剂具有优异的柔韧性、黏结性和机械强度，可以确保电极在反复的膨胀和收缩过程中结构的完整性，为锂硫电池的长寿命和循环稳定性提供了保障。

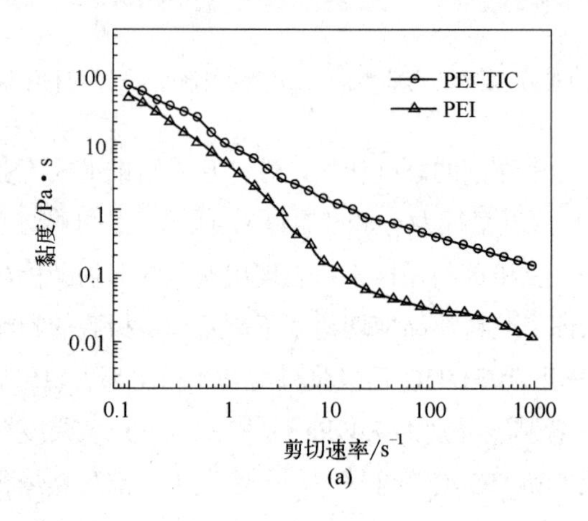

(a)

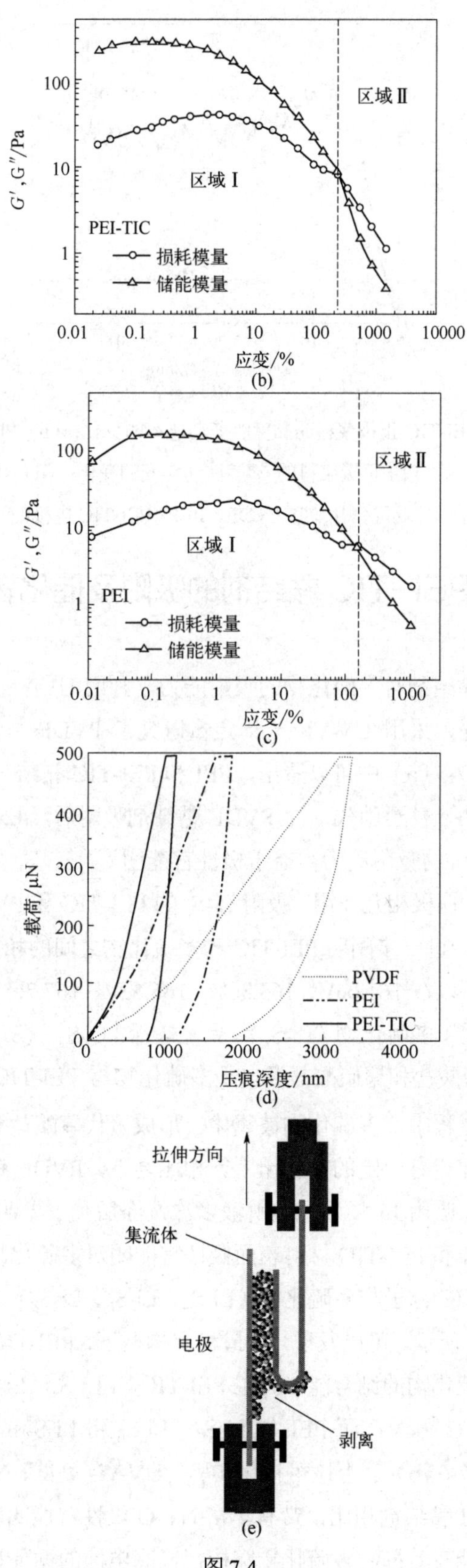

区域Ⅱ
区域Ⅰ
PEI-TIC
损耗模量
储能模量
G′, G″/Pa
应变/%
(b)
区域Ⅱ
区域Ⅰ
PEI
损耗模量
储能模量
G′, G″/Pa
应变/%
(c)
载荷/μN
压痕深度/nm
PVDF
PEI
PEI-TIC
(d)
拉伸方向
集流体
电极
剥离
(e)

图 7-4

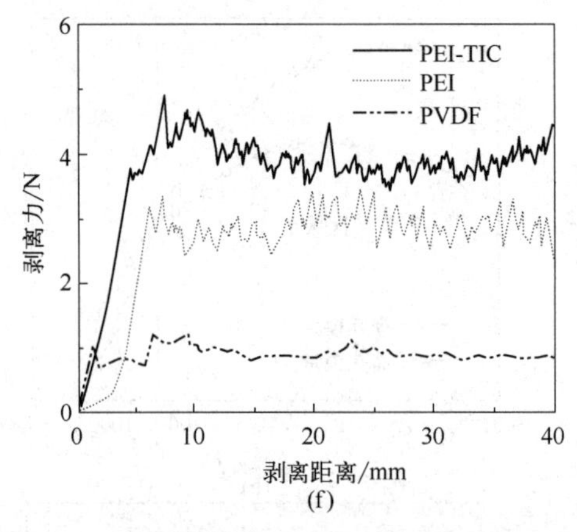

图 7-4 （a）PEI 和 PEI-TIC 正极浆料的黏度随剪切速率的变化；（b）PEI-TIC 正极浆料的 G' 随剪切应力的变化；（c）PEI 正极浆料的 G'' 随剪切应变的变化；（d）载荷-压痕深度曲线；（e）剥离实验示意图；（f）PVDF、PEI、PEI-TIC 电极的剥离强度

7.1.5 共价交联 PEI-TIC 黏结剂的吸附及催化转化性能分析

为了探索 PEI-TIC 黏结剂对多硫化物的吸附能力，利用 UV-Vis 测试和 XPS 测试对不同黏结剂进行了表征。首先，采用 UV-Vis 光谱定量研究了 PVDF、PEI 和 PEI-TIC 黏结剂对 Li_2S_6 的吸附能力。从图 7-5（a）中可以看出，PEI 和 PEI-TIC 黏结剂吸附后，Li_2S_6 在 420nm 处的吸收峰出现明显减小，甚至消失，而 PVDF 黏结剂吸附后，420nm 处有明显的 Li_2S_6 特征峰。PEI 和 PEI-TIC 更强的吸附能力得益于极性官能团（如氨基、羧基和异氰尿酸酯基团）与极性 Li_2S_6 之间的偶极-偶极相互作用。吸附 Li_2S_6 的 PEI-TIC 和 PVDF 材料，经电解液多次洗涤被用于 XPS 分析，以进一步阐明 PEI-TIC 与多硫化物之间的相互作用。如图 7-5（b）所示，S 2p 的分峰谱图中可以在 161.6eV、163.3eV、166.6eV、167.7eV、168.4eV 和 169.6eV 处观察到 6 个特征峰，归属于多硫化物（Li_2S_n）、聚硫酸盐［$O_3S_2—(S)_{x-2}—S_2O_3$］和硫代硫酸盐（$S_2O_3^{2-}$）。其中，硫代硫酸盐和聚硫酸盐源自于多硫化物与 PEI-TIC 含氧官能团之间的氧化还原反应。在氧化还原过程中，多硫化物被氧化，形成硫代硫酸盐和聚硫酸盐，两种硫酸盐也对多硫化物的溶解和穿梭有一定的抑制作用。相比之下，PVDF 链段结构对极性多硫化物中间体的吸附效果较差，吸附 Li_2S_6 后经电解液多次洗涤后几乎无明显 S 2p 特征峰。

为了进一步确认 PEI 和 PEI-TIC 材料表面极性官能团对多硫化物的锚定能力，通过 DFT 方法计算了 PEI 和 PEI-TIC 分子与多硫化物（Li_2S_4、Li_2S_6、Li_2S_8）之间的结合能，采用的理论吸附模型如图 7-6（a）所示。可以发现，在最稳定构型下，PEI-TIC 与三种多硫化物的结合能都明显高于 PEI 与多硫化物的结合能，其中 PEI-TIC 与 Li_2S_4、Li_2S_6 和 Li_2S_8 的结合能分别为−3.09eV、−2.66eV 和−2.30eV，而 PEI 与 Li_2S4、Li_2S_6 和 Li_2S_8 的结合能分别为−1.45eV、−1.14eV 和−1.26eV［图 7-6（b）］。上述可视化实验、UV-Vis 测试、XPS 测试以及理论计算结果说明，与 PVDF 和 PEI 黏结剂相比，带有丰富 N、O 极性官能团的 PEI-TIC 黏结剂与多硫化物的结合能力更强，能有效抑制多硫化物穿梭，提高电池的循环稳定性和库仑效率。

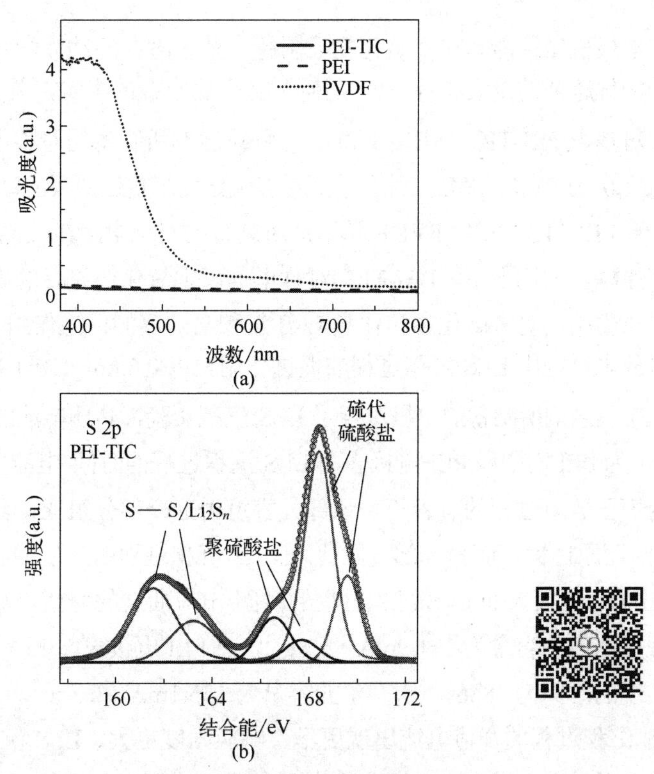

图 7-5 （a）PVDF、PEI 和 PEI-TIC 黏结剂静态吸附后 Li_2S_6 溶液的 UV-Vis 光谱；（b）PEI-TIC 黏结剂静态吸附的 S 2p XPS 分峰谱图

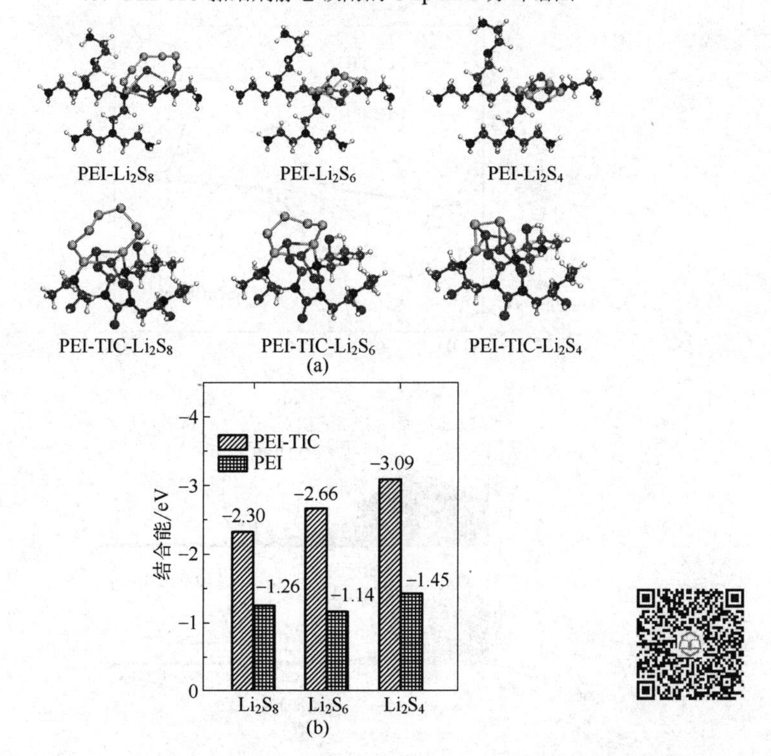

图 7-6　多硫化物（Li_2S_4、Li_2S_6 和 Li_2S_8）在 PEI 和 PEI-TIC 分子附近的理论吸附模型（a）和它们之间的结合能（b）

除了电极机械性能和对多硫化物吸附能力外，潜在的动力学特性改善能力也是评估锂硫电池黏结剂优越性的重要指标。为了排除 Li 金属电极的影响，首先以 0.2mol・L^{-1} Li_2S_6 作为电解液，对基于 PEI-TIC、PEI、PVDF 三种黏结剂所制备的对称电池进行 CV 扫描测试（电压窗口为–1.0～1.0V），探究三种黏结剂对多硫化物氧化还原反应动力学的影响。如图 7-7（a）所示，基于 PEI-TIC、PEI、PVDF 黏结剂所制备的对称电池在 2mV・s^{-1} 的扫速下均表现出四个氧化还原峰。相比之下，PEI-TIC 对称电池出现氧化还原峰的电压更小且强度更高，证明了 PEI-TIC 黏结剂对多硫化物转化和 Li_2S 沉积与解离的促进作用。为了进一步确认 PEI-TIC 黏结剂对放电过程中 Li_2S 沉积过程的促进作用，以 0.5mol・L^{-1} Li_2S_8 为活性物质对基于 PEI-TIC 和 PEI 黏结剂所制备的电极进行了 Li_2S 沉积实验，具体电池的组装和测试过程见 4.1 节。图 7-7（b）为 PEI-TIC 和 PEI 电极表面 Li_2S 沉积过程的时间-电流曲线，曲线与坐标轴所围成的面积为恒压放电过程的总容量。该部分容量由三个部分组成，其中灰色和橘色两部分对应于 Li_2S_6 的还原过程，而另一部分则代表 Li_2S 沉积过程所产生的容量。从图 7-7（b）中可以看出，PEI-TIC 电极表面 Li_2S 沉积过程的时间-电流曲线的峰值电流出现的时间为 1107s，Li_2S 沉积过程所产生的容量为 171.9mA・h・g^{-1}，而 PEI 电极表面 Li_2S 沉积的时间-电流曲线的峰值电流出现的时间为 2886s，所产生的容量为 155.1mA・h・g^{-1}。二者相比较，PEI-TIC 电极表面 Li_2S 沉积过程的峰值电流出现更早、响应强度更大、Li_2S 沉积过程所产生的容量更高，说明了 PEI-TIC 电极对 Li_2S 沉积过程的转化速率和效率均有增强，能够促进活性物质的高效利用。

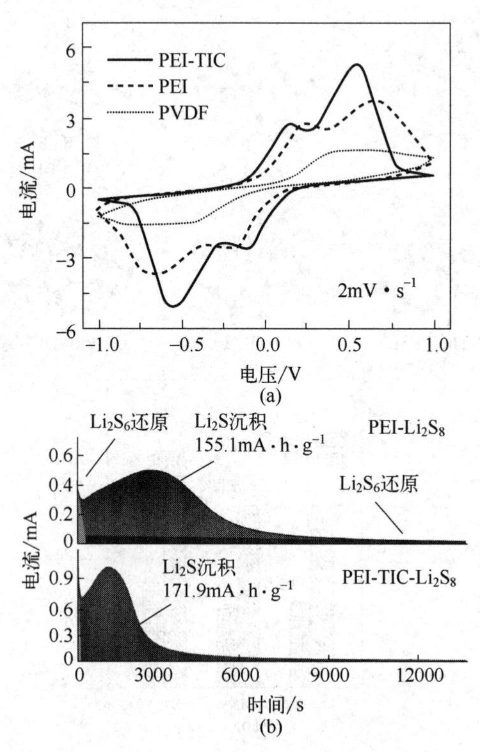

图 7-7 反应动力学评估：（a）不同黏结剂所制备电极的 CV 测试结果；（b）PEI-TIC 和 PEI 电极的 Li_2S 沉积曲线

为了进一步揭示 PEI 和 PEI-TIC 对多硫化物转化的增强作用，对 PEI 和 PEI-TIC 两种基底上活性物质放电过程各步转化反应的吉布斯自由能变化进行了计算。计算采用的理论吸附模型和各步转化反应的吉布斯自由能变化如图 7-8（a）所示，可以发现，在 PEI 和 PEI-TIC 两种基底上，S_8 向 Li_2S_8 的转化过程均表现为负的吉布斯自由能变化，这意味着该反应是自发的。而在两种基底上，Li_2S_8 向 Li_2S 转化的各步反应（$Li_2S_8 \rightarrow Li_2S_6 \rightarrow Li_2S_4 \rightarrow Li_2S_2 \rightarrow Li_2S$）均为非自发反应，且 PEI-TIC 基底上每一步活性物质转化的吉布斯自由能变化都低于 PEI 基底上的吉布斯自由能变化，这表明多硫化物在 PEI-TIC 基底上的还原过程在热力学上更有利[14-15]。在各步反应中，Li_2S_2 向 Li_2S 转化过程的吉布斯自由能变化最高，说明这一转化过程是整个还原反应过程中速率控制步骤。PEI-TIC 基底上 Li_2S_2 向 Li_2S 的转化过程的吉布斯自由能变化为 1.187eV，低于 PEI 基底上此转化过程的吉布斯自由能变化（1.364eV），表明 PEI-TIC 基底上 Li_2S 转化效率更高（与图 7-7 的实验结果一致）。除了放电过程外，多硫化物在充电过程中的氧化动力学特性也对电极的循环稳定性提升和活性物质高效利用有重要影响。充电过程中良好的反应动力学，可以确保放电过程中沉积的 Li_2S 能够在充电过程中被高效利用。因此，采用图 7-8（b）的理论模型，对 PEI-TIC 和 PEI 基底上 Li_2S 分解能垒的大小进行了计算。从图 7-8（c）中可以看出，PEI-TIC 基底上 Li_2S 的分解能垒为 0.72eV，而 PEI 基底上 Li_2S 的分解能垒为 0.98eV，这说明 PEI-TIC 基底具有促进充电过程的 Li_2S 解离的能力，有助于活性物质的高效利用。

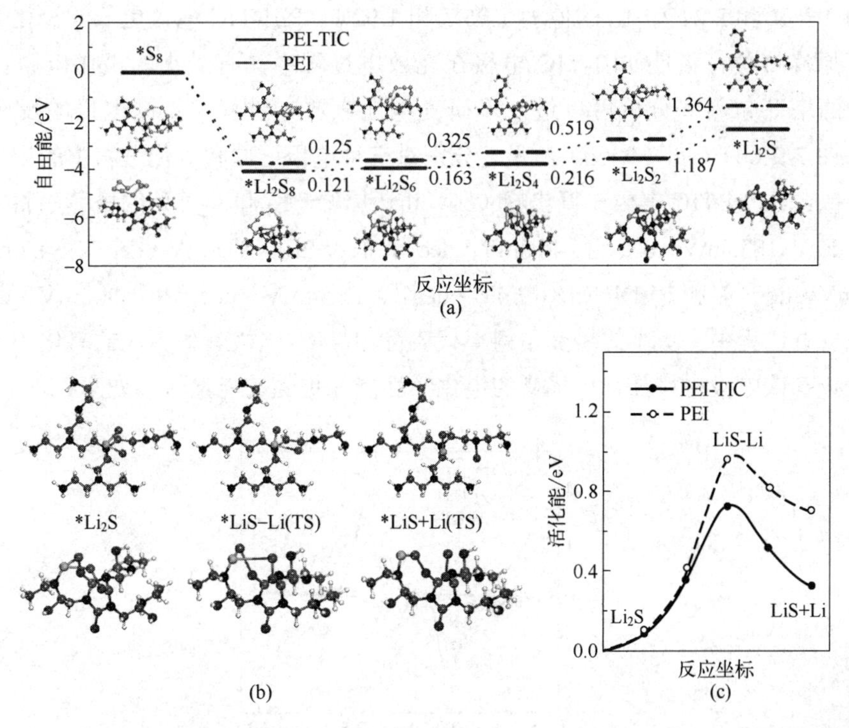

图 7-8 （a）PEI-TIC 和 PEI 基底上电化学反应全过程的吉布斯自由能变化；

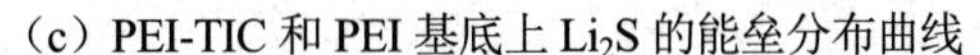

（b）PEI-TIC 和 PEI 基底上 Li_2S 的理论模型；

（c）PEI-TIC 和 PEI 基底上 Li_2S 的能垒分布曲线

7.1.6 共价交联 PEI-TIC 黏结剂的电化学性能分析

综上所述，PEI-TIC 聚合物作为锂硫电池黏结剂的优势可以归纳如下：①易于制备，即通过环氧和氨基的开环反应实现了水系黏结剂的 10min 快速制备。②环境友好，即材料和电极制备均在水溶液和低能耗（70℃）条件下进行。③机械性能优异，即丰富的极性官能团和三维共价交联网络结构使 PEI-TIC 黏结剂具有较高的黏结性能和机械性能，在循环过程中能够缓冲体积变化，维持电极结构的完整性。④有效吸附多硫化物并促进多硫化物转化，即 PEI-TIC 黏结剂氨基、羧基、异氰尿酸酯基等官能团有助于多硫化物的化学吸附和快速转化。基于此，水系 PEI-TIC 黏结剂是一种潜在的具有优异性能的锂硫电池黏结剂。

为了评估 PEI-TIC 黏结剂在电池中的应用前景，以 C-S 复合物为正极与导电剂和不同黏结剂（PVDF、PEI 和 PEI-TIC）结合制备了一系列电极材料，并对其进行电化学性能表征。首先对 PVDF、PEI 和 PEI-TIC 电极进行了 CV 测试，如图 7-9（a）所示。在 0.1mV • s^{-1} 扫速下，三种电极的循环伏安扫描过程中均出现两个放电还原峰（I_{c1} 和 I_{c2}）和一个氧化峰（I_{a1}），分别对应还原过程中 S_8 环状分子转化为可溶性多硫化物、可溶性多硫化物转化为固相 Li_2S_2/Li_2S 以及氧化过程中固相的 Li_2S_2/Li_2S 转化为 S_8 的过程。PEI-TIC 电极的氧化峰位于 2.39V 处，两个还原峰分别位于 2.29V 和 2.00V 处。与 PEI-TIC 电极相比，PEI 和 PVDF 电极的氧化峰峰位更高，分别位于 2.47V 和 2.51V 处，而还原峰峰位更低，I_{c1} 的值分别为 2.28V 和 2.24V，I_{c2} 的值为 1.95V 和 1.92V。PEI-TIC 电极更低的氧化峰峰位和更高的还原峰峰位，说明 PEI-TIC 电极在充放电过程中具有最小的极化电压。通过对 CV 曲线的塔菲尔斜率分析可以进一步研究电池充放电过程中不同电极的反应动力学特性。如图 7-9（b）～图 7-9（d）所示，分别对三种电极还原和氧化过程中的塔菲尔区进行了线性拟合。PEI-TIC 电极在氧化峰（I_{a1}）和还原峰（I_{c1} 和 I_{c2}）处的塔菲尔斜率分别为 82.3mV • dec^{-1}、82.5mV • dec^{-1} 和 46.8mV • dec^{-1}，低于 PEI（83.9mV • dec^{-1}、84.7mV • dec^{-1} 和 102.5mV • dec^{-1}）和 PVDF（181.9mV • dec^{-1}、117.4mV • dec^{-1} 和 104.2mV • dec^{-1}）电极。在充放电过程中，更小的塔菲尔斜率代表 PEI-TIC 电极具备更快的氧化还原反应速率，这意味着该电极材料具有更优良的电化学性能和更高的能量转换效率。

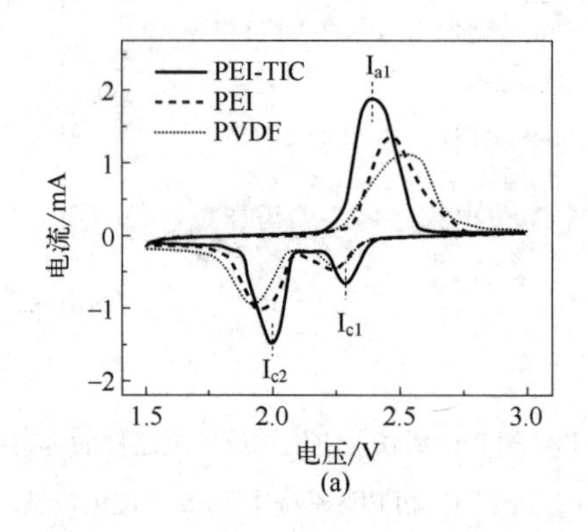

(a)

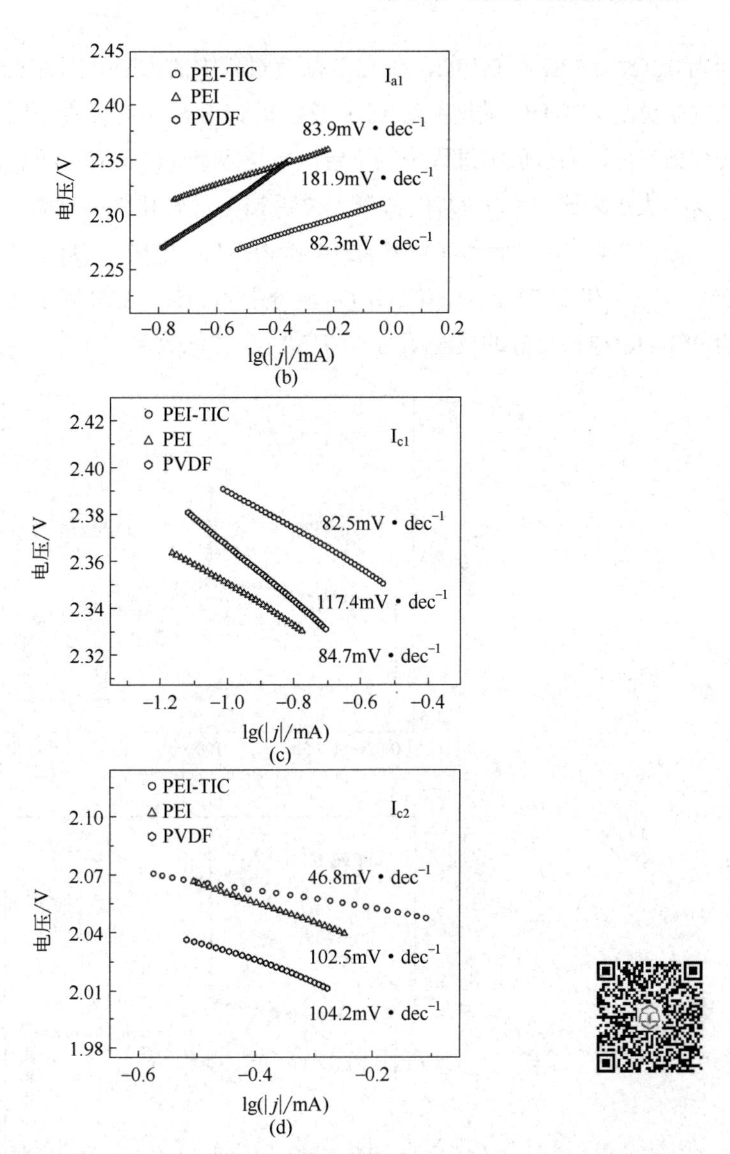

图 7-9　(a) 在 Li-S 电池中，三种电极在 0.1mV・s^{-1} 扫速下的 CV 曲线；(b) I_{a1} 峰对应的塔菲尔曲线；(c) I_{c1} 峰对应的塔菲尔曲线；(d) I_{c2} 峰对应的塔菲尔曲线

随后，通过 GITT 和 EIS 测试对三种电池反应动力学和扩散动力学进行了研究。如图 7-10 (a)～图 7-10 (c) 所示，GITT 测试是一个脉冲-恒电流-弛豫的过程，在放电过程中弛豫阶段的电压上升和充电过程中弛豫阶段的电压下降是因为活性物质氧化还原过程中存在极化。在 GITT 测试中，电化学反应过程中极化的大小可以通过充放电过程中的内阻来量化。计算得到的 PVDF、PEI 和 PEI-TIC 电极的内阻如图 7-10 (e)、图 7-10 (f) 所示，可以看出 PEI-TIC 电极的内阻在各个充放电阶段均明显低于 PVDF 和 PEI 电极，说明 PEI-TIC 电极在充放电过程中极化更小。如第 6 章中所分析的，受到固、液相转变过程缓慢的反应动力学和沉积 Li_2S 层的绝缘特性影响，Li_2S 的成核和解离分别为锂硫电池氧化和还原反应的决速步骤。如图 7-10 (e)、图 7-10 (f) 所示，PVDF、PEI 和 PEI-TIC 电极在 Li_2S 成核过程中的内阻

分别为 0.3Ω、0.27Ω 和 0.19Ω，在 Li_2S 解离过程中的内阻分别为 0.52Ω、0.38Ω 和 0.32Ω，更小的内阻说明 PEI-TIC 黏结剂对 Li_2S 成核和 Li_2S 解离有促进作用。此外，不同电极的 Li_2S 的转化效率可以通过放电过程中低平台区放电容量（Q_L）和高平台区放电容量（Q_H）的比值（Q_L/Q_H）大小来比较，Q_L/Q_H 的值越大说明 Li_2S 的转化效率越高，越容易获得较高的放电容量[16]。如图 7-10（d）所示，PVDF、PEI 和 PEI-TIC 电极中 Q_H 占总放电容量的百分比分别为 29.0%、27.0%和 25.7%，对应的 Q_L/Q_H 值分别为 2.57、2.70 和 2.89，更高的 Q_L/Q_H 值进一步证明 PEI-TIC 电极良好的反应动力学和高 Li_2S 转化效率。

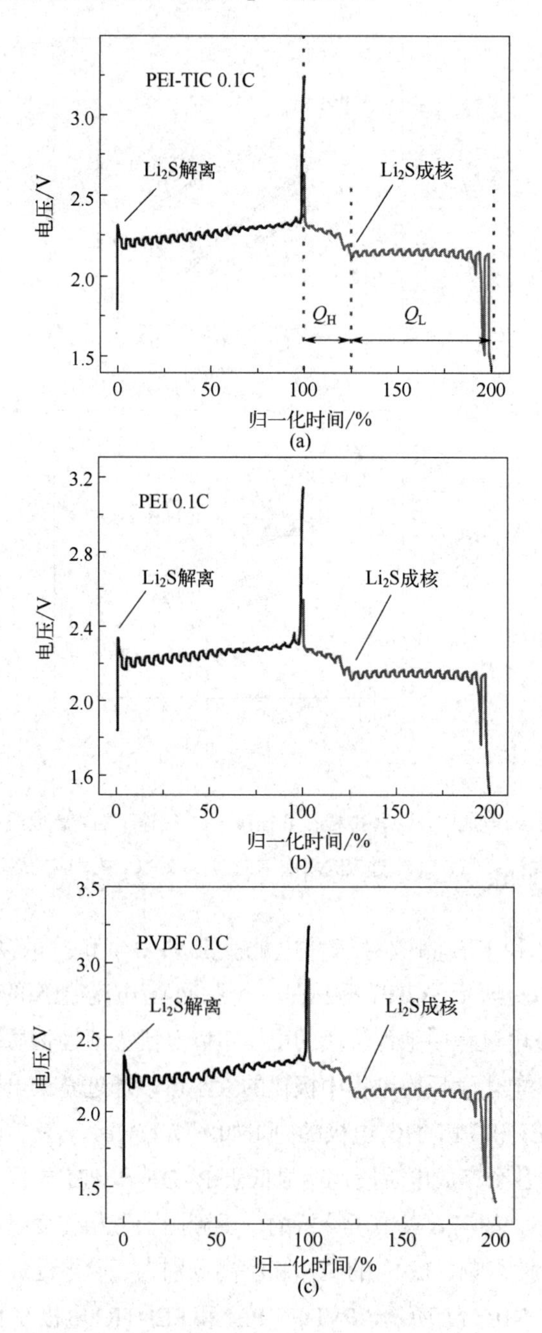

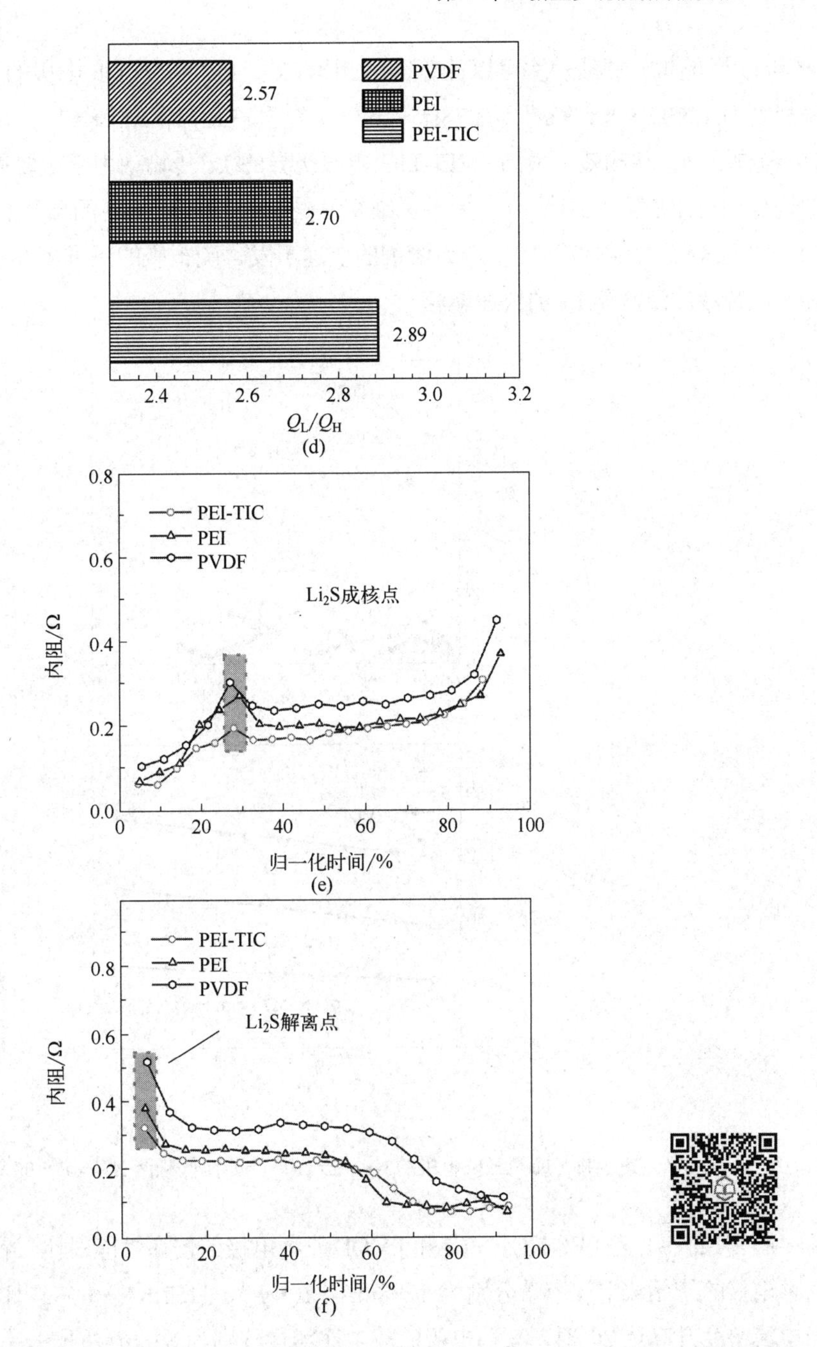

图7-10 （a）PEI-TIC电极的GITT曲线；（b）PEI电极的GITT曲线；（c）PVDF电极的GITT曲线；（d）Q_L/Q_H的直方图；（e）PEI-TIC、PEI、PVDF电极在充电过程中的内阻；（f）PEI-TIC、PEI、PVDF电极在放电过程中的内阻

基于不同黏结剂所制备的电极的电化学反应动力学和 Li^+传输效率可以进一步通过 EIS 评估。如图7-11（a）所示，三种电极的Nyquist图中PEI-TIC电极在高频区的半圆最小，说明电极的电荷转移电阻（R_{ct}）最小，具有更优异的电化学反应动力学特性。Li^+扩散阻抗（Warburg阻抗）可以通过Nyquist图中的低频区部分反映。如图7-11（b）所示，利用低频区

$-Z'$和 $\omega^{-1/2}$ 的拟合曲线斜率可以计算得出 PEI-TIC、PEI 和 PVDF 电极的 Warburg 系数（σ）值分别为 1.53Ω • cm² • s$^{-0.5}$、3.78Ω • cm² • s$^{-0.5}$ 和 3.81Ω • cm² • s$^{-0.5}$，表明三种电极中 PEI-TIC 电极的 Li^+传输效率最高。PEI-TIC 电极优异的 Li^+传输动力学主要得益于 PEI-TIC 黏结剂构建的三维交联网络结构。基于三维交联结构黏结剂所制备的硫正极多呈现三维多孔结构，尤其是在水系黏结剂中，随着溶剂的快速蒸发，硫正极的三维多孔结构进一步形成，有利于电解液的浸润和 Li^+的快速转移。

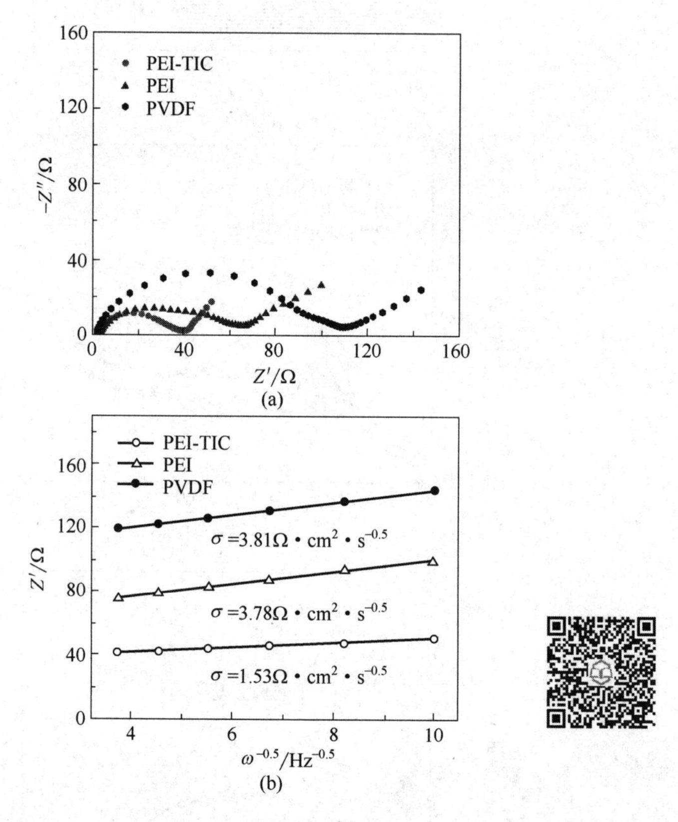

图 7-11 （a）三种电极的 Nyquist 图；（b）在低频区 Z'随 $\omega^{-0.5}$ 的变化

图 7-12（a）为 PEI-TIC、PEI 和 PVDF 三种电极的倍率性能对比，在 0.1C 电流密度下，三种电极的初始放电比容量分别为 1298mA • h • g^{-1}、1152mA • h • g^{-1} 和 1074mA • h • g^{-1}，当电流密度升高至 2C 时，三种电极的放电比容量分别为 823mA • h • g^{-1}、702mA • h • g^{-1} 和 506mA • h • g^{-1}。PEI-TIC 电极在电流密度从 0.1C 变化到 2C 的过程中，放电容量损失仅为 37%，表明其优异的倍率性能［图 7-12（b）］。优异的倍率性能和高放电容量得益于 PEI-TIC 电极的强多硫化物吸附能力、快速的 Li^+传输和反应动力学过程以及高 Li_2S 转化效率。图 7-12（c）为 PVDF、PEI、PVDF+TGIC 和 PEI-TIC 电极的循环稳定性能，可以看到，PEI-TIC 电极在 0.5C 电流密度下的初始比容量为 1056mA • h • g^{-1}，经循环 300 圈后，电极仍能保持 868mA • h • g^{-1} 的放电容量，容量保持率为 82%。作为对比，PVDF、PEI 和 PVDF+TGIC 电极的初始比容量分别为 899mA • h • g^{-1}、941mA • h • g^{-1} 和 907mA • h • g^{-1}，经 300 次循

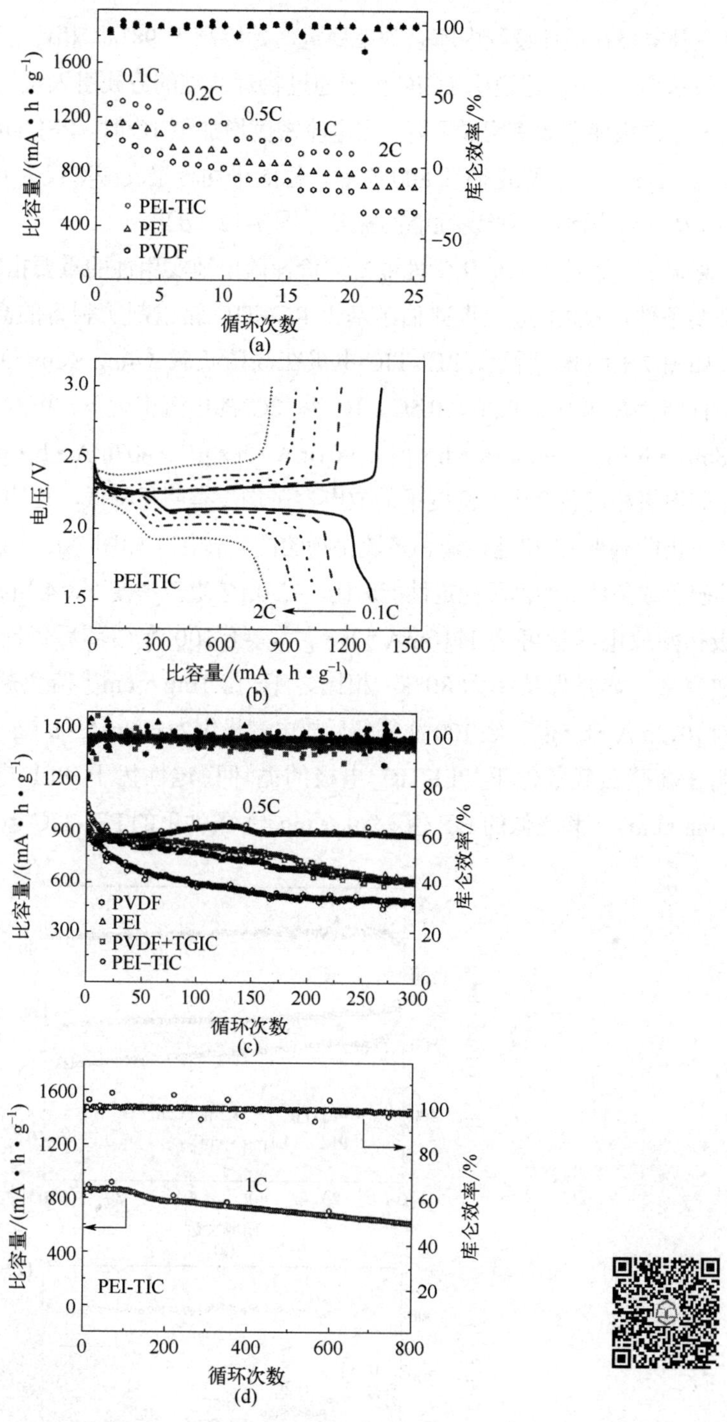

图 7-12 电化学性能测试：（a）PVDF、PEI、PEI-TIC 电极的倍率性能对比；（b）PEI-TIC 电极的恒流充放电曲线；（c）PVDF、PEI、PVDF+TGIC、PEI-TIC 电极在 0.5 C 电流密度下的循环稳定性能；（d）PEI-TIC 电极的循环稳定性测试结果

环后，电极放电容量分别衰减至 484mA·h·g^{-1}、596mA·h·g^{-1} 和 594mA·h·g^{-1}，容量保持率分别为 54%、63%和 65%。除此之外，观察图 7-12（c）可以发现，PVDF、PEI 和 PEI-

TIC 三种电极在循环过程中库仑效率稳定，始终高于 98%。相比之下，PVDF+TGIC 电极的库仑效率小于 95%，这说明 TGIC 分子通过物理共混的方式引入正极，也会对容量有所改善，但会导致电极库仑效率明显下降。当电流密度增加至 1C 时，PEI-TIC 电极的可逆容量仍高达 $817mA\cdot h\cdot g^{-1}$，在稳定循环 800 次后，每圈平均容量衰减率仅为 0.035%，充分证明了 PEI-TIC 黏结剂对电池循环稳定性能的提升［图 7-12（d）］。

高硫负载条件下的电化学性能是评价锂硫电池实用性的重要指标，也是实现高能量密度的必要条件。为此，进一步评估了基于 PEI-TIC 黏结剂所制备的高硫负载电极的电化学性能。如图 7-13（b）所示，PEI-TIC 电极在高硫负载（$4mg\cdot cm^{-2}$）的条件下仍具有优异的倍率性能，在 0.1C、0.2C、0.5C、1C 和 2C 的电流密度下，PEI-TIC 电极放电容量分别为 $1138mA\cdot h\cdot g^{-1}$、$960mA\cdot h\cdot g^{-1}$、$901mA\cdot h\cdot g^{-1}$、$807mA\cdot h\cdot g^{-1}$ 和 $715mA\cdot h\cdot g^{-1}$，与低面载电极相比各个电流密度下的放电容量均没有明显降低，说明 PEI-TIC 电极在高硫负载条件下仍能确保 Li^+ 快速传输和多硫化物的高效转化。如图 7-13（a）为 PEI-TIC 和 PEI 电极在高硫负载条件下的循环稳定性能对比，在 0.1C 电流密度下，$4.3mg\cdot cm^{-2}$ 硫负载的 PEI-TIC 电极初始放电容量可达 $1110mA\cdot h\cdot g^{-1}$，经 100 次循环后仍能保持 $888mA\cdot h\cdot g^{-1}$ 的可逆容量，容量保持率为 80%。相比之下，$4.1mg\cdot cm^{-2}$ 硫负载的 PEI 电极初始放电容量为 $1012mA\cdot h\cdot g^{-1}$，经 100 次循环后放电容量仅为 $648mA\cdot h\cdot g^{-1}$，容量保持率仅为 64%，表明在高硫负载条件下 PEI-TIC 电极的循环稳定性优于 PEI 电极。随后，对更高负载（$7.1mg\cdot cm^{-2}$）和更低的 E/S 值（$9\mu L\cdot mg^{-1}$）条件下的 PEI-TIC 电极进行了循环稳定性能测

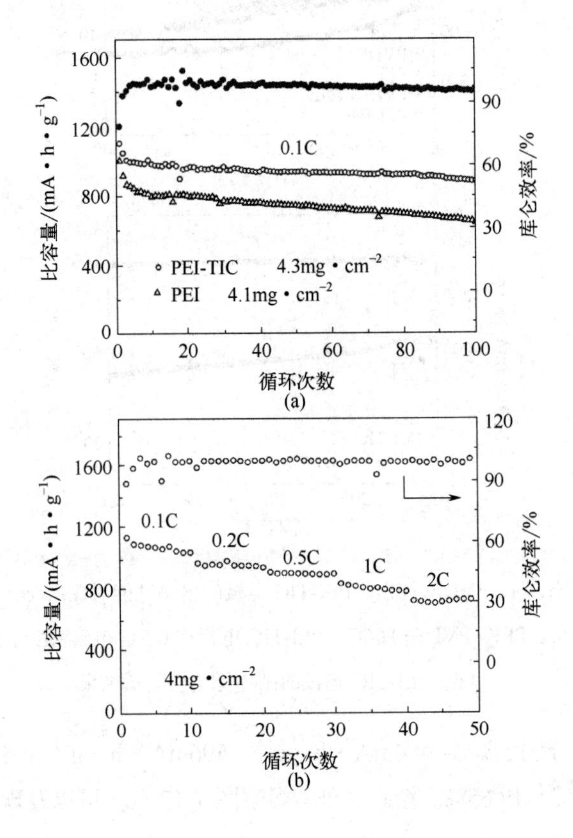

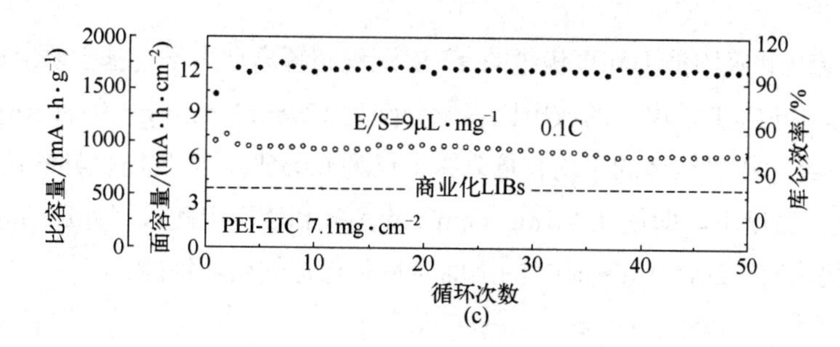

图 7-13　电化学性能测试：（a）高硫面载 PEI 和 PEI-TIC 电极的循环稳定性能对比；（b）4mg • cm^{-2} 硫负载的 PEI-TIC 电极的倍率性能；（c）硫负载为 7.1mg • cm^{-2} 时 PEI-TIC 电极的循环稳定性能

试。如图 7-13（c）所示，0.1C 电流密度下，7.1mg • cm^{-2} 高硫负载的 PEI-TIC 电极仍具有 7.2mA • h • cm^{-2} 的高面容量，经 50 次循环后容量保持率为 88%，CE＞95%。上述结果表明，兼具易于制备、力学性能稳定、化学吸附能力强、能催化转化多硫化物、环境友好等特点的 PEI-TIC 黏结剂在低成本、高稳定性锂硫电池中有巨大的应用价值和应用潜力。

7.1.7　小结

7.1 节通过简单、高效的环氧和氨基的开环反应创制了一种易于制备、环境友好且具有强大功能性的新型多功能水性黏结剂（PEI-TIC）。该黏结剂在无催化剂、无有毒溶剂的温和条件（70℃）下即可 10min 快速制备，且电极制备过程中通过原位热交联的方法即可在正极构建共价交联的三维网络结构。虽然制备过程简单，但 PEI-TIC 黏结剂却具有维持正极结构稳定、抑制多硫化物穿梭和加速多硫化物转化等强大功能，能有效增强硫正极的力学性能和电化学性能。

① PEI-TIC 黏结剂的氨基、羧基、异氰尿酸酯基等极性官能团显著提高了硫正极、导电剂和集流体之间界面处的结合力，使得 PEI-TIC 黏结剂的黏度明显提高。具体地，在各个剪切速率下，PEI-TIC 电极浆料的黏度均高于 PEI，在剪切速率为 1.26s^{-1} 时二者黏度分别为 7.49Pa • s 和 3.36Pa • s，PEI-TIC 正极的平均附着力分别为 PEI 和 PVDF 电极的 1.33 倍和 4.03 倍。此外，PEI-TIC 黏结剂通过原位热交联的方法在正极构建的共价交联三维网络结构，能有效改善硫正极的机械性能，在相同载荷下 PEI-TIC 电极的压痕深度明显低于 PEI 和 PVDF 电极。良好的黏附力和机械性能是维持正极结构稳定性的基础，能够为锂硫电池的长寿命和稳定循环提供保障。

② PEI-TIC 黏结剂的三维共价交联网络结构有利于电解液的浸润和 Li^+的快速转移，Li^+扩散动力学显著提升，Warburg 阻抗系数（σ）仅为 PEI 电极的 40%。PEI-TIC 黏结剂带有丰富的极性官能团，有助于多硫化物的化学吸附和快速转化。PEI-TIC 和 PEI 黏结剂与 Li_2S_4 的结合能分别为−3.09eV 和−1.45eV，二者表面 Li_2S_2 向 Li_2S 的转化过程的吉布斯自由能变化分别为 1.187eV 和 1.364eV，Li_2S 分解能垒的大小分别为 0.72eV 和 0.98eV，PEI-TIC 黏结剂表

现出更强的多硫化物吸附能力和更优越的 Li_2S 沉积和解离动力学。基于以上优势，在 0.1C 和 2C 电流密度下 PEI-TIC 电极的放电比容量分别为 $1298mA \cdot h \cdot g^{-1}$ 和 $823mA \cdot h \cdot g^{-1}$，在 1C 电流密度下经 800 次循环的平均容量衰减率仅为 0.035%，表现出优异的倍率性能和循环性能。0.1C 电流密度下，即使在 $7.1mg \cdot cm^{-2}$ 硫负载和较少电解液（$9\mu L \cdot mg^{-1}$）条件下，PEI-TIC 正极仍具有 $7.2mA \cdot h \cdot cm^{-2}$ 的高面容量和稳定的循环性能。

7.2 主客体识别动态交联两性离子聚合物黏结剂

7.2.1 动态交联两性离子聚合物黏结剂设计思想概述

动态交联结构由于其非共价结构和更低的交联密度，不仅对硫正极体积膨胀的承受能力更强，还在充电过程中对电极的收缩与恢复有益[17-18]。此外，低交联密度的动态交联结构有益于 Li^+的快速传输[19]。因此，三维动态交联黏结剂在高负载锂硫电池正极中具有一定的应用潜力。

超分子材料是通过动态和可逆的非共价相互作用结合在一起的分子聚集体，利用分子间相互作用实现了对分子组装体的动态控制和功能协同[20-21]。目前，研究者们已经通过静电耦合相互作用、氢键作用、π-π 堆积等分子间相互作用创制了多种具有可逆非共价键的超分子正极硫载体材料或黏结剂[17-18, 20-22]。这种非共价动态交联的相互作用既能适应放电过程中的体积膨胀，又能在体积收缩过程中提供额外的作用力来恢复电极形态。其中，基于动态氢键网络的超分子黏结剂具有较高的体积浓度和方向性、良好的机械强度和丰富的氢键衍生极性基团，因此研究最为广泛[21,23]。研究结果表明，通过氢键作用制备的超分子黏结剂可以显著地增强电极材料的电化学性能和在反复充放电过程中电极的稳定性，甚至赋予电极一定的自修复能力。但通过氢键作用制备的超分子黏结剂随着形成氢键的官能团数量的增加，不同官能团之间的相互作用力增强，与多硫化物的相互作用力减弱，会导致对多硫化物锚定能力不足[24-25]。因此，在确保适应体积变化能力强和 Li^+传输效率高两点优势的基础上，还需进一步对动态交联结构聚合物的多硫化物锚定能力、促进多硫化物转化能力和安全性进行全方位设计。

基于以上思路，通过主客体识别的方法创制了新型动态交联两性离子聚合物黏结剂（β-CDp-Cg-2AD）。这一动态交联两性离子聚合物黏结剂的优势在于：①体积变化适应能力强，即基于主客体相互作用的三维动态非共价交联网络，在连续循环过程中具有更强的适应体积变化能力，能有效维持正极结构稳定性。②多硫化物吸附能力强，即两性离子（Cg）的引入能使 β-CDp-Cg-2AD 兼具亲锂性和亲硫性，能够与多硫化物通过静电耦合相互作用。③有利于 Li^+快速传输，即 β-CDp-Cg-2AD 不仅可以利用其三维动态交联结构为 Li^+提供快速传输通道，还可以依靠自身丰富的含氧官能团与 Li^+反复配位-解离-配位促进 Li^+运动。④高安全性，即在燃烧过程中，致密的炭层和不可燃气体的形成，可以有效地削弱热量、燃料和氧气的传递，使聚合物具有凝聚态和气相阻燃机制。基于以上优势，β-CDp-Cg-2AD 黏结剂在高安全、高性能锂硫电池中有巨大的应用潜力。

7.2.2 动态交联 β-CDp-Cg-2AD 黏结剂合成与电极制备及结合能计算

（1）材料合成

将 4g β-环糊精（β-CD）、1g 甘油磷酸胆碱（Cg）和 4g NaOH 加入到 8mL 去离子水中，在室温条件下搅拌过夜。随后，在 30℃条件下搅拌（600r/min），并迅速加入 3.3mL 环氧氯丙烷（EDC）。聚合 4h 后（全程控温 30℃），加入丙酮终止反应。倾析去除丙酮并使用 $1mol \cdot L^{-1}$ HCl 调节至 pH 值为 6，通过透析（截流分子量为 3000）去除小分子和低聚物。最后真空冷冻干燥得到两性离子接枝聚 β-环糊精主体（β-CDp-Cg）。将 10g 的 1-溴金刚烷和 1.96mL 三乙胺加入到 200mL 三缩水四乙二醇中，在 110℃条件下搅拌 24h。冷却至室温后加入 200mL CH_2Cl_2，并用 $1mol \cdot L^{-1}$ HCl 和水反复洗涤。分液后，用 Na_2SO_4 对有机层进行干燥（静置 4h），再将固液分离后的滤液旋蒸，获得含有单金刚烷的客体（1AD）。将 328mg 1AD（1.0mmol）和 100.8mg 六亚甲基二异氰酸酯（0.6mmol）加入 5mL CH_2Cl_2 中，60℃条件下反应 3h。最后，蒸发去除 CH_2Cl_2 溶液，获得棕色油状含双金刚烷（2AD）客体。将 β-CDp-Cg 和 2AD 按质量比 7∶1 溶解在 DMF 中，超声 30min 形成包合物。随后，在 70℃条件下真空干燥获得白色粉末（β-CDp-Cg-2AD）。

（2）电极制备

在高面载正极极片制备过程中，高面载电极被制作成直径 11mm 和 14mm 两种尺寸。直径为 14mm 的电极作为正极使用时，面载量分别为 $2.7mg \cdot cm^{-2}$、$3.6mg \cdot cm^{-2}$ 和 $5.6mg \cdot cm^{-2}$，对应 E/S 值分别为 $12\mu L \cdot mg^{-1}$、$9.1\mu L \cdot mg^{-1}$、和 $5.8\mu L \cdot mg^{-1}$。直径为 11mm 的电极作为正极使用时，面载量为 $7.36mg \cdot cm^{-2}$，对应 E/S 值为 $7.1\mu L \cdot mg^{-1}$。

（3）结合能计算方法与 6.2 节一致。

7.2.3 动态交联 β-CDp-Cg-2AD 黏结剂的理化分析

动态交联两性离子聚合物 β-CDp-Cg-2AD 的合成方法如图 7-14 所示。首先，以 β-CD、Cg 和环氧氯丙烷为原料，通过一锅法制备了两性离子接枝的聚 β-环糊精主体（β-

CDp-Cg）。再利用 β-环糊精和金刚烷的主客体识别作用，以含有两个金刚烷的 2AD 为超分子交联剂，通过主客体非共价键作用构筑动态交联两性离子聚合物黏结剂（β-CDp-Cg-2AD）。

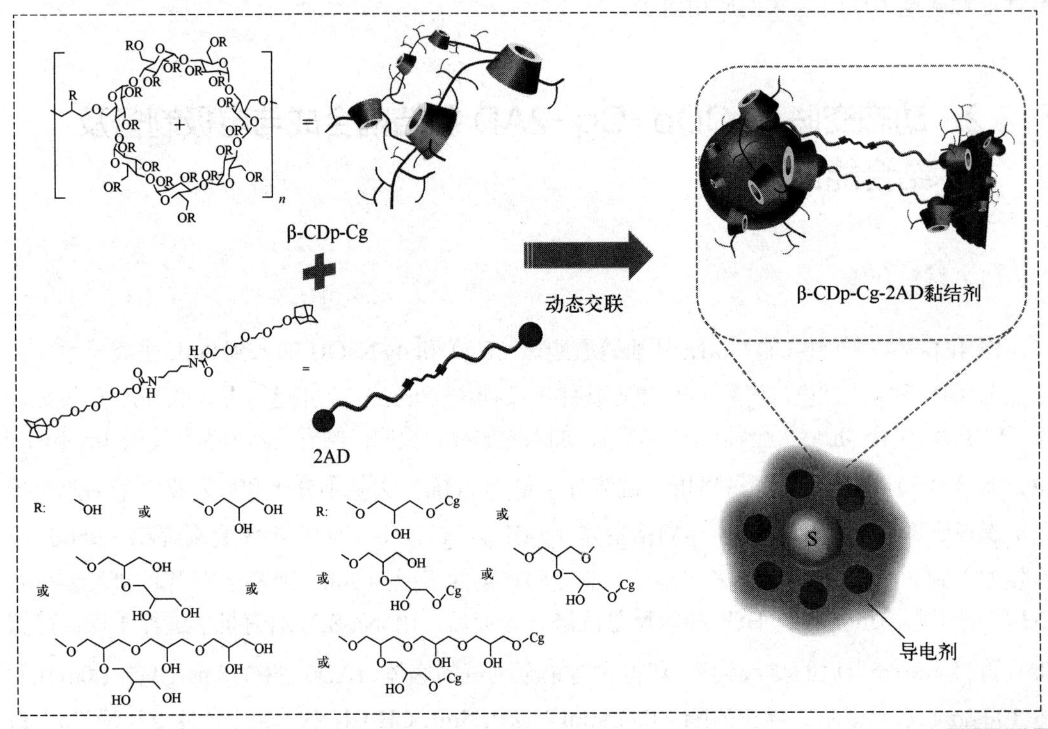

图 7-14　β-CDp-Cg-2AD 黏结剂的制备过程示意图

为了验证 β 环糊精和金刚烷之间的主客体相互作用，对 β-CD、1AD 以及 β-CD-1AD 复合物进行了 NMR 表征。如图 7-15 所示，β-CD 和 1AD 相互作用形成 β-CD-1AD 复合物后，

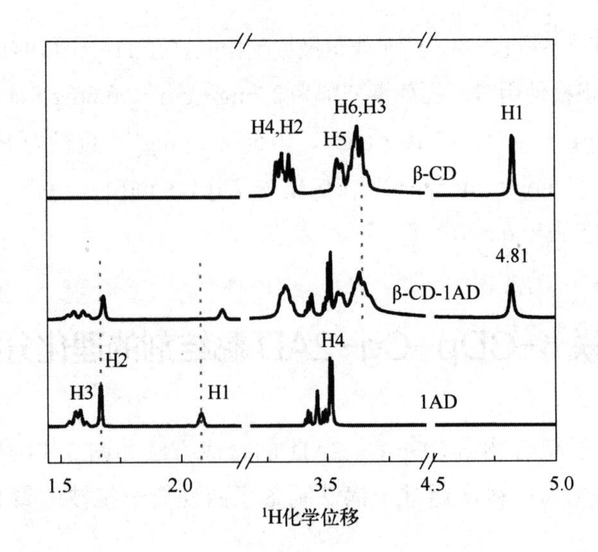

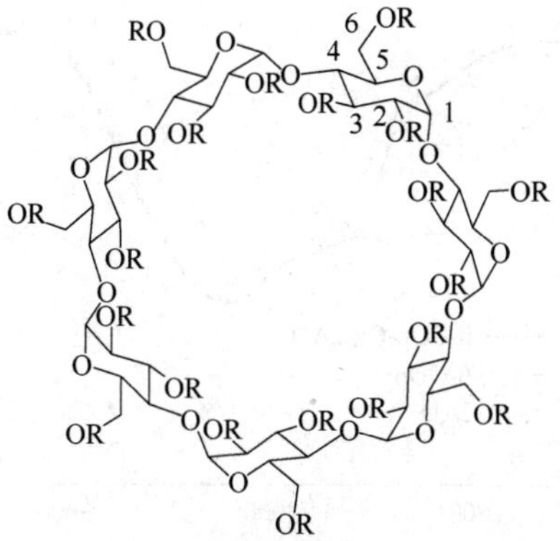

β-环糊精

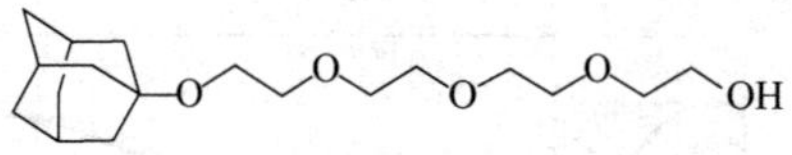

1AD

图 7-15　β-CD、1AD 和 β-CD-1AD 复合物的 ^{1}H NMR 谱图

1AD 的 ^{1}H NMR 谱图中 H1 和 H2 质子的化学位移分别从 2.08 和 1.66 上升到 2.17 和 1.68，β-CD 的 ^{1}H NMR 谱图中的 H3 质子的化学位移从 3.66 上升到 3.68，这一结果表明 β-环糊精和金刚烷之间存在主客体识别作用，二者相互作用后改变了金刚烷 H1 和 H2 周围的化学环境。

随后，使用 FT-IR 光谱对 β-CDp-Cg-2AD 黏结剂的结构和主客体相互作用行为进行表征。图 7-16（a）为 β-CD、β-CDp、2AD 和 β-CDp-Cg-2AD 复合物的红外分析谱图。在 β-CD 和 β-CDp 的红外谱图中，1028cm^{-1} 和 1651cm^{-1} 处的吸收峰分别为 C—O—C 和 O—H 的特征吸收峰。β-CDp-Cg-2AD 复合物形成后，O—H 吸收峰从 1651cm^{-1} 移动到 1666cm^{-1}，并伴随着 C—O—C 吸收峰减弱，这是由于 2AD 中的 AD 客体进入 β-CDp-Cg 中的 β-CD 内腔，二者相互作用使吸收峰的位置发生了移动。β-CDp-Cg-2AD 在 1731cm^{-1} 附近的特征峰为 C═O 的吸收峰，C═O 源于 2AD 中异氰酸酯基团。通过 β-CDp、β-CDp-Cg-2AD 和 2AD 的局部红外光谱可以看到，β-CDp-Cg-2AD 材料在 2800～3000cm^{-1} 处的红外吸收峰可以分为两个部分，分

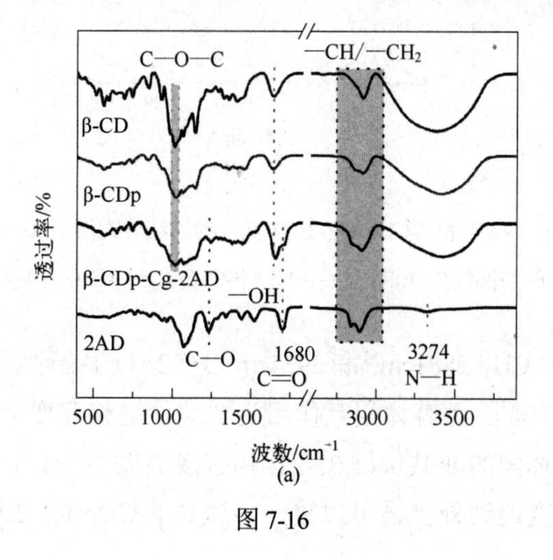

图 7-16

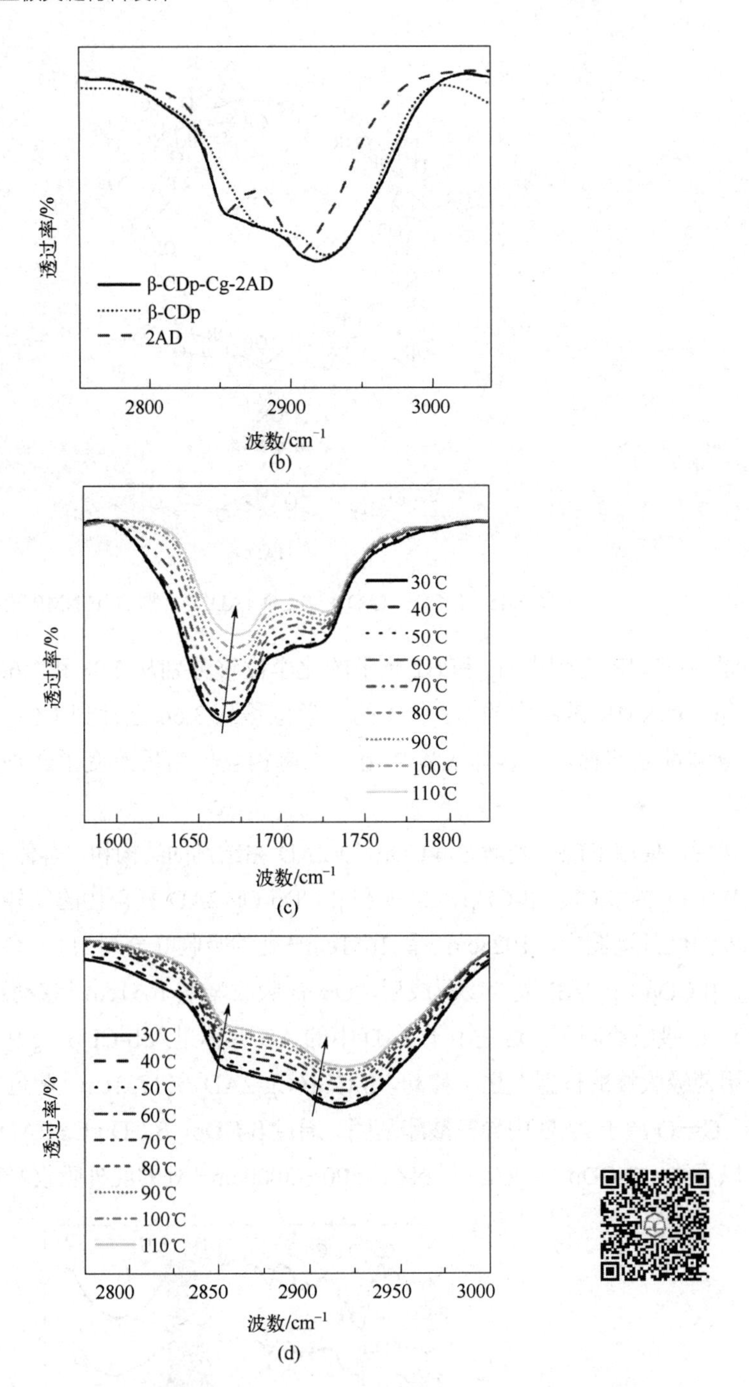

图 7-16 （a）β-CD、β-CDp、2AD 和 β-CDp-Cg-2AD 复合物的红外谱图；（b）30℃时 β-CDp、β-CDp-Cg-2AD 和 2AD 的局部红外光谱；（c）、（d）β-CDp-Cg-2AD 的局部变温红外光谱

别为β-CDp-Cg 中—CH/—CH_2（2881cm^{-1} 和 2924cm^{-1}）和 2AD 中金刚烷（2854cm^{-1} 和 2906cm^{-1}）的特征吸收峰［图 7-16（b）］。主客体相互作用为非共价键相互作用，对温度等外界条件敏感，随着温度变化主客体间的非共价键相互作用强度会发生变化，相应红外特征吸收峰也会发生位移[26-27]。通过变温红外光谱可以进一步确认 β-CDp-Cg-2AD 中 β-CD 和金刚烷的

相互作用，测试范围为 30～110℃，温度梯度为 10℃。从图 7-16（c）、图 7-16（d）可以观察到，随着温度的逐渐升高，复合物中的 $1651cm^{-1}$ 处的 O—H 的吸收峰和金刚烷的特征峰（$2854cm^{-1}$ 和 $2906cm^{-1}$）的峰值位置向高波数发生了移动，说明了客体金刚烷与主体 β-CDp-Cg 之间的非共价键相互作用（主客体相互作用）随着温度条件的变化强度发生了变化。上述结果表明，我们成功通过主客体识别作用制备了具有非共价动态交联结构的 β-CDp-Cg-2AD 黏结剂。

在上一节工作中，PEI-TIC 黏结剂对多硫化物的吸附作用主要源于含 N、O 极性官能团的亲锂性，这些官能团能与多硫化物末端的 Li^+相互作用，锚定多硫化物。而同时含有阴离子和阳离子基团的两性离子聚合物黏结剂 β-CDp-Cg-2AD 有望集亲硫性、亲锂性于一体，通过与多硫化物之间的静电耦合相互作用，抑制穿梭效应。为了阐明两性离子（Cg）与多硫化物（以 Li_2S_4 为例）之间的静电耦合相互作用，首先通过 DFT 方法进行了理论计算。图 7-17（a）为 Li_2S_4 和 Cg 的静电势图，其中红色和黄色区域为富电子区域（包括 PO_4^- 和 S_4^{2-}），蓝色区域为缺电子区域（Li^+ 和 RNH_3^+）。在 Cg-Li_2S_4 的稳定构型中，Li_2S_4 中富电子的 S_4^{2-} 吸附在 Cg 的 RNH_3^+ 附近，而缺电子的 Li^+ 吸附在 Cg 的 PO_4^- 附近，通过 DFT 方法计算得到二者的结合能为−105.88kcal • mol^{-1}。根据路易斯（Lewis）酸碱理论，电子密度分布变化可以用来描述 Cg 与多硫化物的静电耦合相互作用[28]。从 Cg 与 Li_2S_4 相互作用后的电子云密度变化可以看出，伴随着阴阳离子的相互配对，电子从富电子的电子供给体（PO^{4-}和 S_4^{2-}）向缺电子的电子接受体（Li^+ 和 RNH_3^+）进行了转移，即发生了静电耦合相互作用。这种静电耦合相互作用不仅在抑制穿梭效应方面作用明显，还能有效地改善正极中多硫化物的氧化还原反应的动力学。

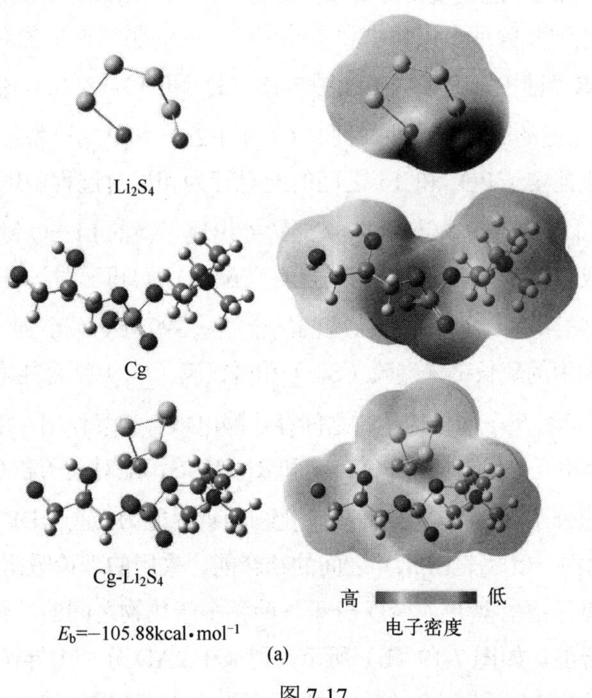

图 7-17

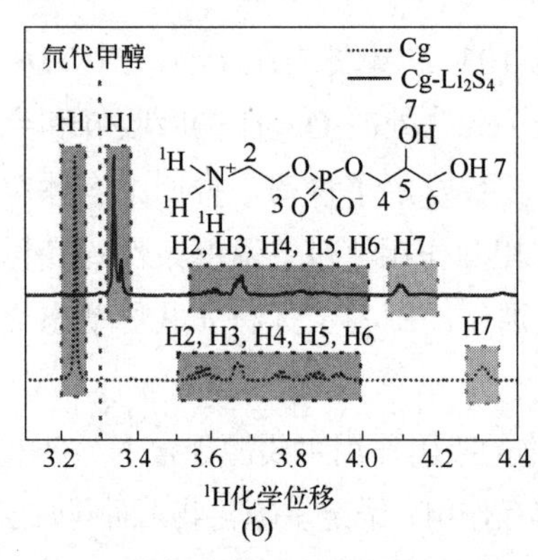

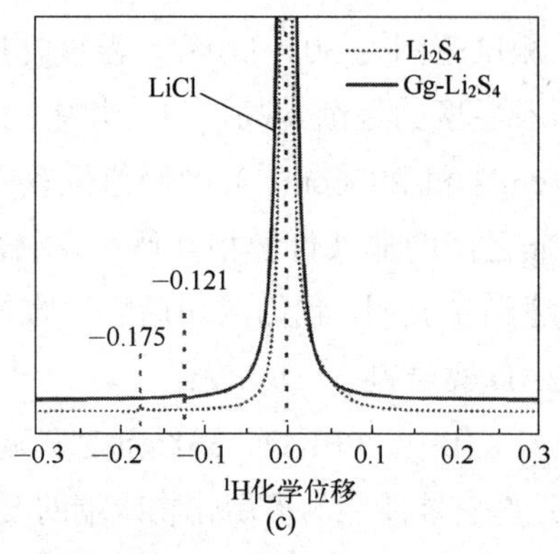

图 7-17 （a）Li_2S_4和 Cg 的静电势分布及 Cg-Li_2S_4复合物的稳定构型和结合能；（b）Cg 和 Cg-Li_2S_4复合物的 ^{1}H NMR 谱；（c）Li_2S_4和 Cg-Li_2S_4复合物的 ^{7}Li NMR 谱

在理论计算的基础上，通过 NMR 和 XPS 测试对两性离子与多硫化物间的静电耦合相互作用行为进行了实验验证。观察图 7-17（b）中 Cg 和 Cg-Li_2S_4的 ^{1}H NMR 谱图可以发现，当 Cg 与 Li_2S_4复合时，RNH_3^+基团的 H1 质子特征峰的化学位移从 3.24 增加到了 3.34，这是因为阴离子 S_4^{2-}与阳离子 RNH_3^+静电耦合相互作用导致 N 原子附近电子云密度增加。与此同时，—OH 官能团 H7 质子特征峰的化学位移从 4.30 下降到 4.09，说明 Li^+不仅能与 PO_4^-相互作用还能与—OH 发生强相互作用，影响其周围电子云分布。图 7-17（c）为 Li_2S_4与 Cg-Li_2S_4的 ^{7}Li NMR 谱，并引入了 LiCl 作为标准峰。图中可以清楚地看到，Li_2S_4与 Cg 形成 Cg-Li_2S_4复合物后，Li_2S_4的 ^{7}Li 特征峰从−0.175 移至−0.121，这一结果表明了 Li^+与 PO_4^-和—OH 之间的强相互作用。二者的强相互作用还可能会使得 O-Li-S“键桥”形成，增强对多硫化物的锚定能力。

XPS 光谱被用于进一步验证多硫化物和两性离子之间的阴阳离子配对行为（PO_4^--Li^+和 RNH_3^+-S_4^{2-}）和 O-Li-S“键桥”的形成。如图 7-18（a）和图 7-18（c）所示，Li_2S_4与 Cg 相互作用后，Li_2S_4中 Li-S 键的结合能减小，同时 Cg 中 P $2p^{3/2}$和 P $2p^{1/2}$特征峰对应的结合能增大，二者结合能的变化证实了 PO_4^-和 Li^+之间的配对行为和配对过程中电子的移动。此外，在 Cg-Li_2S_4复合物的 Li 1s XPS 分峰谱图的 53.5eV 处出现了新的 Li—O 键的特征峰，证明了 O-Li-S“键桥”的形成。S_4^{2-}和 RNH_3^+之间同样存在配对行为和配对过程中电子的移动，如图 7-18（b）和图 7-18（d）所示，Cg 中 N 1s 峰的结合能从 399.7eV 减小到 399.6eV，同时 Li_2S_4中的 S 2p XPS 分峰谱图中的硫长链末端硫（S_T^{-1}）和桥接硫（S_B^0）结合能增大。上述理论计算和实验验证充分证明了两性离子与多硫化物之间存在静电耦合相互作用，并且两性离子与多硫化物之间通过静电耦合相互作用形成了 PO_4^--Li^+和 RNH_3^+-S_4^{2-}配对离子和 O-Li-S“键桥”。

为了进一步确认超分子交联剂 2AD 对多硫化物的吸附能力，通过 DFT 方法计算了 β-CD 和 2AD 分子与多硫化物（Li_2S_4、Li_2S_6）之间的结合能，采用的理论吸附模型如图 7-19（a）所示。可以发现，在最稳定构型下，2AD 分子与两种多硫化物之间的结合能明显高于 β-CD 分子与多硫化物的结合能。如图 7-19（b）所示，得益于 2AD 分子中异氰酸酯基等极性官能团的存在，2AD 分子与 Li_2S_4和 Li_2S_6的结合能分别为−1.69eV 和−1.59eV，而 β-CD 分子与

Li_2S_4 和 Li_2S_6 的结合能分别仅为−1.09eV 和−0.74eV，说明超分子交联剂 2AD 对多硫化物的锚定能力强于 β-CD。随后通过更直观的可视化吸附实验比较了 PVDF、β-CDp 和 β-CDp-Cg-2AD 三种黏结剂对多硫化物的吸附能力，实验结果如图 7-19（c）所示，经 24h 静态吸附后，β-CDp-Cg-2AD 吸附后的 Li_2S_6 溶液几乎完全褪色，β-CDp 吸附后的 Li_2S_6 溶液颜色变浅，而 PVDF 吸附后的 Li_2S_6 溶液仍呈明显深棕色。这一结果表明，在三种黏结剂中，β-CDp-Cg-2AD 黏结剂对多硫化物的吸附能力最强。

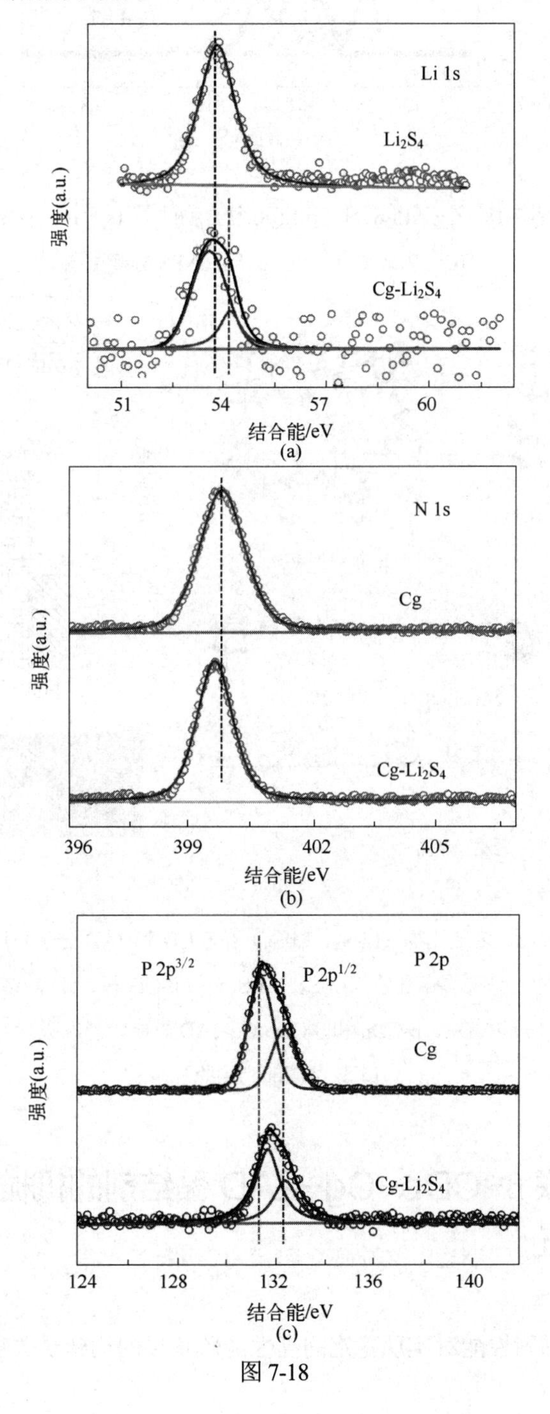

图 7-18

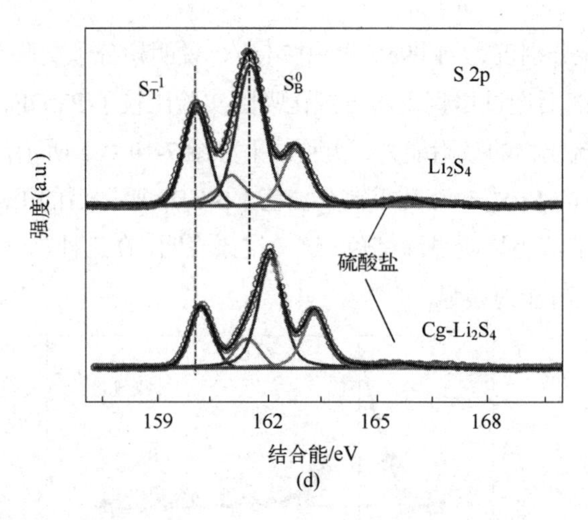

图 7-18　Cg、Li_2S_4 和 Cg-Li_2S_4 复合物的 Li 1s（a）、N 1s（b）、P 2p（c）和 S 2p（d）XPS 分峰谱图

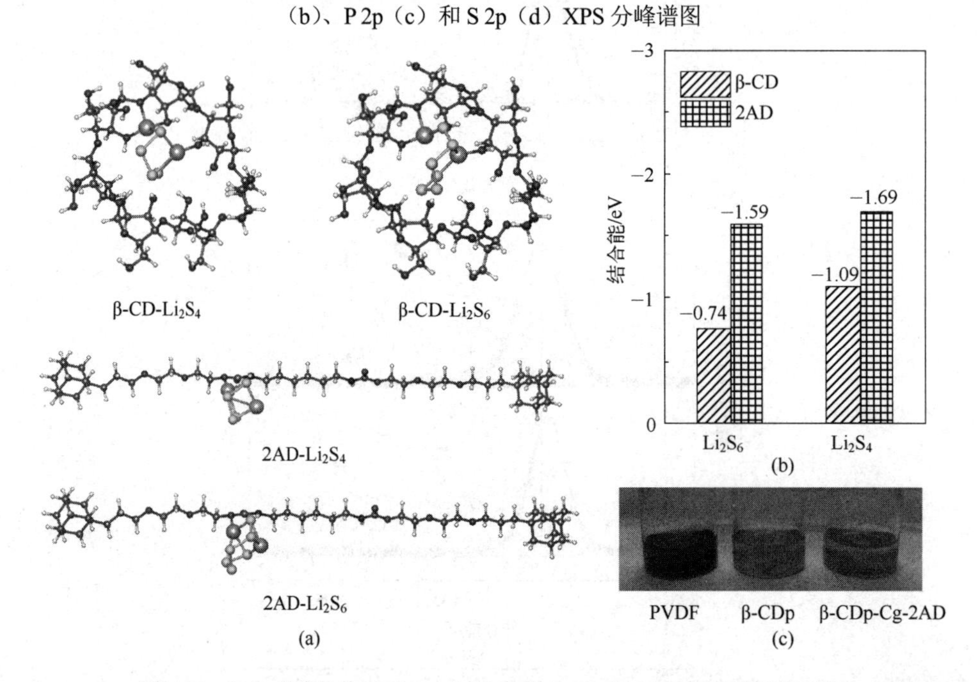

图 7-19　（a）多硫化物（Li_2S_4、Li_2S_6）在 β-CD 和 2AD 分子附近的理论吸附模型；（b）多硫化物（Li_2S_4、Li_2S_6）与 β-CD 和 2AD 的结合能；（c）PVDF、β-CDp 和 β-CDp-Cg-2AD 黏结剂静态吸附后 Li_2S_6 溶液的光学照片

7.2.4　动态交联 β-CDp-Cg-2AD 黏结剂的机械性能及阻燃特性分析

聚合物黏结剂的黏附性能对实现稳定的高性能硫正极的构建至关重要。良好的黏附性能

一方面能确保活性物质和导电剂之间紧密接触，另一方面还能将正极材料与集流体紧密结合，防止活性物质从集流体上脱落。附着力测试方法同 7.1 节，首先将烘干的电极片裁剪成 3cm×1cm 的长条，用相同大小的双面胶固定在不锈钢片上，再用相同宽度 3M 压敏胶带与极片紧密结合。随后用万能试验机匀速拉动胶带，对基于 PVDF、β-CDp 和 β-CDp-Cg-2AD 三种不同黏结剂的电极进行 180°剥离测试。三种电极的剥离强度随剥离距离变化的数据如图 7-20 所示，β-CDp-Cg-2AD 电极表现出 2.45N 的平均附着力，高于 β-CDp 和 PVDF 的 1.33N 和 0.90N。基于 β-CDp-Cg-2AD 黏结剂的电极对集流体强大的附着力为锂硫电池的长寿命和循环稳定性提供了保障。

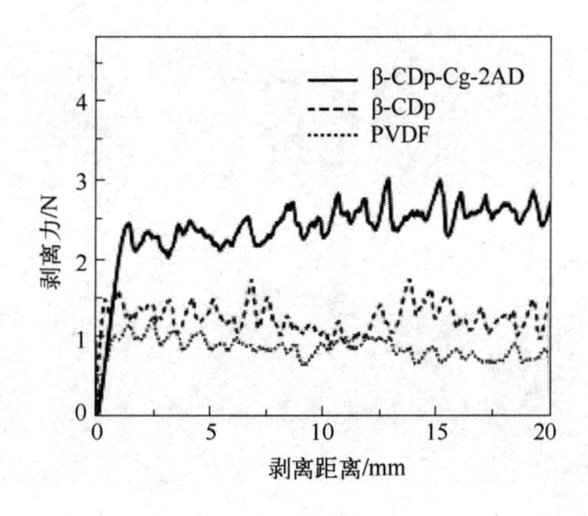

图 7-20　PVDF、β-CDp 和 β-CDp-Cg-2AD 电极的剥离强度

此外，锂硫电池实际应用的另一个关键标准是安全性。将阻燃聚合物黏结剂引入电池系统以保证安全性是一种很有前景的电极设计策略。为了探究 β-CDp-Cg-2AD 黏结剂的阻燃性能，首先将 β-CDp-Cg 和 β-CDp 聚合物在 15MPa 压力下压制成质量相同的圆片，随后在空气中点燃对比其燃烧行为。两种聚合物在不同时刻燃烧状态的视频截图如图 7-21（a）所示，点燃后 β-CDp 聚合物剧烈燃烧且无法自熄，直至 25s 后，仅保留少量残炭。相比之下，β-CDp-Cg 聚合物燃烧较为缓慢，且在 17s 后自熄，表面覆盖有坚硬密实的炭层。这一结果表明，β-CDp-Cg 聚合物的阻燃能力和成炭能力均明显优于 β-CDp 聚合物。通过对燃烧后炭层的物理形貌和化学结构进行分析可以进一步确认 β-CDp-Cg 聚合物的阻燃机制。如图 7-21（b）所示，β-CDp-Cg 聚合物燃烧后表面形成了致密且连续的炭层结构，这种炭层能够对炭层内部材料起到保护作用，阻挡助燃气体、可燃性气体以及热量的扩散，提升聚合物阻燃性能。相比之下，β-CDp 聚合物燃烧后表面呈多孔结构，阻燃能力较差［图 7-21（c）］。观察图 7-22（b）中两种聚合物燃烧后残炭的 Raman 光谱可见，二者均在 $1360cm^{-1}$ 和 $1594cm^{-1}$ 处表现出两个特征峰，分别对应于 D 峰和 G 峰。D 峰与 G 峰的强度比（I_D/I_G）可以用来表述材料的石墨化程度，I_D/I_G 越小，材料的石墨化程度越高。β-CDp-Cg 和 β-CDp 聚合物燃烧后碳材料的 I_D/I_G 值分别为 1.30 和 1.48，表明 β-CDp-Cg 聚合物燃烧形成的炭层石墨化程度更高，更高的石墨化程度可以有效改善炭层稳定性，从而提高材料阻燃性能。随后，通过 XPS 和 FT-IR 测试进一步确认了成炭机制以及炭层的化学成分。如图 7-22（a）所示，β-CDp 聚合物残炭的 XPS

谱图中仅存在 C、O 两种元素，而 β-CDp-Cg 聚合物残炭中有含量为 1.29%的 P 元素存在，含磷化合物的存在可以在燃烧温度下使含氧材料表面脱水炭化，有利于炭层的形成。随后，利用 FT-IR 光谱对两种聚合物残炭的化学成分进行了分析，如图 7-22（c）所示，与 β-CDp 相比，β-CDp-Cg 聚合物的残炭在 $1153cm^{-1}$ 和 $1697cm^{-1}$ 处出现两个额外的吸收峰，分别为磷酸或聚磷酸中的 PO_2/PO_3 的特征峰和 C═O/环状低聚物的特征峰。其中磷酸或聚磷酸官能团的存在不仅能催化聚合物热解形成炭层，还能捕获热解过程中产生的 OH·和 H·自由基，切断自由基连锁反应，进而达到阻燃目的。而 C═O/环状低聚物的存在则证明了 β-CDp-Cg 聚合物更好的热稳定性。

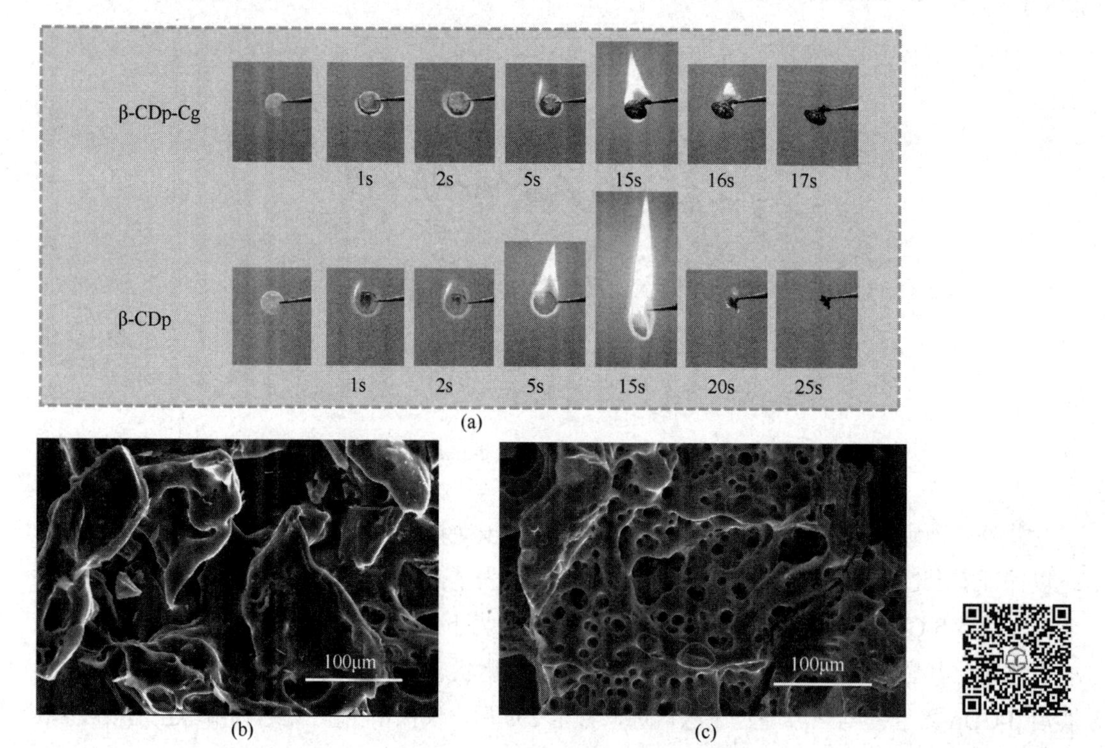

图 7-21 （a）β-CDp 和 β-CDp-Cg 聚合物的燃烧测试；（b）β-CDp-Cg 聚合物燃烧后的 SEM 测试；（c）β-CDp 聚合物燃烧后的 SEM 测试

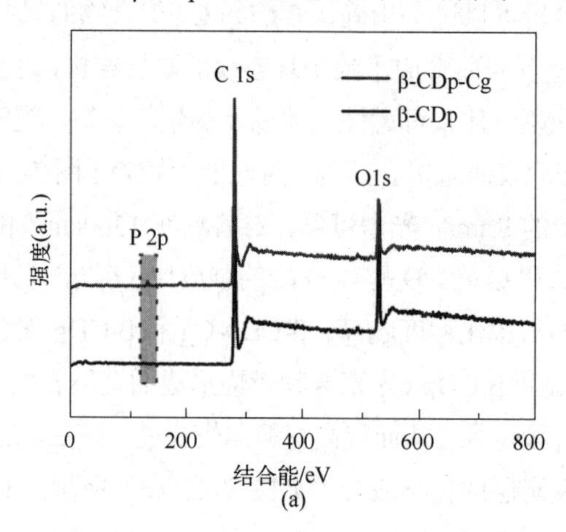

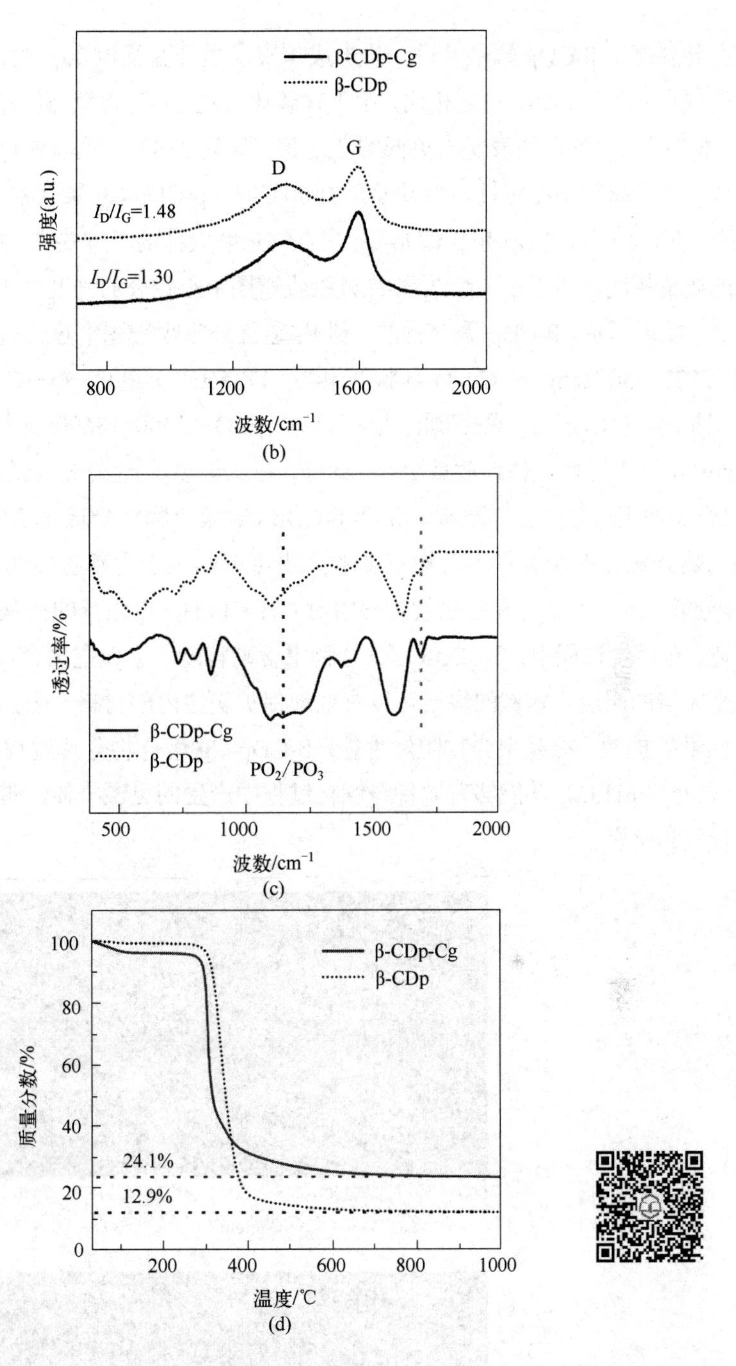

图 7-22 （a）β-CDp 和 β-CDp-Cg 聚合物燃烧后的 XPS 谱图；（b）β-CDp 和 β-CDp-Cg 聚合物燃烧后的拉曼测试；（c）β-CDp 和 β-CDp-Cg 聚合物燃烧后的 FT-IR 测试；（d）β-CDp 和 β-CDp-Cg 聚合物的 TGA 谱图

TG-IR 联用技术可以用于监测两种聚合物热解过程中不同温度的热解产物，进而分析 β-CDp-Cg 聚合物的气相阻燃机制。图 7-22（d）为两种聚合物在 N_2 氛围下的热失重曲线，测试温度范围为 40～1000℃，可以看出 β-CDp 聚合物最大热分解速率温度（T_{max}）为 342℃，表明在此温度下β-CDp解聚并进一步形成焦炭。当升温至1000℃时，β-CDp聚合物在N_2氛围中的残炭率为12.9%。与之相比，由于含磷化合物Cg对含氧环糊精表面脱水、成炭的催化作用，β-CDp-Cg聚合物表现出更低的T_{max}值，仅为314℃。这一催化作用能够有效促进焦炭的形成，提升材料热稳定性，当升温至1000℃时，β-CDp-Cg聚合物在N_2氛围中的残炭率为24.1%。图7-23为β-CDp和β-CDp-Cg聚合物热解气体的二维热重-红外光谱。由于两种测试样品的质量相同，所以在二维热重-红外吸收谱图中吸收峰的强度大小可以反映产生热解气体的多少。如图所示，β-CDp聚合物的二维热重-红外吸收谱图中热解气体产物主要包括烷烃化合物（2827～3022cm^{-1}）、C═O/环状低聚物（1736cm^{-1}）和C—O—C（1054cm^{-1}）。与β-CDp聚合物相比，β-CDp-Cg聚合物的热解气体中H_2O（3500～3600cm^{-1}）和CO_2（2304cm^{-1}和2381cm^{-1}）等不可燃气体释放量更高。此外，在二维热重-红外吸收谱图中可以观察到β-CDp-Cg聚合物的强度信号分布更窄，说明β-CDp-Cg聚合物热分解速率更快。β-CDp-Cg聚合物更快的热分解速率和大量不可燃气体的产生可以归因于含磷官能团对热解过程的催化作用（快速分解，产生CO_2）和在热解过程中对OH·和H·自由基的捕获（形成H_2O分子）。综上所述，在燃烧过程中，β-CDp-Cg聚合物中含磷官能团会促进聚合物热解成炭，使其更易形成致密完整的炭层。致密的炭层可以有效地保护炭层内部材料，阻挡助燃气体、可燃性气体以及热量的扩散，提升聚合物阻燃性能。β-CDp-Cg聚合物分解过程中会产生大量的不可燃气体（CO_2和H_2O），能够有效稀释燃耗过程中产生的可燃气体，带走体系的部分热量，从而实现气相阻燃。

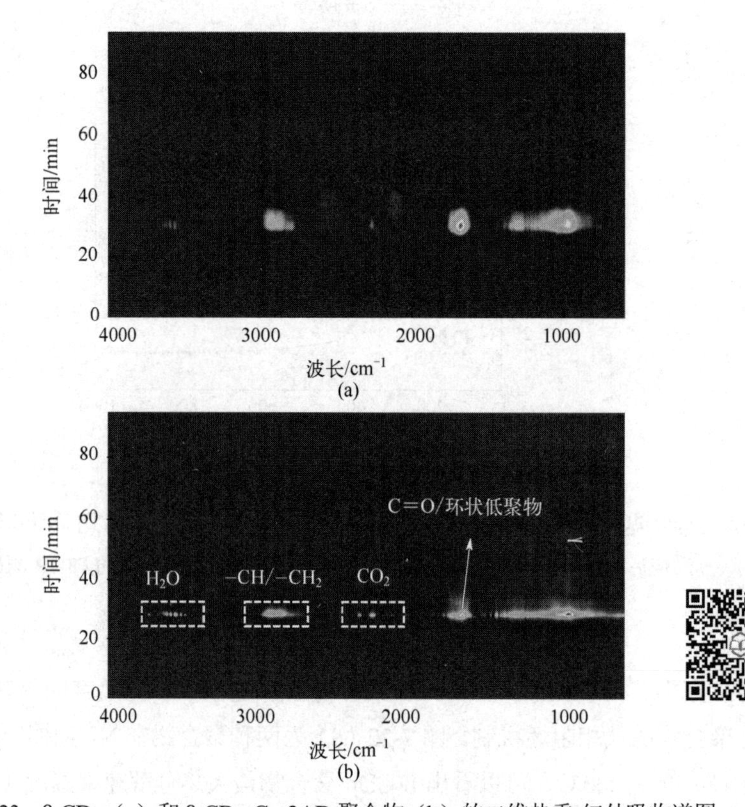

图7-23 β-CDp（a）和β-CDp-Cg-2AD聚合物（b）的二维热重-红外吸收谱图

7.2.5 动态交联β-CDp-Cg-2AD黏结剂的电化学性能分析

为了研究静电耦合相互作用对反应动力学的影响，以0.2mol・L^{-1} Li_2S_6作为电解液，对基于β-CDp和β-CDp-Cg-2AD黏结剂所制备的对称电池进行CV测试，扫描范围为–1～1V。如图7-24（a）所示，基于β-CDp和β-CDp-Cg-2AD黏结剂所制备的对称电池在2mV・s^{-1}的扫速下能观察到四个氧化还原峰，且β-CDp-Cg-2AD对称电池的氧化还原峰值电流均明显高于β-CD对称电池，说明β-CDp-Cg-2AD黏结剂对多硫化物转化和Li_2S沉积与解离均有促进作用。从图中可以看出，不含Li_2S_6的β-CDp-Cg-2AD对称电池在CV测试过程中无电流响应，表明黏结剂本身未参与反应，CV测试中响应电流的增强均源自于β-CDp-Cg-2AD黏结剂对活性物质转化效率的提高。

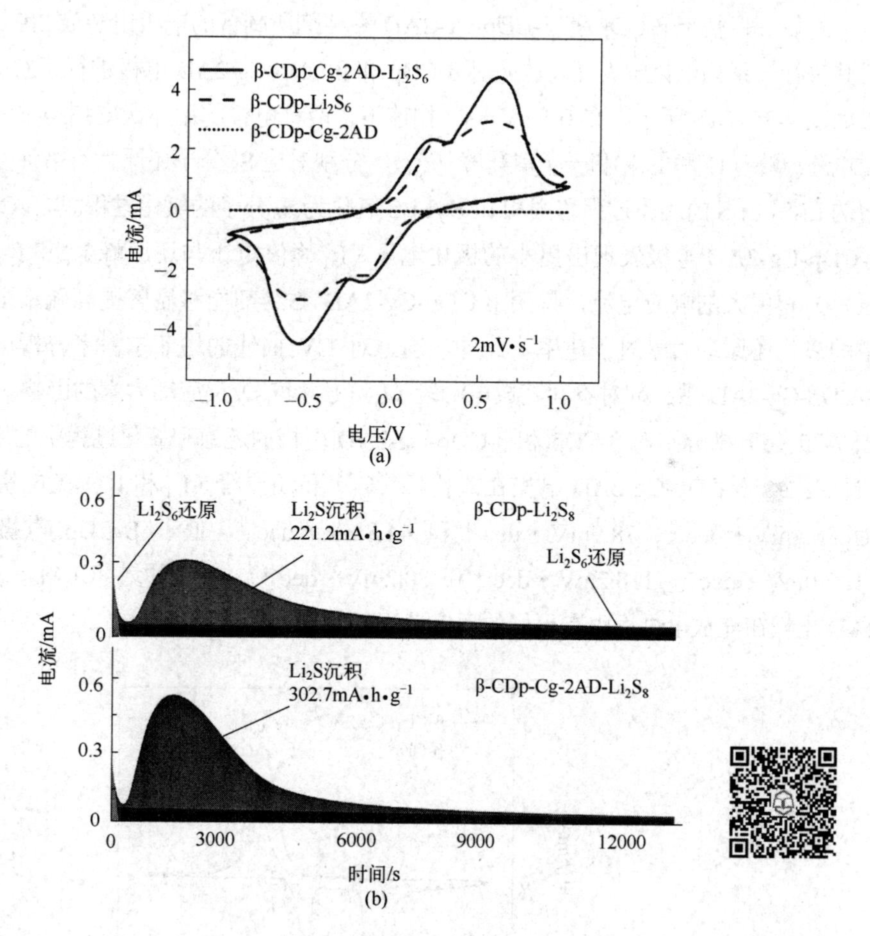

图7-24 反应动力学评估：（a）2mV・s^{-1}扫速下不同黏结剂所制备对称电池的CV测试结果；（b）β-CDp和β-CDp-Cg-2AD电极的Li_2S沉积曲线

为了进一步揭示β-CDp-Cg-2AD黏结剂对放电过程中Li_2S沉积的促进作用，以0.2mol・L^{-1} Li_2S_8为活性物质对基于β-CDp-Cg-2AD和β-CDp黏结剂所制备的电极进行Li_2S沉积实验。图7-24（b）为β-CDp-Cg-2AD和β-CDp电极表面Li_2S沉积的时间-电流曲线，曲线与坐标轴所围成的面积为恒压放电过程的总容量。容量由三个部分组成，其中灰色和橘色两部分对应于 Li_2S_6 的还原过程，而蓝色和红色部分则代表 β-CDp 和 β-CDp-Cg-2AD 电极放电过程中 Li_2S 沉积过程所产生的容量。图中 β-CDp-Cg-2AD 电极表面 Li_2S 沉积的时间-电流曲线的峰值电流出现的时间为 1389s，Li_2S 沉积过程所产生的容量为 302.7mA・h・g^{-1}，而 β-CDp 电极表面 Li_2S 沉积的时间-电流曲线的峰值电流出现的时间为 1680s，所产生的容量为 221.2mA・h・g^{-1}。二者相比较，β-CDp-Cg-2AD 电极表面 Li_2S 沉积过程的峰值电流出现更早，放电容量更高，说明 β-CDp-Cg-2AD 电极对 Li_2S 沉积过程的转化速率和转化效率均有提高，能够有效促进活性物质的高效利用。以上结果表明，β-CDp-Cg-2AD 黏结剂通过与多硫化物之间的静电耦合作用可以显著改善锂硫电池的氧化还原反应动力学。

随后，将基于 β-CDp 和 β-CDp-Cg-2AD 黏结剂所制备的电极组装成 2032 型纽扣电池并对其进行一系列电化学表征。首先对 β-CDp 和 β-CDp-Cg-2AD 电极进行了 CV 测试，测试结果如图 7-25（a）所示。在 0.1mV・s^{-1} 扫速下，两种电极的循环伏安扫描过程中均出现两个放电还原峰（I_{c1} 和 I_{c2}）和一个氧化峰（I_{a1}），分别对应 S_8 分子还原为可溶性多硫化物、不可溶的 Li_2S_2/Li_2S 的还原过程和固相 Li_2S_2/Li_2S 氧化为 S_8 分子的氧化过程。与 β-CDp 电极相比，β-CDp-Cg-2AD 电极表现出更小的极化电压（I_{a1} 峰值电压与还原峰 I_{c1} 和 I_{c2} 峰值电压的电压差）和更大的响应电流，说明 β-CDp-Cg-2AD 黏结剂能够显著提高硫正极在充放电过程中的氧化还原动力学过程速率。此外，通过对 CV 曲线的塔菲尔斜率分析可以进一步探究 β-CDp-Cg-2AD 黏结剂对不同充放电阶段（I_{a1}、I_{c1} 和 I_{c2}）反应动力学的影响。图 7-25（b）～图 7-25（d）中分别对 β-CDp 和 β-CDp-Cg-2AD 电极的还原和氧化过程中的塔菲尔区进行了线性拟合。β-CDp-Cg-2AD 电极在氧化峰（I_{a1}）和还原峰（I_{c1} 和 I_{c2}）处的塔菲尔斜率分别为 86.4mV・dec^{-1}、78.9mV・dec^{-1} 和 44.8mV・dec^{-1}，低于 β-CDp 电极的塔菲尔斜率（105.0mV・dec^{-1}、118.2mV・dec^{-1} 和 80.2mV・dec^{-1}），更低的塔菲尔斜率表明 β-CDp-Cg-2AD 电极在充放电过程中有更好的反应动力学特性。

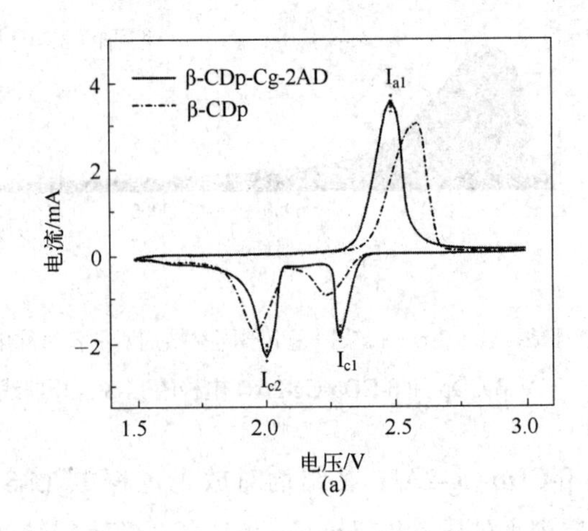

(a)

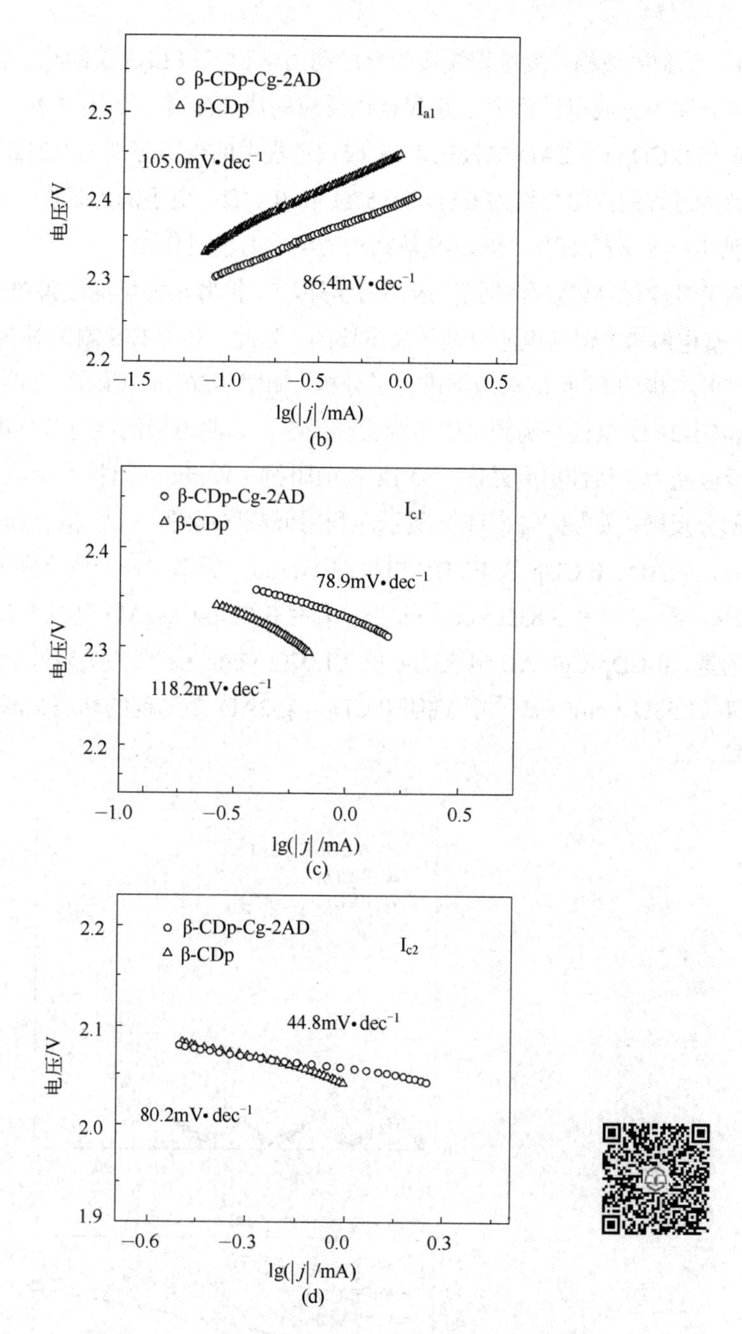

图 7-25 （a）在 Li-S 电池中，两种电极在 0.1mV • s^{-1} 扫速下的 CV 曲线；（b）I_{a1} 峰对应的塔菲尔曲线；（c）I_{c1} 峰对应的塔菲尔曲线；（d）I_{c2} 峰对应的塔菲尔曲线

如前文所述，GITT 测试可以评估电化学反应过程中的极化大小以及 Li_2S 成核和解离动力学。电化学反应过程中极化的大小可以通过充放电过程中的内阻大小来量化，利用式（6-1）计算的三种电极的 GITT 曲线和不同充放电状态的内阻如图 7-26（c）、图 7-26（d）所示。可以看到，β-CDp-Cg-2AD 电极的内阻在各个充放电阶段均明显低于 PVDF 和 β-CDp 电极，说明 β-CDp-Cg-2AD 电极在充放电过程中有更小的极化（氧化或还原过程造成的极化）。充放电

过程中，受到固液相转变过程缓慢的反应动力学和沉积 Li_2S 层的绝缘特性影响，Li_2S 的成核和解离分别为充放电过程中还原和氧化反应的决速步骤。如图 7-26（d）中所示，PVDF、β-CDp 和 β-CDp-Cg-2AD 电极在 Li_2S 成核过程中的内阻分别为 0.21Ω、0.19Ω 和 0.17Ω，在 Li_2S 解离过程的内阻分别为 0.6Ω、0.57Ω 和 0.44Ω，更小的内阻进一步说明 β-CDp-Cg-2AD 黏结剂对 Li_2S 成核动力学和 Li_2S 解离动力学均有促进作用。

除了多硫化物锚定和增强反应动力学外，Li^+扩散动力学的改善对构建高能量密度（高硫负载、贫电解液）锂硫电池也是至关重要的。为此，利用 EIS 测试对 β-CDp-Cg-2AD、β-CDp 和 PVDF 电极的 Li^+扩散动力学进行了分析。如图 7-26（a）所示，三种电极的 Nyquist 图中，β-CDp-Cg-2AD 电极在高频区的半圆直径最小，说明电极的电荷转移电阻（R_{ct}）最小，氧化还原反应动力学特性更为最优。而 Li^+扩散阻抗（Warburg 阻抗）可以通过 Nyquist 图中的低频区部分反映。如图 7-26（b）所示，利用低频区$-Z'$和 $\omega^{-1/2}$ 拟合曲线斜率定量计算得出，β-CDp-Cg-2AD、β-CDp 和 PVDF 电极的 Warburg 系数（σ）值分别为 $1.07\Omega \cdot cm^2 \cdot s^{-0.5}$、$1.78\Omega \cdot cm^2 \cdot s^{-0.5}$ 和 $3.83\Omega \cdot cm^2 \cdot s^{-0.5}$，表明 β-CDp-Cg-2AD 电极中 Li^+传输效率最高。值得注意的是，β-CDp-Cg-2AD 电极的σ值（$1.07\Omega \cdot cm^2 \cdot s^{-0.5}$）明显低于 7.1 节中 PEI-TIC 电极的$\sigma$值（$1.53\Omega \cdot cm^2 \cdot s^{-0.5}$），说明 β-CDp-Cg-2AD 黏结剂的动态交联结构更有利于 Li^+的快速传输。

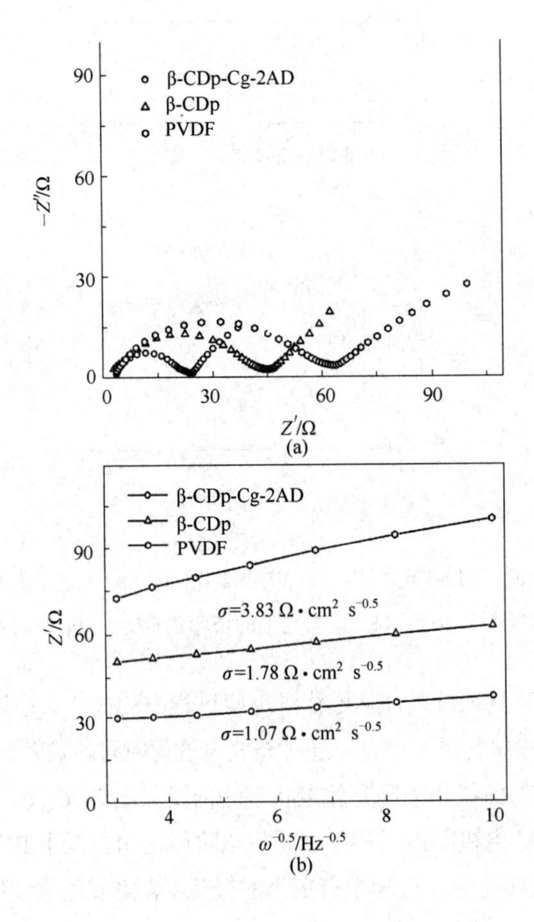

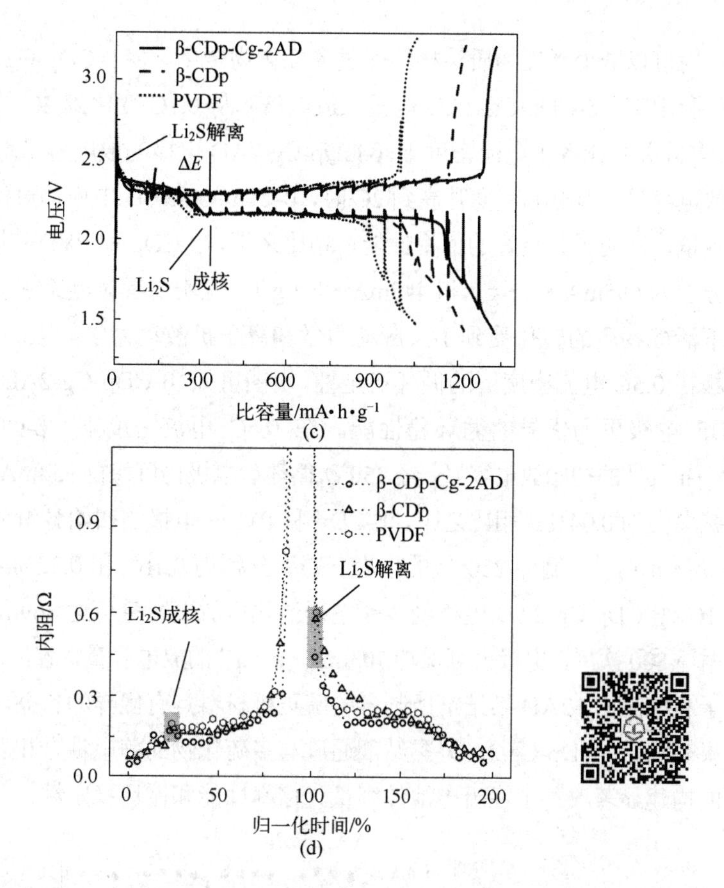

图 7-26　Li^+扩散动力学：（a）三种电极的 Nyquist 图；（b）在低频区，Z' 随 $\omega^{-0.5}$ 的变化；（c）三种电极的 GITT 曲线；（d）三种电极在充电和放电过程中的内阻变化

β-CDp-Cg-2AD 优异 Li^+扩散动力学和氧化还原动力学可以归因于以下三个方面：①β-CDp-Cg-2AD 与多硫化物之间的静电耦合相互作用能改善电极的氧化还原动力学特性。静电耦合相互作用在锚定多硫化物的同时还能有效促进多硫化物的转化和 Li_2S 的沉积与解离，加速充放电过程中的氧化还原过程。②主客体非共价交联结构的低交联密度，有利于 Li^+快速传输。与三维共价交联结构相比，非共价交联结构的可逆性和灵活性可以有效降低超分子材料的交联密度，为 Li^+提供快速传输通道。③β-CDp-Cg-2AD 电极快速的 Li^+传输速度与 β-CDp-Cg 和 2AD（类聚醚结构）中丰富的氧原子有关。更具体地说，与聚环氧乙烷（PEO）固态电解质对 Li^+的传输过程类似，Li^+首先与氧原子的孤对电子配位，在 β-CDp-Cg-2AD 分子热运动的驱动下，络合物 Li^+会经历多次解离-络合过程，将 Li^+从络合位点传递到新的位置，从而产生 Li^+的运动，加速 Li^+传递。

综上所述，β-CDp-Cg-2AD 超分子材料作为锂硫电池黏结剂能够有效锚定多硫化物、提升多硫化物氧化还原反应速率、增强 Li^+传输效率，是一种潜在的具有优异性能的多功能黏结剂。图 7-27（a）为 β-CDp-Cg-2AD、β-CDp 和 PVDF 三种电极的倍率性能对比，在 0.1C 电流密度下，β-CDp-Cg-2AD 电极的放电容量为 1333mA • h • g^{-1}，高于相同电流密度下的 β-CDp（1199mA • h • g^{-1}）和 PVDF（1042mA • h • g^{-1}）电极的放电容量。这表明通过静电耦合相互作用可以减少活性物质穿梭，促进多硫化物转化，使 β-CDp-Cg-2AD 电极具有更高的活性物质利用率。β-CDp-Cg-2AD 电极在放电倍率从 0.1C 变化到 2C 的过程中，放电容量损失仅为 34%，并且在各个电流密度下，β-CDp-Cg-2AD 电极的放电容量均高于 β-CDp 和 PVDF 电极的放电容量。当电流密度升高到 2C 时，β-CDp-Cg-2AD 电极仍可保持 844mA・h・g^{-1} 的高放电容量，证明了其良好的倍率性能。相比之下，β-CDp 和 PVDF 电极在相同条件下的放电容量分别为 695mA・h・g^{-1} 和 448mA・h・g^{-1}，说明二者对电流密度更为敏感，在较高电流密度下活性物质的转化受到了反应动力学和离子扩散动力学的限制。图 7-27（b）对比了三种电极在 0.5C 电流密度下的循环稳定性，由图可知，β-CDp-Cg-2AD 电极展现出比 β-CDp 和 PVDF 电极更为优异的循环稳性能。在 0.5C 电流密度下，β-CDp-Cg-2AD 电极具有 1049mA・h・g^{-1} 的初始放电容量，经 250 次循环后电极仍可保持 954mA・h・g^{-1} 的放电容量，平均衰减率仅为 0.04%。相比之下，β-CDp 和 PVDF 电极的初始容量分别为 962mA・h・g^{-1} 和 862mA・h・g^{-1}，循环 250 次的平均衰减率分别为 0.16%和 0.22%。除此之外，电流密度增大到 1C，β-CDp-Cg-2AD 电极经 3 圈电极活化后放电容量可达 869mA・h・g^{-1}（第四圈），在稳定循环 800 次后，电极仍可保持 703mA・h・g^{-1} 的放电容量，容量保持率为 81%，充分证明了基于 β-CDp-Cg-2AD 黏结剂所制备的硫正极材料具有优异的长循环稳定性[图 7-27(c)]。上述结果表明，β-CDp-Cg-2AD 黏结剂通过与多硫化物的静电耦合相互作用和非共价动态交联结构的构建显著改善了锂硫电池的容量、倍率性能和循环稳定性。

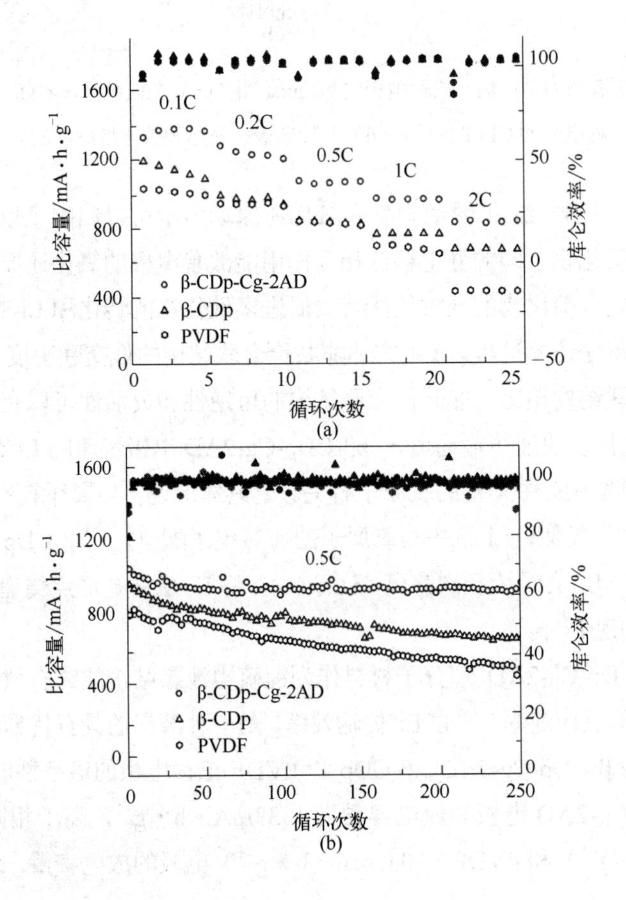

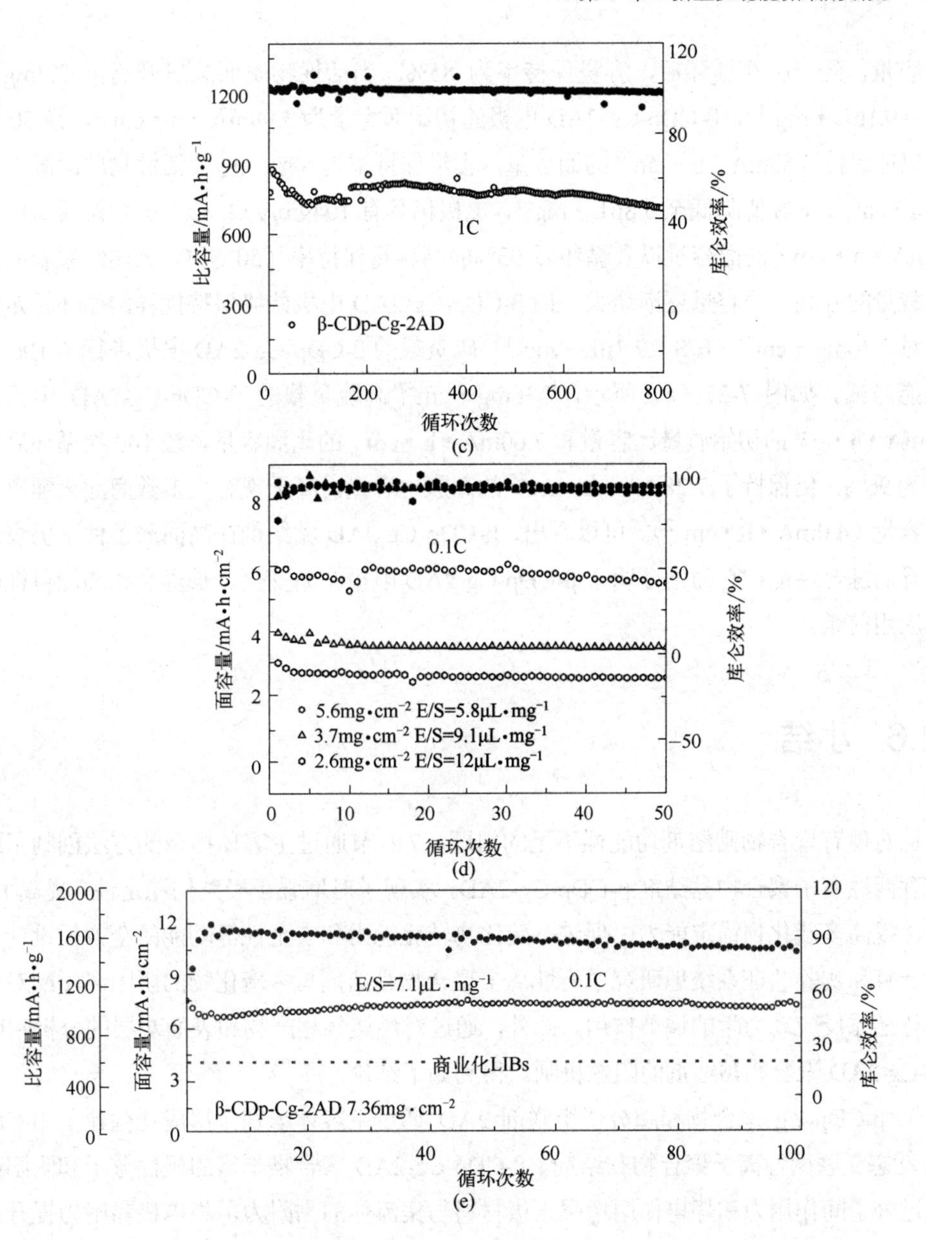

图 7-27　电化学性能：（a）β-CDp-Cg-2AD、β-CDp 和 PVDF 电极的倍率性能对比；（b）三种电极的循环稳定性和库仑效率；（c）1C 电流密度下 β-CDp-Cg-2AD 电极的长循环稳定性；（d）不同硫负载和相对低 E/S 值条件下，β-CDp-Cg-2AD 电极的循环稳定性能；（e）7.36mg · cm^{-2} 硫负载 β-CDp-Cg-2AD 电极的循环稳定性能

如前文所述，高硫负载、贫电解液条件下的电化学性能是评价锂硫电池实用性的重要指标。为此，进一步对基于 β-CDp-Cg-2AD 黏结剂所制备的不同硫负载和 E/S 值的电池的电化学性能进行了探究。如图 7-27（d）所示，β-CDp-Cg-2AD 电极在 2.6mg · cm^{-2} 硫负载和 12μL · mg^{-1} 的 E/S 值条件下表现出 1180mA · h · g^{-1} 的初始质量比容量和 3.07mA · h · cm^{-2}

的面容量，经 50 次循环后，容量保持率为 85%。当活性物质面载量升高至 3.7mg • cm^{-2}（E/S = 9.1μL • mg^{-1}），β-CDp-Cg-2AD 电极的初始面容量为 3.98mA • h • cm^{-2}，经 50 次循环后，仍能保持 3.53mA • h • cm^{-2} 的面容量，容量保持率为 89%。即使活性物质面载量升高至 5.6mg • cm^{-2}，E/S 值降低至 5.8μL • mg^{-1}，电极仍具有 1049mA • h • g^{-1} 的初始质量比容量、5.88mA • h • cm^{-2} 的面容量以及循环后 93%的高容量保持率（50 次）。上述结果表明，随着硫负载量的升高，面容量逐渐增大，但 β-CDp-Cg-2AD 电极始终保持优异的循环稳定性。随后，对 7.36mg • cm^{-2}（E/S = 7.1μL • mg^{-1}）硫负载的 β-CDp-Cg-2AD 电极进行了 100 次的循环性能测试。如图 7-27（e）所示，7.36mg • cm^{-2} 高硫负载的 β-CDp-Cg-2AD 电极表现出 1132mA • h • g^{-1} 的初始质量比容量和 7.60mA • h • cm^{-2} 的高面容量，经 100 次循环后容量保持率为 96%，仍保持了 7.28mA • h • cm^{-2} 的高放电容量，高于现有大多数商业化锂离子电池的面容量（4.0mA • h • cm^{-2}）。可以看出，β-CDp-Cg-2AD 黏结剂在高面载条件下仍表现出极为优异的综合性能，有力地证明了 β-CDp-Cg-2AD 电极在高安全、长寿命和高能量锂硫电池中的应用前景。

7.2.6 小结

针对现有聚合物黏结剂功能性不足的问题，7.2 节通过主客体掺杂的方法创制了新型动态交联两性离子聚合物黏结剂 β-CDp-Cg-2AD，实现了对增强正极结构稳定性、提高 Li^+传输效率、提高多硫化物锚定能力、促进多硫化物转化能力和安全性等功能的全方位设计。通过理论计算和实验验证系统地研究了两性离子聚合物黏结剂与多硫化物的阴阳离子配对行为和对氧化还原反应动力学的调节作用。此外，通过对燃烧气相产物和表面炭层的分析阐明了 β-CDp-Cg-2AD 聚合物黏结剂的阻燃机制。得到如下结论：

① β-CDp-Cg 聚合物和超分子交联剂 2AD 通过主客体识别作用成功构建了 β-CDp-Cg-2AD 动态交联两性离子聚合物黏结剂。β-CDp-Cg-2AD 聚合物丰富的极性分子和阴阳离子可以通过分子间作用力和静电作用增强正极材料与集流体的黏附力，将电极黏附力提升到了传统 PVDF 电极的 2.7 倍。得益于超分子聚合物 β-CDp-Cg-2AD 的低交联密度和丰富的含氧官能团，β-CDp-Cg-2AD 电极中 Li^+扩散效率提升至 PVDF 的 3.6 倍。

② 两性离子与多硫化物之间存在静电耦合相互作用，并通过静电耦合相互作用形成了 PO_4^--Li^+和 RNH_3^+-S_4^{2-} 配对离子和 O-Li-S“键桥”，这种阴阳离子配对行为使得 β-CDp-Cg-2AD 与 Li_2S_4 之间的结合能达到了 105.88kcal • mol^{-1}，并伴随着电荷转移。此外，阴阳离子配对行为有效改善了硫正极的氧化还原反应动力学，使得 β-CDp-Cg-2AD 电极中 Li_2S 成核和解离过程的内阻分别仅为 0.17Ω 和 0.44Ω，低于 β-CDp 和 PVDF 电极。基于以上优势，即使在 7.36mg • cm^{-2} 的高硫负载和 7.1μL • mg^{-1} 贫电解液条件下，β-CDp-Cg-2AD 电极仍具有 7.60mA • h • cm^{-2} 的高面容量，且经过 100 次循环后，容量保持率高达 96%。

③ 通过分析燃烧过程的气相产物和炭层阐明了 β-CDp-Cg-2AD 聚合物黏结剂的凝聚态

和气相阻燃机制。具体地，在燃烧过程中，β-CDp-Cg 聚合物中含磷官能团能够促进聚合物热解成炭，使其更易形成致密完整的炭层，致密的炭层可以有效地保护炭层内部材料，阻挡助燃气体、可燃性气体以及热量的扩散，提升聚合物阻燃性能。此外，β-CDp-Cg 聚合物分解过程中会产生更多的不可燃气体（CO_2 和 H_2O），能够有效稀释燃烧过程中产生的可燃气体，带走体系中的部分热量，从而实现气相阻燃。凝聚态和气相的阻燃作用能够有效确保硫正极安全性，为高能量、高安全性硫正极的构建提供了基础。

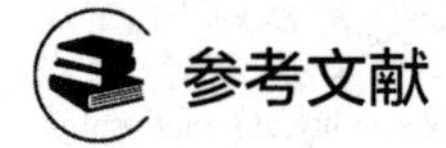

参考文献

[1] Zhang X Y, Chen K, Sun Z H, et al. Structure-related electrochemical performance of organosulfur compounds for lithium-sulfur batteries [J]. Energy & Environmental Science, 2020, 13(4): 1076-1095.

[2] Zhao M, Li B Q, Chen X, et al. Redox comediation with organopolysulfides in working lithium-sulfur batteries [J]. Chem, 2020, 6(12): 3297-3311.

[3] Marino C, Debenedetti A, Fraisse B, et al. Activated-phosphorus as new electrode material for Li-ion batteries [J]. Electrochemistry Communications, 2011, 13(4): 346-349.

[4] Chen W, Lei T Y, Qian T, et al. A new hydrophilic binder enabling strongly anchoring polysulfides for high-performance sulfur electrodes in lithium-sulfur battery [J]. Advanced Energy Materials, 2018, 8(12): 1702889.

[5] Yuan H, Huang J Q, Peng H J, et al. A review of functional binders in lithium-sulfur batteries [J]. Advanced Energy Materials, 2018, 8(31): 1802107.

[6] Huang X, Luo B, Knibbe R, et al. An integrated strategy towards enhanced performance of the lithium-sulfur battery and its fading mechanism [J]. Chemistry-A European Journal, 2018, 24(69): 18544-18550.

[7] Zhu X Y, Zhang F, Zhang L, et al. A highly stretchable cross-linked polyacrylamide hydrogel as an effective binder for silicon and sulfur electrodes toward durable lithium-ion storage [J]. Advanced Functional Materials, 2018, 28(11): 1705015.

[8] Yu D, Zhang Q, Liu J, et al. A mechanically robust and high-wettability multifunctional network binder for high-loading Li-S batteries with an enhanced rate property [J]. Journal of Materials Chemistry A, 2021, 9(39): 22684-22690.

[9] Liu J, Sun M H, Zhang Q, et al. A robust network binder with dual functions of Cu^{2+} ions as ionic crosslinking and chemical binding agents for highly stable Li-S batteries[J]. Journal of Materials Chemistry A, 2018, 6(17): 7382-7388.

[10] Ma C, Tang R Z, Wang Y, et al. One-step preparation of cyclen-containing hydrophilic polymeric monolithic materials via epoxy-amine ring-opening reaction and their application in enrichment of *N*-glycopeptides [J]. Talanta, 2021, 255: 122049.

[11] Gu K F, Wang K Z, Zhou Y, et al. Alkali-resistant polyethyleneimine/triglycidyl isocyanurate nanofiltration membrane for treating lignin lye [J]. Journal of Membrane Science, 2021, 637: 119631.

[12] Chen Y, Shu Y, Yang Z H, et al. The preparation of a poly (pentaerythritol tetraglycidyl ether-co-poly ethylene imine) organic monolithic capillary column and its application in hydrophilic interaction chromatography for polar molecules [J]. Analytica Chimica Acta, 2017, 988: 104-113.

[13] Jung Y J, Kim S. New approaches to improve cycle life characteristics of lithium-sulfur cells [J]. Electrochemistry Communications, 2007, 9(2): 249-254.

[14] Zhu J W, Cao J Q, Cai G L, et al. Non-trivial contribution of carbon hybridization in carbon-based substrates to electrocatalytic activities in Li-S batteries [J]. Angewandte Chemie International Edition, 2023, 62(3).

[15] Dong Y Y, Cai D, Li T T, et al. Sulfur reduction catalyst design inspired by elemental periodic expansion concept for lithium-sulfur batteries [J]. ACS Nano, 2022, 16(4): 6414-6425.

[16] Xu J, Yang L K, Cao S F, et al. Sandwiched cathodes assembled from CoS_2-modified carbon clothes for high-performance lithium-sulfur batteries [J]. Advanced Science, 2021, 8(16): 2101019.

[17] Ye Z Q, Jiang Y, Li L, et al. Self-assembly of 0D-2D heterostructure electrocatalyst from MOF and MXene for boosted lithium polysulfide conversion reaction [J]. Advanced Materials, 2021, 33(33): 2101204.

[18] Wang H, Yang Y, Zheng P T, et al. Water-based phytic acid-crosslinked supramolecular binders for lithium-sulfur batteries [J]. Chemical Engineering Journal, 2020, 395: 124981.

[19] Man L M, Yang Y, Wang H, et al. In situ-cross-linked supramolecular eco-binders for improved capacity and stability of lithium-sulfur batteries [J]. ACS Applied Energy Materials, 2021, 4(4): 3803-3811.

[20] Sinawang G, Kobayashi Y, Zheng Y T, et al. Preparation of supramolecular ionic liquid gels based on host-guest interactions and their swelling and ionic conductive properties [J]. Macromolecules, 2019, 52(8): 2932-2938.

[21] Xie J, Peng H J, Huang J Q, et al. A supramolecular capsule for reversible polysulfide storage/delivery in lithium-sulfur batteries [J]. Angewandte Chemie International Edition, 2017, 56(51): 16223-16227.

[22] Liu M L, Chen P, Pan X C, et al. Synergism of flame-retardant, self-healing, high-conductive and polar to a multi-functional binder for lithium-sulfur batteries [J]. Advanced Functional Materials, 2022, 32(36): 2205031.

[23] Sun R M, Hu J, Shi X X, et al. Water-soluble cross-linking functional binder for low-cost and high-performance lithium-sulfur batteries [J]. Advanced Functional Materials, 2021, 31(42): 2104858

[24] Hou T Z, Xu W T, Chen X, et al. Lithium bond chemistry in lithium-sulfur batteries [J]. Angewandte Chemie International Edition, 2017, 56(28): 8178-8182.

[25] Gong Q, Hou L, Li T Y, et al. Regulating the molecular interactions in polymer binder for high-performance lithium-sulfur batteries [J]. ACS Nano, 2022, 16(5): 8449-8460.

[26] Wang C, Chen P, Wang Y A, et al. Synergistic cation-anion regulation of polysulfides by zwitterionic polymer binder for lithium-sulfur batteries [J]. Advanced Functional Materials, 2022, 32(34): 2204451.

[27] 侯磊, 武培怡. 二维相关红外光谱分析技术在高分子表征中的应用 [J]. 高分子学报, 2022, 53(05): 522-538.

[28] Li G R, Lu F, Dou X Y, et al. Polysulfide regulation by the zwitterionic barrier toward durable lithium-sulfur batteries [J]. Journal of the American Chemical Society, 2020, 142(35): 15200-15201.

第8章 总结与展望

8.1 总结

锂硫电池因其理论能量密度高、原料丰富且成本较低等优势，被认为是未来电动汽车和大规模储能系统的重要候选技术。然而，硫正极存在的体积膨胀、多硫化物穿梭效应以及电导率低等问题严重阻碍了其实际应用进程。聚合物材料作为一种灵活且功能丰富的载体与界面调控介质，在解决上述问题中扮演着至关重要的角色。通过设计并优化具有特定结构与功能的聚合物基正极材料，可以有效提升硫的负载能力、增强多硫化物的吸附及转化效率，并改善电池的整体性能和循环稳定性。本书旨在全面梳理锂硫电池正极关键材料的研究进展，深入探讨聚合物基锂硫电池正极关键材料的设计原理与方法，揭示其电化学性能增强机制，并展望该领域的发展趋势与未来挑战。

在硫正极活性材料构筑方面，基于物理、化学吸附，共价键合和静电耦合作用构筑聚合物基锂硫电池正极活性材料，以达到改善硫正极导电性和抑制多硫化物溶解、穿梭的目的，主要工作如下。

① 基于聚合物结构灵活可控的特点，通过对结构单元的分子设计和离子热聚合后的高温交联、重排反应增强锂硫电池体系中共价三嗪网络材料的功能性。具体地，以具有扭曲非共平面、刚性大的结构特点的二氮杂萘联苯酚单体为核心设计合成了含 N、O 二腈单体，再利用梯度升温的热处理方法制备具有大比表面积，稳定微/介孔结构，丰富N、O杂原子和高电子电导率的N、O共掺杂共价三嗪聚合物网络材料。NO-CTF-1-S复合正极材料显示出 $1250mA\cdot h\cdot g^{-1}$（0.1C）的高比容量和良好的循环稳定性［300次循环后，容量保持率为85%（0.5C）］。相较于常规商业化活性炭正极材料，此复合材料在比容量和循环稳定性方面实现了显著提升。此外，通过理论计算和实验验证阐明了聚合物网络材料微/介孔结构和N、O异质原子对 Li^+ 传输效率、多硫化物吸附及快速转化能力的影响规律和对电化学性能的增强机制。

② 基于“变废为宝”的理念，以含环氧和乙烯基官能团的低成本石油裂解副产物（VE）作为交联结构单元，通过“逆硫化”的方法制备了高稳定性有机硫聚合物（SVE），提出了烯丙基/环氧双官能团共价固硫的有机硫聚合物制备新策略。在有机硫聚合物构建过程中，以共价键合的方式将受热开环的线性硫嵌入有机硫聚合物骨架中，显著提高活性物质利用率，缓解多硫化物穿梭。SVE 有机硫聚合物正极显示出优异的电化学性能，在 0.1C 电流密度下 SVE（1∶1）正极初始比容量可达 1248mA·h·g^{-1}，在 0.5C 电流密度下 SVE（1∶9）正极循环 400 次平均容量衰减率仅为 0.028%。0.1C 电流密度下，即使在 6.0mg·cm^{-2} 的高硫面载量条件下，SVE（1∶9）电极仍显示出 6.36mA·h·cm^{-2} 的面容量和 50 次循环后 89%的循环保持率。此外，通过实验验证和理论计算系统地阐明了 SVE 正极材料在充放电过程中的纳米结构演变过程，揭示了 SVE 正极材料对电化学性能的增强机制，即在循环过程中活性物质以有机硫聚合物和 Li_2S/S_8 共存的状态参与循环，体系中稳定存在的 C—S 共价键和多硫化物被氧化形成的致密硫酸盐保护层协同作用，能够有效改善正极缓慢的氧化还原动力学和多硫化物的溶解、穿梭问题。

③ 针对有机硫聚合物的可溶解、电子电导率低和活性位点少等固有问题，提出了“活性位点集成化”的有机硫聚合物正极设计策略。具体地，先将大量的烯丙基活性位点集成于超支化聚乙烯亚胺聚合物分子，再化学接枝到导电基底表面，以构建具有丰富活性位点的 A-PEI-EGO 有机硫聚合物骨架。化学接枝过程中，A-PEI 聚合物骨架和 EGO 导电基底的功能性均得到显著增强，导电基底大部分含氧官能团被去除，电子传导能力提升，而 A-PEI 的氨基被氧化形成 NR_4^+ 阳离子，通过静电耦合作用增强对多硫化物的锚定能力。结合有机硫聚合物固有的活性物质均匀嵌入有机基体骨架中所带来的优势，创制的半固定化有机硫聚合物正极（A-PEI-EGO-S）显示出 1338mA·h·g^{-1} 的高可逆容量和优异的循环性能（在 0.5C 电流密度下经 600 次容量衰减率为 23.9%）。0.1C 电流密度下，即使在 6.2mg·cm^{-2} 的高硫负载和 6 μL·mg^{-1} 的贫电解液条件下，仍保持 886mA·h·g^{-1} 的放电容量。

在前期对于不同有机硫聚物的研究中我们关注到以下三个重要内容：①将聚合物引入硫正极中不仅能够提升正极硫载体材料的可设计性，还能利用其聚合物结构特性显著改善硫正极结构稳定性。②通过静电耦合作用能够有效抑制多硫化物穿梭，改善电池循环稳定性。③对于高硫负载、贫电解液的电池体系来说，缓冲体积膨胀的力学性能和通畅的离子传输路径显得尤为关键，是提升高负载电极循环寿命和放电容量的核心要素。

聚合物黏结剂作为高面载硫正极构建的重要组分，可以通过聚合物黏结剂分子结构和交联结构设计赋予其特异性功能，改善电池电化学性能。因此，通过原位热交联和主客体识别作用分别设计制备了多功能三维共价交联聚合物黏结剂和动态交联两性离子聚合物黏结剂，实现了对黏结剂维持正极结构稳定性、抑制穿梭效应、增强氧化还原动力学和提高安全性等功能的全方位设计，从而改善了高硫负载条件下锂硫电池电化学性能。主要工作如下。

① 以 PEI 和多环氧杂环化合物 TGIC 为原料，在无催化剂、无有毒溶剂的温和条件下，

通过简单、高效的开环反应，10 min 快速制备了一种环境友好且强大功能性的新型多功能水性黏结剂（PEI-TIC）。该黏结剂在电极制备过程中通过原位热交联的方法即可在正极构建具有维持正极结构稳定、抑制多硫化物穿梭和提升多硫化物氧化还原反应速率等强大功能的共价交联的三维网络结构，能有效增强硫正极的力学性能和电化学性能。所制备的 PEI-TIC 正极具有较大的附着力和机械强度，平均附着力分别为 PEI 和 PVDF 正极的 1.33 倍和 4.03 倍，且在相同载荷下压痕深度明显低于 PEI 和 PVDF 电极。此外，由于 PEI-TIC 中大量活性官能团（如异氰酸酯基、氨基、羟基）的引入，与 PEI 黏结剂相比，PEI-TIC 与 Li_2S_4 的结合能升高到 2.13 倍，放电过程中 PEI-TIC 表面的活性物质在各个转化过程的吉布斯自由能变化和充电过程中 Li_2S 的分解能垒降低，显示出强大的多硫化物吸附能力和优异的 Li_2S 沉积和解离动力学特性。得益于上述优势，PEI-TIC 正极在 1C 电流密度下经 800 次循环后的平均容量衰减率仅为 0.035%；0.1C 电流密度下，在 7.1mg • cm^{-2} 的高硫负载和 9μL • mg^{-1} 的较少电解液条件下具有 7.2mA • h • cm^{-2} 的高面容量和稳定的循环性能，表现出出色的应用潜力。

② 针对现有聚合物黏结剂功能性不足的问题，通过 β-环糊精和金刚烷结构的主客体识别作用创制了一种集亲硫性、亲锂性、低交联密度和阻燃性于一体的动态交联两性离子聚合物黏结剂（β-CDp-Cg-2AD）。该黏结剂将电极附着力提升至 PVDF 电极的 2.7 倍，电极中 Li^+ 扩散效率提升至 PVDF 的 3.6 倍。结合理论计算和实验验证阐明了两性离子与多硫化物的阴阳离子配对行为，以及动态交联两性离子聚合物黏结剂的低交联密度和阴阳离子配对行为对多硫化物穿梭和氧化还原动力学缓慢的协同调节作用。具体地，PO_4^--Li^+ 和 RNH_3^+-S_4^{2-} 的阴阳离子配对行为使得两性离子与 Li_2S_4 之间的结合能达到了 105.88kcal • mol^{-1}，能够有效缓解多硫化物穿梭。β-CDp-Cg-2AD 正极中 Li_2S 成核和解离过程的内阻分别仅为 0.17Ω 和 0.44Ω，具有快速的氧化还原动力学特性。基于 β-CDp-Cg-2AD 黏结剂所制备的硫正极 0.1C 电流密度下具有高初始比容量（1333mA • h • g^{-1}）以及良好的循环稳定性。即使在 7.36mg • cm^{-2} 的高硫负载和 7.1μL • mg^{-1} 少电解液条件下，电极仍具有 7.60mA • h • cm^{-2} 的高面容量以及 100 次循环后高达 96%的容量保持率。此外，通过对燃烧气相产物和炭层的详细分析揭示了 β-CDp-Cg-2AD 聚合物黏结剂的凝固相和气相阻燃机制。

8.2 展望

锂硫电池因其高理论能量密度、低成本和环境友好等特性，被科学界和工业界寄予厚望，视为未来储能技术的重要发展方向。但在其实用化进程中仍需要解决很多问题。本书虽然针对硫正极固有问题进行了一些有益的探索，但仍存在以下问题。

① 虽然对正极材料的基础性能研究主要基于小型扣式电池体系展开，但要真正将这一技术转化为具有实用价值的商业产品，必须能够实现安 • 时级别能量密度的大容量软包电池

或电池组制造。这要求科研人员不仅要关注材料本身的微观结构与组成成分对电化学性能的影响，还要深入探讨这些材料在规模化生产条件下的成本效益和工艺可行性。为满足实用化需求，可以依据已建立的“材料微观结构-组成-宏观电化学性能”构效关系，系统性地开发易于调控形貌、尺寸及元素配比的正极关键材料。这种设计应追求制备过程简单、可重复性强且能适应大规模工业化生产的标准，同时保证所制备出的正极材料在高负载硫（如 > 6mg・cm^{-2}）、低电解液用量（如 E/S < 5μL・mg^{-1}）以及减少 Li 负极使用量（即降低 N/P 值）等严苛条件下，仍能在软包电池或电池组中展现出优异的循环稳定性、高能量密度和长寿命。此外，为了进一步提升电池的整体性能并减轻重量，还需要通过优化材料选择和电池结构设计，降低非活性物质占比，提高体积和质量能量密度，确保最终的锂硫电池在实际应用中的竞争力和市场前景。

② 虽然核心聚焦于锂硫电池正极材料特别是含硫活性物质与黏结剂等关键组分的系统研发，但要实现锂硫电池技术从实验室到商业化生产的跨越，必须全面考虑整个电池体系中各组成部分的相互作用。除了正极性能的优化外，还需要深入探索并优化配套电解液（或固态电解质）以及负极材料的选择和性能。后续的研究工作将延伸至对不同电解液（或固体电解质）环境下硫正极，甚至有机硫聚合物正极的电化学行为及其反应机理的深度剖析，重点研究多硫化物在不同电解液中的溶解度特性，以及它们在充放电循环过程中的氧化还原动力学规律。通过对这些基础科学问题的解析，可以为设计新型高效电解质系统提供理论指导，并针对性地调控多硫化物穿梭效应，进一步提升电池的整体性能和延长电池的使用寿命。

③ 尽管测试技术的持续进步已为锂硫电池材料特性研究提供了众多先进的表征手段，但当前对有机硫聚合物正极材料结构动态演变及电化学反应机制的理解主要基于非原位实验数据，即通过分析充放电后的产物间接推测其内在反应过程。在后续科研中，亟待加强对原位表征技术的应用，如原位透射电子显微镜（TEM）、原位拉曼（Raman）光谱和原位 X 射线衍射（XRD）等方法，以实时捕捉并解析有机硫聚合物正极在充放电过程中结构变化以及各个阶段产生的中间态物质。这样从机理层面上深入探究有机硫聚合物正极的工作原理及其性能优化路径，对于推动该领域技术发展至关重要。

④ 书中目前所有的电化学性能评估均基于液态电解质体系，其确实具有较高的离子导电性和良好的电极界面兼容性。但现行锂硫电池技术中，电解液作为非能量存储成分的体积占比过高（如 E/S 值大于 5μL・mg^{-1}），导致电池总体积或质量能量密度受限，并且存在泄漏和火灾风险等安全隐患。在后续研究阶段，亟须重视发展具备宽电化学稳定窗口、低易燃性以及高安全特性的固态电解质材料。此类固态电解质有望通过减小非活性物质比例，从而显著提升锂硫全电池的能量密度并增强安全性。此外，固态电解质的设计与应用可以从根本上消除穿梭效应问题，对于开发高性能全固态锂硫电池具有极其重要的科研价值。

⑤ 书中研究内容缺乏对宽温域锂硫电池的运行机制以及内在结构变化的研究。大多数锂硫电池受极端环境（如高、低温环境）影响较大，存在高温下多硫化物穿梭效应加剧、低温下氧化还原动力学缓慢以及正极结构稳定性差等问题，且上述问题会在高能量密度（高面载）硫正极中进一步凸显，严重限制了其应用。作为锂硫电池正极构建的重要组分，聚合物黏结剂分子结构和交联结构对电池电化学性能有重要影响。未来应利用聚合物分子结构的可设计性以及动态性，研发和装配高能量密度、宽温域锂硫电池。